普通高等教育"十一五"国家级规划教材
北京市高等教育精品教材立项项目
教育部职业教育与成人教育司推荐教材

生物分离与纯化技术

（第三版）

辛秀兰　主编

科学出版社

北　京

内 容 简 介

本书是在第二版的基础上，结合生物分离与纯化行业的新技术、新产品和新工艺修订而成的。在教学目标方面，增加了素质目标，以实现课程思政与专业教育有机融合。在教学内容方面，增加了生物大分子的层析分离纯化等新知识和新技术，从而使教学内容与企业生产更加吻合。本书基于"项目引领·任务驱动"理念编写，核心内容取材于企业生产实际，共设计发酵液的预处理及固液分离、生物活性成分的萃取分离、蛋白质的固相析出分离、植物活性成分的吸附分离、药物有效成分的离子交换分离纯化、生物大分子的层析分离纯化、生物药物的膜分离纯化与热敏生物活性物质的浓缩和干燥 8 个项目、18 个工作任务，不同院校可根据当地产业现状和学校实训条件，选取不同的学习任务。每个项目按案例导入、项目概述、教学目标、知识链接、实践活动、课后思考 6 个维度进行内容设计。教学目标的设计与生化药品制造工等国家职业标准对应，把环境保护和安全意识等职业素质的培养融入教学。

本书适合普通高等院校生物技术、生物工程等本科专业，以及高等职业院校药品生物技术、生物制药技术等专业的学生使用，也可作为行业培训和技术人员参考用书，服务于生物技术国家战略性新兴产业。

图书在版编目 (CIP) 数据

生物分离与纯化技术 / 辛秀兰主编. —3 版. —北京：科学出版社，2024.3

普通高等教育"十一五"国家级规划教材
北京市高等教育精品教材立项项目
教育部职业教育与成人教育司推荐教材
ISBN 978-7-03-077810-9

Ⅰ. ①生… Ⅱ. ①辛… Ⅲ. ①生物工程－分离－高等职业教育－教材
②生物工程－提纯－高等职业教育－教材 Ⅳ. ①Q81

中国国家版本馆 CIP 数据核字（2024）第 009751 号

责任编辑：刘 畅 韩书云 / 责任校对：严 娜
责任印制：赵 博 / 封面设计：无极无装

科学出版社 出版

北京东黄城根北街 16 号
邮政编码：100717
http://www.sciencep.com

北京天宇星印刷厂印刷
科学出版社发行 各地新华书店经销

*

2007 年 9 月第 一 版　　开本：787×1092　1/16
2024 年 3 月第 三 版　　印张：16 1/2
2025 年 1 月第四次印刷　字数：422 400

定价：69.00 元

（如有印装质量问题，我社负责调换）

前 言 FOREWORD

本书是在第二版的基础上，结合生物分离与纯化行业的新技术、新产品和新工艺改编而成的。本书曾获评普通高等教育"十一五"国家级规划教材、教育部职业教育与成人教育司推荐教材，还被北京市教育委员会评为北京市高等教育精品教材立项项目。本书重点突出以下几个特色。

1. 基于深厚的教学改革积淀编写教材，体现先进的教育理念

校企共同组建教材编写团队，既有来自普通本科院校的教师，也有来自高职院校的教师，还有来自企业的专家。团队基于"产教融合""工学结合"等教育理念，在教材中充分体现项目教学、行为引导式教学和任务驱动式教学等现代教法与学法。主编是"中国特色高水平高职学校和专业建设计划"（简称"双高计划"）药品生物技术专业群、国家级职业教育教师教学创新团队负责人，主持教育部药品生物技术专业教学标准修订，专业教学改革积淀深厚。

2. 基于岗位能力培养职业素养，专业教育与课程思政有机融合

以企业的典型产品生产工艺为基础，凝练企业案例，设计任务载体。教学目标的设计与生化药品制造工等国家职业标准对应，把精益求精的工匠精神、攻坚克难的科学精神、环保与安全意识等职业素质、守护人民健康的责任意识等融入教学目标，使专业教育与课程思政有机融合。

3. 基于企业生产实例设计教材内容，把生产项目转化成教学任务

国家知名生物医药企业专家参与教材编写，以国内知名制药企业的实际产品为载体设计学习任务，并根据高职院校的实训室设备条件对工业化生产流程进行改良，满足实训室小规模生产的技术需求，理实一体以满足学生职业能力培养的要求。

4. 基于混合式教学需求完善数字化资源，满足学生自主学习需求

本书在修订时系统化补充了数字教学资源，通过案例导入、思政案例、嵌入二维码补充电子课件等自主学习资源，对于比较复杂的生物分离与纯化技术，增加了动画、视频、图片等数字化资源，以方便学生理解和使用。

为了使本书适应行业发展及高等教育的需要，我们参考了大量国内外相关文献，并结合自己的教学和实践经验进行编撰。本书得到了北京电子科技职业学院李兴娟、赵新颖、兰蓉、张虎成，河北化工医药职业技术学院刘丹，黑龙江生物科技职业学院刘恒，湖北生物科技职业学院李从军，福建生物工程职业技术学院郑若男，大连医科大学马骁驰，金华职业技术学院邵玲莉，南京科技职业学院宋俊松，北京生物制品研究所有限责任公司金箫，华北制药金坦生物技术股份有限公司李岩昇等编者的大力支持。由于编者水平有限，难免会有不妥之处，敬请广大读者与同仁批评指正。

主编 辛秀兰

2023 年 9 月 14 日于北京

目　录 CONTENTS

项目七　生物药物的膜分离纯化 ···································· **186**

发酵液的预处理及固液分离

电子课件

用科技造福社会

　　胶原蛋白（collagen）又称胶原，属于结构蛋白质，是结缔组织的主要蛋白质成分。近年来，胶原蛋白被广泛用于食品、化妆品、生物医学材料等领域。传统的胶原蛋白主要从动物结缔组织中获得，由于动物源病毒、动物个体差异，从动物组织获得的胶原蛋白产品有品质差异，这在一定程度上限制了其新产品的应用和开发。被誉为"类人胶原蛋白之母"的范代娣教授创造性地将人胶原蛋白的基因进行克隆、拼接并转入表达菌体内，通过高密度发酵、分离、复性、纯化完成了重组类人胶原蛋白的生产。她带领团队突破了人源型胶原类材料生产的瓶颈，在国际上首次实现了类人胶原蛋白的量产。

　　通过重组表达获得的类人胶原蛋白，与传统提取获得的胶原蛋白相比，具有可加工性、无病毒隐患、生产工艺稳定和排异反应低等特点，适合作为人工皮肤、人工血管、手术缝线等医用材料，为人工骨骼、人造人体器官等提供了可能的支撑物，被广泛应用于骨修复、皮肤创伤面修复敷料、肌腱修复、药物输送、美容等方面（图 1-1）。如何从重组表达类人胶原蛋白工程菌发酵液中获得高品质的类人胶原蛋白产品呢？预处理及固液分离是第一个步骤，而高效细胞破碎是关键步骤。

A 外科缝线

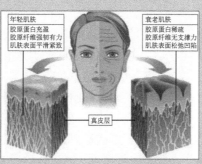
B 美容养颜

C 关节修复

图 1-1　重组表达类人胶原蛋白的应用

○ 项目概述 ○

微生物发酵结束后，发酵液中除含有所需要的生物活性物质外，还存在大量的菌体、胞内外代谢产物及剩余的培养基残分等，需要将菌体或细胞、固态培养基等固体悬浮颗粒与可溶性组分进行分离（即固液分离），然后再进行后续的分离纯化操作单元。若发酵液中的固态悬浮颗粒较大，发酵液可不经预处理，直接进行固液分离；若发酵液中固态悬浮颗粒较小，常规的固液分离方法很难将它们分离完全，则应先将发酵液进行预处理再进行固液分离。对于胞内产物来说，还应先经细胞破碎，使生物活性物质转移到液相后，再经固液分离除去细胞碎片等固体杂质。本项目主要学习内容见图 1-2。

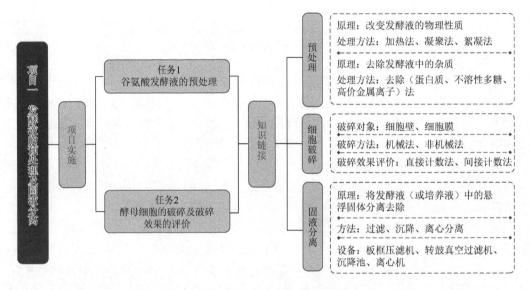

图 1-2 项目一主要学习内容介绍

本项目的知识链接部分，首先介绍了发酵液预处理常用的原理及方法，然后对于胞内目标物来说，需要进行细胞破碎，使其释放到胞外液相中，分析了细胞破碎的主要对象，系统学习各种机械/非机械破碎方法及细胞破碎效果评价的两种方法等基础内容。最后概述了固液分离常用的三种方法：过滤、沉降、离心分离，包括每种方法的原理、操作方式、相关设备和具体应用案例。

本项目以"谷氨酸发酵液的预处理"和"酵母细胞的破碎及破碎效果的评价"两个典型的实践活动为主线对预处理和固液分离技术进行介绍，分别对不同絮凝/凝聚剂的预处理效果进行测定，以及对不同细胞破碎方法和如何进行细胞破碎效果的评价进行了详细阐述，从实训任务的背景、目的、原理、器材、操作步骤、注意事项、结果讨论等方面设计了完整的实训环节，旨在培养学生实践动手能力，从而进一步巩固学生对预处理和固液分离基本理论与知识的理解，使学生能更好地掌握发酵液的预处理及固液分离的操作。

教学目标

知识目标

1. 了解发酵液预处理的目的，掌握发酵液预处理的主要方法及原理。

2. 了解细胞破碎对象的特点，掌握细胞破碎的原理和方法，理解细胞破碎率的评价方法，熟悉细胞破碎方法的选择依据。

3. 了解过滤、沉降和离心分离的原理，掌握过滤、沉降和离心分离的设备特点，熟悉其应用范围。

能力目标

1. 能针对不同的生物材料选择不同的预处理方法，规范完成发酵液预处理操作过程。

2. 能针对不同类型的细胞选择合适的破碎方法，规范使用细胞破碎设备，正确完成细胞破碎操作，会对破碎效果进行评价。

3. 能针对不同的分离对象特点选择合适的固液分离方法，规范使用过滤、沉降及离心分离设备，正确完成过滤、沉降及离心分离操作。

素质目标

1. 正确操作超声波细胞破碎仪和离心机等设备，培养学生树立按标准使用仪器设备，注重实验安全，规范完成任务的精益求精的职业素养。

2. 引导学生规范完成实训任务，培养学生如实记录实验数据，准确描述实验结果或现象，合理分析实验结果，规范完成实验报告撰写的科学素养。

3. 组织学生以小组为单位完成实训任务，培养学生树立能与他人分工协作、进行有效沟通的职业素养。

好味道　中国造

鲜味剂"味精"的主成分是谷氨酸钠，目前谷氨酸钠的生产几乎全部采用发酵技术工业化生产，但其最初的工业生产方法为蛋白质水解法。

20世纪20年代初，中国还没有生产味精的工厂，也不懂生产味精的技术，大街小巷都张贴着日本"味之素"的巨幅广告，日商对其生产资料及过程严加保密，企图长期垄断世界市场。中国化学家吴蕴初发出了为何我们中国不能制造的感叹，便买了一瓶回去仔细分析研究，发现其主成分就是谷氨酸钠，可从植物蛋白中提取。他就在自家小亭子里着手试制。

吴蕴初很能吃苦，只要他下了决心的事，就会不遗余力地去做。没有现成资料，他四处搜集，并托人在国外寻找文献资料。没有实验设备，他拿自己的工资购置了一些简单的化学实验分析设备。他白天上班，夜间埋头做试验，经常通宵达旦。试验过程困难重重，但是他没有放弃，就像他说的："要做人家没有做过的事情，知其不可为而为之。"经过一年多的试验，吴蕴初终于自主破解了"味精"的生产方式，首创国产味精厂天厨味精厂，生产"佛手牌"味精并畅销海内外，打破了日货味精长期占据中国调味品、鲜味剂市场的局面，由此吴蕴初成为闻名遐迩的"味精大王"。

吴蕴初一生致力于实业救国、科学救国。他一向坚定地相信："做一个中国人，总要对得起自己的国家。"他吃苦耐劳、自主创新、百折不挠的精神和精诚报国的赤子情怀，是年轻学子应该学习和具备的品质。

知识链接

一、发酵液（或培养液）的预处理

动植物细胞及微生物的代谢产物是提取生物活性物质的重要来源。培养液中目的产物的浓度通常很低，而杂质含量很高。例如，放罐发酵液中抗生素的含量一般只有 $10\sim30kg/m^3$，但存在大量的菌体细胞、未用完的培养基成分、核酸、蛋白质、色素、金属离子及其他代谢产物等。这些杂质的存在会影响目的产物的有效提取，为此需先对培养液进行预处理。

预处理的目的主要有两个：①改变发酵液（或培养液）的物理性质，以利于固液分离。②去除发酵液（或培养液）中部分杂质以利于后续各步操作。发酵液中有些杂质，如可溶性黏胶状物质（主要是杂蛋白）和不溶性多糖会使发酵液的黏度提高。另外，还有些对后续操作有影响的无机离子，特别是高价金属无机离子，如 Fe^{3+}、Ca^{2+}、Mg^{2+}，在预处理时应尽量除去。

（一）常用的预处理方法

1. 加热

加热是最简单和经济的预处理方法，即把发酵液（或培养液）加热到所需温度并保温适当时间。加热能使杂蛋白变性凝固，从而降低发酵液（或培养液）的黏度，使固液分离变得容易一些。加热的方法只适合对热稳定的生物活性物质进行预处理，需要谨慎使用，且加热温度和时间必须严格选择与控制。

例如，在链霉素生产中，采取 pH 为 3.0~3.5，加热到 70~75℃，维持半小时以凝固蛋白质，过滤速度可提高 3 倍，黏度降低到原来的 1/6。

又如，γ-聚谷氨酸是一种可用于生物降解的水溶性胞外活性物质。该物质具有乳化、增稠、成膜、保湿、絮凝、黏合、无毒等性能，其应用非常广泛。微生物发酵结束后，发酵液一般为淡黄色黏稠液体，由于黏度大，蛋白质及菌体被包裹夹杂在 γ-聚谷氨酸中，很难将其分离。有研究表明，将发酵液在 50℃加热处理 30min，可使蛋白质等杂质发生变性，黏度下降。

2. 凝聚和絮凝

凝聚和絮凝都是预处理的重要方法，常被用于细小菌体或细胞（分泌胞外产物）、细胞的（分泌胞内产物）碎片及蛋白质等胶体粒子的去除。其处理过程是将一定的化学药剂预先投加到发酵液（或培养液）中，改变细胞、菌体和蛋白质等胶体粒子的分散状态，破坏其稳定性，使它们聚集成可分离的絮凝体，再进行分离。

1）凝聚

（1）凝聚的概念和原理：凝聚是指在某些电解质作用下，消除细胞、菌体和蛋白质等胶体粒子因静电排斥呈现的分散状态，使胶体粒子聚集的过程。

发酵液（或培养液）中的细胞、菌体或蛋白质等胶体粒子的表面都带有同种电荷，使得这些胶体粒子之间相互排斥，保持一定距离而不互相凝聚。另外，这些胶体粒子和水有高度的亲和性，其表面很容易吸住水分，形成一层水膜，阻碍胶粒之间直接聚集，从而使胶体粒子呈分散状态。在发酵液（或培养液）中加入电解质，就能中和胶体粒子的电性，夺取胶体粒子表面的水分子，破坏其表面的水膜，使胶体粒子能直接碰撞而聚集起来。

（2）常用的凝聚剂：凝聚剂主要是一些无机类电解质。由于大部分被处理的物质带负电荷（如细胞或菌体一般带负电荷），因此工业上常用的凝聚剂大多为阳离子型，可分为无机盐类和金属氧化物类。常用的无机盐类凝聚剂有 $Al_2(SO_4)_3 \cdot 18H_2O$、$AlCl_3 \cdot 6H_2O$、$FeCl_3$、$ZnSO_4$、$MgCO_3$ 等；常用的金属氧化物类凝聚剂有 $Al(OH)_3$、Fe_3O_4、$Ca(OH)_2$ 或石灰等。阳离子对带负电荷胶粒的凝聚能力的次序为：$Al^{3+}>Fe^{3+}>H^+>Ca^{2+}>Mg^{2+}>K^+>Na^+>Li^+$。

2）絮凝

（1）絮凝的概念和原理：絮凝是利用絮凝剂在悬浮粒子之间产生架桥作用而使胶粒形成粗大的絮凝团的过程（见动画 1-1）。

动画 1-1

絮凝剂一般为高分子有机聚合物，具有长链线状结构，易溶于水，其分子量高达数万至1000 万以上，在长的链节上含有相当多的活性功能团。絮凝剂的功能团能强烈地吸附在胶粒的表面，由于一个高分子絮凝剂的长链节上含有相当多的活性功能团，因此一个絮凝剂分子可分别吸附在不同颗粒的表面，从而产生架桥连接（图 1-3）。高分子絮凝剂在胶粒表面的吸附机制是基于各种物理化学作用，如范德瓦耳斯力、静电引力和氢键等。

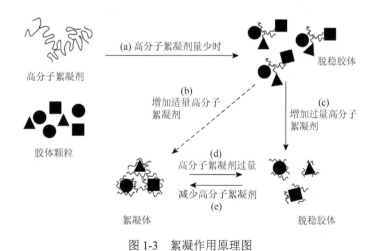

图 1-3　絮凝作用原理图

（2）常用的絮凝剂：絮凝剂分为人工合成的絮凝剂、天然的絮凝剂和微生物絮凝剂三种类型。

人工合成的絮凝剂根据活性功能团所带电性不同，可以分为阴离子型、阳离子型和非离子型三类。熟知的聚丙烯酰胺絮凝剂，经不同改性可以成为上述三种类型之一。除此之外，人工合成的高分子絮凝剂还有非离子型的聚氧化乙烯、阴离子型的聚丙烯酸钠和聚苯乙烯磺酸、阳离子型的聚丙烯酸二烷基胺乙酯和聚二烯丙基四胺盐等。

天然的絮凝剂有壳聚糖、海藻酸钠、明胶等。

近年来，有研究表明微生物代谢产生的一类生物大分子物质具有一定的絮凝活性，能使液体中难沉降的固体悬浮颗粒聚凝，加速沉降以达到固液分离的目的，这种新型絮凝剂称为微生物絮凝剂。微生物絮凝剂按化学组成分为蛋白质、多糖类、脂类及 DNA；按照来源分为生物细胞壁提取物絮凝剂和微生物细胞代谢产物絮凝剂。20 世纪 70 年代，日本学者在研究酞酸酯生物降解过程中发现了具有絮凝作用的微生物培养液后，已经有越来越多的人开始认识到微生物絮凝剂的开发潜力及其必要性，而且与传统的絮凝剂相比，微生物絮凝剂具有安全、无毒、易降解、无二次污染等特点，因而备受关注，在水处理、发酵工业及重金属富集方面具有良好的应用前景。

（3）絮凝的影响因素：影响絮凝效果的因素很多，主要有絮凝剂的分子量和种类、絮凝剂用量、溶液 pH、搅拌速度和时间等。有机高分子絮凝剂的分子量越大，链越长，吸附架桥效果就越明显，但是随分子量增大，絮凝剂在水中的溶解度减少，因此分子量的选择应适当。絮凝剂的用量是一个重要因素，当絮凝剂浓度较低时，增加用量有助于架桥充分，絮凝效果提高，但用量过多反而会引起吸附饱和，在胶粒表面形成覆盖层而失去与其他胶粒架桥的作用，造成胶粒再次稳定的现象，絮凝效果反而降低。溶液 pH 的变化会影响离子型絮凝剂功能团的电离度，从而影响链的伸展形态，提高电离度可使分子链上同种电荷间的电排斥作用增大，链就从卷曲状态变为伸展状态，因而能发挥最佳的架桥作用。在絮凝过程中，剪切应力的大小对絮凝团的作用是必须注意的问题，在加入絮凝剂时，液体的湍动（如搅拌）是重要的，它能使絮凝剂迅速分散，与菌体微粒充分混合，但是絮凝团形成后，大的剪切力会打碎絮凝团，因此，操作时搅拌转速和搅拌时间都应控制，在絮凝后的料液输送和固液分离中也应尽量选择剪切力小的操作方式和设备。

大豆蛋白活性肽是采用发酵法生产纯化精制而成的，发酵完成后，在纯化前加入壳聚糖絮凝剂将部分菌体和蛋白质除去，会提高目标肽的收率和质量。分别测试发酵液 pH 和搅拌时间对絮凝效果的影响，结果表明：在酸性条件下的絮凝效果好于碱性条件，且 pH 在 4.0 左右时，絮凝效果最佳；搅拌时间为 15min 时絮凝效果较好。

（二）杂质的去除方法

1. 杂蛋白的去除方法

发酵液中存在最多的杂质是可溶性杂蛋白，如果不在纯化前将其除去，将会降低目标活性物质的收率和质量，特别是对精制工序有不利影响。例如，在采用离子交换法和大网格树脂吸附法纯化时，若含有可溶性杂蛋白会降低填料的交换容量和吸附能力；在采用有机溶剂法或双水相法萃取时，可溶性杂蛋白的存在易使实验过程产生乳化现象，使两相分离不清；在常规过滤或膜过滤时，可溶性杂蛋白会使过滤介质堵塞，滤速下降，污染滤膜等。常用的去除杂蛋白的方法有等电点沉淀法、变性沉淀法及吸附法等。

（1）等电点沉淀法：蛋白质在等电点时溶解度最小，可使其产生沉淀而除去。因为羧基的电离度比氨基大，蛋白质的酸性常强于碱性，因而很多蛋白质的等电点都在酸性范围内（pH 为 4.0～5.5）。为了凝固蛋白质，一般采用加酸调 pH，常用的酸化剂有 H_2SO_4、HCl、H_3PO_4、$H_2C_2O_4$ 等。但是若采用溶剂法提取碱性抗生素时，为保证产物的稳定性，就不能加酸，而要用碱化剂或其他絮凝剂。此外，有些蛋白质在等电点时仍有一定的溶解度，单靠等电点的方法还不能将其大部分沉淀除去，通常可结合其他方法。

（2）变性沉淀法：蛋白质从有规则的排列变成不规则结构的过程称为变性，变性蛋白质在水中的溶解度较小而产生沉淀。使蛋白质变性的方法有：加热、大幅度改变 pH、加有机溶剂（如丙酮、乙醇等）、加重金属离子（如 Ag^+、Cu^{2+}、Pb^{2+} 等）、加有机酸（如三氯乙酸、水杨酸、苦味酸、鞣酸、过氯酸等）及表面活性剂。加有机溶剂使蛋白质变性的方法价格较高，只适用于处理量较小或浓缩的情况。

（3）吸附法：利用吸附作用常能有效地除去杂蛋白。在发酵液中加入一些反应剂，它们互相反应生成的沉淀物对蛋白质具有吸附作用而使其凝固。例如，在枯草杆菌的碱性蛋白酶发酵液中，常利用氯化钙和磷酸盐生成磷酸钙盐沉淀物，后者不仅能吸附杂蛋白和菌体等胶状悬浮物，还能起助滤剂作用，大大加快过滤速度。

2. 不溶性多糖的去除方法

当发酵液中含有较多不溶性多糖时，黏度增大，固液分离困难，可用酶将它转化为单糖以提高过滤速度。在真菌或放线菌发酵时，培养基中常含有作为碳源的淀粉，发酵终止时，培养基中常残留未消耗完的淀粉，加入淀粉酶将它水解成单糖，可降低发酵液黏度，提高滤速。例如，在蛋白酶发酵液中加 α-淀粉酶，将多余的淀粉水解成葡萄糖，就能降低发酵液黏度，提高滤速。又如，在去甲万古霉素发酵液中加入 0.025%淀粉酶，搅拌 30min 后，将培养基中多余的淀粉水解成单糖，就能降低发酵液黏度，再加 2.5%（m/V）助滤剂过滤，可大幅度提高滤速。

黏多糖能与一些阳离子表面活性剂，如十六烷基三甲基溴化铵（CTAB）和十六烷基氯化吡啶（CPC）等形成季铵盐络合物和沉淀，因而可通过向培养液中引入这些物质使多糖沉淀去除。

3. 高价金属离子的去除方法

发酵液或培养液中若含有高价金属离子如 Ca^{2+}、Mg^{2+}、Fe^{3+}，对后续提取过程和成品质量的影响较大，预处理中应将它们除去。根据去除高价金属离子的原理不同，处理方法可分为离子交换法和金属盐沉淀法两种。

（1）离子交换法：滤液通过阳离子交换树脂，可除去某些离子。例如，将土霉素、四环素的发酵滤液通过 122 树脂，除去了部分 Fe^{3+}，同时也吸附了色素，提高了滤液质量。头孢菌素 C 发酵滤液通过 S×14 阳离子 H 型树脂，不仅除去了部分阳离子，同时还释放出 H^+，从而破坏分解滤液中的头孢菌素 N，便于后提取。

（2）金属盐沉淀法：利用这些金属离子与加入的试剂能形成某些不溶性盐类的原理，将其从发酵液中沉淀出来，最后被过滤除去。

去除 Ca^{2+} 时，常加入草酸钠或草酸，反应后产生的草酸钙在水中的溶解度很小，因此能将 Ca^{2+} 较完全地去除。另外，生成的草酸钙沉淀还能促使杂蛋白凝固，提高滤速和滤液质量。

去除 Mg^{2+} 时也可用草酸，但草酸镁的溶解度较大，故沉淀不完全，可采用磷酸盐，生成磷酸镁盐沉淀而除去。

去除 Fe^{3+} 时，可采用亚铁氰化钾（又称黄血盐），形成亚铁氰化铁（俗称普鲁士蓝）沉淀，反应方程式如下：

$$4Fe^{3+} + 3K_4Fe(CN)_6 \longrightarrow Fe_4[Fe(CN)_6]_3\downarrow + 12K^+$$

二、细胞破碎技术

一些生物活性物质在细胞培养（或发酵）过程中能分泌到细胞外的培养液（或发酵液）中，

如细菌产生的碱性蛋白酶、霉菌产生的糖化酶等胞外酶，不经或经过简单预处理后就能进行固液分离，然后将获得的澄清滤液再进一步纯化即可。但是，还有许多生物活性物质位于细胞内部，如青霉素酰化酶、碱性磷脂酶等胞内酶及胶原蛋白，必须在固液分离前先将细胞破碎，使细胞内物质释放到液相中，然后再进行固液分离。

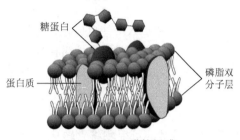

图 1-4　细胞膜的组成

细胞破碎技术是指选用物理、化学、酶或机械的方法，在一定程度上破坏细胞壁或细胞膜，使细胞内容物包括目的产物释放到细胞外的技术。通常细胞壁成分复杂且较坚韧，细胞膜仅由磷脂双分子层组成且强度较差（图 1-4），易受渗透压冲击而破碎，因此细胞破碎的阻力来自于细胞壁。各种生物的细胞壁的结构和组成不完全相同，主要取决于遗传和环境等因素，因此，细胞破碎的难易程度不同。另外，不同的生物活性物质，其稳定性也存在很大差异，在破碎过程中应防止其变性或被细胞内存在的酶水解，因此选择适宜的破碎方法十分重要。

（一）细胞壁的成分和结构

细胞壁是包在细胞膜外表面的非常坚韧和复杂的结构，具有保护细胞抵御外界环境破坏、保持细胞形状的功能。细胞壁的化学组成非常复杂，尽管所有细胞壁中的主要组分都为多糖、脂质和蛋白质，但细胞壁的成分和结构按细胞种类的不同有很大差异。了解不同种类细胞的细胞壁特点，对于选择适当的细胞破碎方法具有指导意义。

细菌细胞壁的主要成分是肽聚糖，它是一种难溶性的多聚物，具有由 *N*-乙酰葡糖胺、*N*-乙酰胞壁酸和短肽聚合而成的多层网络结构。几乎所有的细菌都具有上述肽聚糖的基本结构，但是不同细菌的细胞壁结构差别很大。例如，革兰氏阳性菌的细胞壁主要由 20～80nm 的肽聚糖层组成，此外细胞壁还含有大量的磷壁酸；革兰氏阴性菌的肽聚糖层较薄，仅 2～3nm，在肽聚糖层外还有一层 8～10nm 的外膜（图 1-5），主要为脂蛋白、脂多糖和其他脂类。可见革兰氏阳性菌的细胞壁较厚，较难破碎。

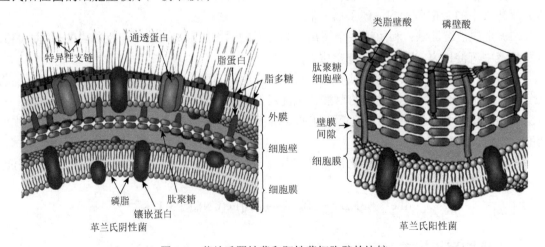

图 1-5　革兰氏阴性菌和阳性菌细胞壁的比较

真菌的细胞壁较厚，为 100～250nm。大多数真菌由几丁质和葡聚糖构成，此外还含有少量的蛋白质和脂类。几丁质是由数百个 N-乙酰葡糖胺分子以 β-1, 4-葡糖苷键连接而成的多聚糖。少量低等水生霉菌的细胞壁由纤维素构成。

酵母细胞壁的主要成分是葡聚糖和甘露聚糖，均为分支状聚合物，共占细胞壁干重的 75% 以上。此外，蛋白质和几丁质的含量因种而异。酵母的细胞壁幼龄时较薄，具有弹性，以后逐渐变硬，成为一种坚韧的结构。酵母的细胞壁比革兰氏阳性菌的细胞壁厚，更难破碎。

真核藻类大多数具有细胞壁，少数种类没有细胞壁（为原生质膜结构）。真核藻类的细胞壁非常复杂，其主要结构成分是纤维素及藻胶，部分藻类的细胞壁则含有纤维素和几丁质；另外一些藻类的细胞壁还有硅和钙沉积。例如，红藻类细胞壁的主要成分为纤维素和藻胶，其藻胶类型包括琼胶和卡拉胶；绿藻类的细胞壁主要由外层的果胶质和内侧的纤维组成；硅藻类细胞壁的主要成分为果胶质和硅酸，没有纤维素。

植物细胞区别于动物细胞的主要特征之一是含有细胞壁，已生长结束的植物，其细胞壁可分为初生壁和次生壁两部分。初生壁是细胞生长期形成的，次生壁是细胞停止生长后，在初生壁内部形成的结构。初生壁一般较薄、有弹性，由纤维素、半纤维素、果胶质和蛋白质构成。纤维素形成微纤丝，构成细胞壁的骨架，细胞壁的机械强度主要来自于微纤丝。当植物细胞生长停止后，在细胞质和初生壁之间形成了次生壁，次生壁一般较厚，次生壁中的纤维素和半纤维素含量比初生壁增加很多，纤维素的微纤丝排列得更紧密和更有规则，而且存在木质素的沉积。因此，次生壁的形成提高了细胞壁的坚硬性，与细菌等细胞相比，植物细胞具有很高的机械强度。

一般来说，细胞壁的强度主要取决于聚合物的种类、聚合物网状结构的交联程度及细胞壁的厚度，交联程度大、网状结构紧密，强度就高。此外，细胞生长的条件也影响细胞壁的成分合成和细胞壁的强度。例如，生长在复合培养基中的大肠杆菌，其细胞壁强度要比生长在简单培养基中的高。细胞壁的强度还与细胞的生长阶段有关。在对数生长期的细胞壁强度较弱，在转入稳定生长期后，细胞壁中的胞壁酸厚度增加，并且聚合物网状结构的交联程度变大，从而使细胞壁变得强壮。较高的生长速度，如连续培养，产生的细胞壁强度较弱；相反，较低的生长速度，如分批次培养，则使细胞合成强度更高的细胞壁。

（二）细胞破碎的方法

细胞破碎的方法很多，根据破碎过程中是否存在外加作用力，可分为机械法和非机械法。机械法是对细胞施以外界机械作用力如挤压力、剪切力、撞击力等作用使其破碎，主要的方法有高压匀浆法、高速珠磨法和超声波法；非机械法主要是利用物理法或化学试剂等破坏细胞壁或细胞膜的结构而使细胞破碎，释放胞内物质，主要的方法有化学法、酶解法、渗透压冲击法、冻结-融化法和干燥法。

1. 高压匀浆法

高压匀浆法是借助于高压匀化作用和液体剪切作用而使细胞破碎的方法。高压匀浆机是此方法的必需设备，它由可产生高压的正向排代泵和排出阀组成，排出阀具有大小可调节的狭窄小孔，可控制放料速度，图1-6为高压匀浆器的结构简图。高压匀浆机的破碎原理是：细胞悬浮液在高压作用下从阀座与阀之间的环隙高速（可达到450m/s）喷出后撞击到碰撞环上，细胞在受到高速撞击作用后，由高压环境急剧释放到低压环境，从而在撞击力和剪切力等综合作用下破碎。

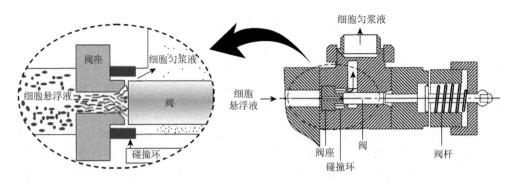

图 1-6   高压匀浆器的结构简图

压强、循环操作次数和温度是高压匀浆法中影响细胞破碎的主要因素。一般来说，增大压强和增加循环操作次数可以提高破碎率。在工业生产中，高压匀浆机的操作压强通常为 55MPa，细胞悬浮液通过高压匀浆机一次，12%～67%的细胞可被破碎，要达到 90%以上的破碎率，往往需要循环 2～4 次匀浆操作。但是当压强超过 70MPa 时，细胞破碎率上升较为缓慢。此外，提高操作压强会增加能耗，压强过高还会引起阀座的剧烈磨损，所以不能单纯追求高破碎率而增大压强。当悬浮液中酵母浓度在 450～750kg/m³ 时，破碎率随温度的增加而提高。当操作温度由 5℃提高到 30℃时，破碎率约提高 1.5 倍，但高温破碎只适用于非热变性产物。为了控制温度的升高，一般在进口处放置干冰调节温度，使出口温度调节到 20℃左右。

高压匀浆机的操作条件因细胞种类、生长环境、生长速率和产物所处位置而不同。例如，大肠杆菌比酵母容易破碎；生长在复杂培养基中的大肠杆菌比生长在合成培养基中的大肠杆菌难破碎；大肠杆菌的破碎率随细胞生长速率的减小而降低；产物若为非结合酶，压强为 54.5MPa，菌体浓度为 10%～20%，处理一次即可，而产物若为膜结合酶，则需进行三次破碎。

高压匀浆法适用于酵母和大多数细菌细胞的破碎，料液细胞浓度可达到 20%左右。团状和丝状菌易堵塞高压匀浆机的阀，操作困难，故不宜使用高压匀浆法。

2. 高速珠磨法

高速珠磨法也是一种有效的细胞破碎方法。高速珠磨机是该法所用的设备。高速珠磨机的主体一般是立式或卧式圆筒型腔体，由电动机带动，其结构如图 1-7 所示。研磨腔内装钢珠或小玻璃珠以提高研磨能力。高速珠磨法的破碎机制是利用细胞悬浮液与珠子在搅拌桨的作用下

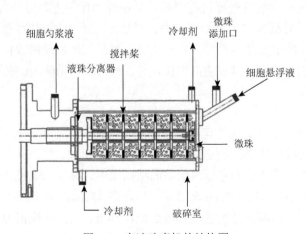

图 1-7   高速珠磨机的结构图

充分混合，珠子之间及珠子和细胞之间互相剪切、碰撞，促使细胞破裂，释放内含物。在液珠分离器的作用下，珠子被滞留在研磨腔内，浆液流出，从而实现连续操作。破碎中产生的热量由夹套中的冷却剂带走。

高速珠磨法中影响细胞破碎的因素主要有：搅拌速度、料液的循环速度、细胞悬浮液的浓度、珠粒大小和数量、温度等。在面包酵母的破碎中，提高搅拌速度、降低酵母浓度和通过提高高速珠磨机的速率、增加小珠装量均可增大破碎效率。但在实际操作中，各种参数的变化必须适当，如过大的搅拌速度和过多的小玻璃珠会增大能耗，使研磨室内温度迅速升高。一般来说，磨珠越小，细胞破碎速度越快，但磨珠太小易于漂浮，难以保留在高速珠磨机的腔体中，所以它的尺寸不能太小。

对几种酵母和细菌菌株的破碎条件进行研究发现：搅拌器的转速为 700~1450r/min；流速为 50~500L/h；细胞悬浮液浓度为 0.3~0.5g/mL（细胞湿重/体积）；小玻璃珠装量（珠粒体积占研磨腔体自由体积的百分比）为 70%~90%；小玻璃珠的直径为 0.45~1.00mm，破碎效果较佳。

总之，在大规模细胞破碎操作中，高压匀浆法和高速珠磨法是使用最多的细胞破碎方法。一般来说，高压匀浆法最适合于酵母和细菌的破碎，虽然高速珠磨法也可用于酵母和细菌，但通常认为后者更适合于真菌菌丝和藻类的细胞破碎。

3. 超声波法

频率超过 20kHz（千赫）的声波称为超声波，在人耳无法听到的频率范围。在较高的频率下，可用来进行细胞破碎。超声波进行细胞破碎的机制尚未完全清楚，可能与空穴现象引起的冲击波和剪切力有关。超声波细胞破碎仪是该法所用的设备，其设备组成如图 1-8A 所示。

超声波的声强、频率、破碎时间是影响超声波细胞破碎的主要因素。另外，细胞浓度和细胞种类等对破碎效果也会有影响。超声波细胞破碎时的频率一般为 20~100kHz。各种细胞所需破碎时间主要靠经验来决定，有些细胞仅需 2~3 次的 1min 超声即可破碎，而另一些则需多达 10 次的超声处理。超声波细胞破碎对不同种类细胞的破碎效果不同，杆菌比球菌易破碎，革兰氏阴性菌比革兰氏阳性菌易破碎，酵母的破碎效果最差。用超声波破碎细胞时，其浓度一般在 20%左右，高浓度和高黏度会降低破碎效果。

用超声波破碎细胞时会产生生成游离基的化学效应，有时可能给目标蛋白带来破坏作用，可通过添加游离基清除剂（如胱氨酸或谷胱甘肽）或者用氢气预吹细胞悬浮液来缓解。

超声波法是最适合实验室规模的细胞破碎方法。它处理的样品体积为 1~400mL。其破碎效果受液体的共振反应影响，在操作时应调整频率以找到最大共振频率。超声波法最主要的问题是会产生热量，破碎器都带有冷却夹层系统，且破碎 5s，冷却 5~10s，以保证目标产物不会因过热而失活。常见的冷却器有夹套烧杯冷却器和玫瑰形玻璃冷却池（图 1-8B）。夹套烧杯冷却器连接其他冷的水源，冷却水在烧杯内细胞悬浮液周围循环，保持样品所需的低温。使用玫瑰形玻璃冷却池时，细胞悬浮液样品填充玫瑰花结，将其放入冰浴设备中，超声波能量迫使样品在探头下方循环并通过冷却臂，使样本维持较低的温度。在通常情况下，样品放于冰浴装置中采用接触式探头进行细胞破碎，这样易引起样品的交叉污染。目前，出现了单个和高通量非接触式探头进行细胞破碎（图 1-8C），这样既能保护样本又能提高处理效率。

目前，超声波可以用来进行大规模连续细胞破碎。工业型连续超声波细胞破碎设备构成如图 1-9A 所示，由超声波电源、超声波助推器、流动样品处理室、工艺液罐及制冷机等组成，其核心部分是一个带冷却装置的流动样品处理室（图 1-9B），在这个样品处理室内有 4 根内环

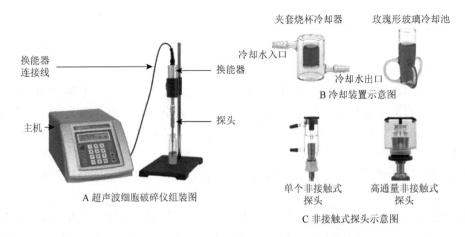

图 1-8　超声波细胞破碎仪组装图及其配件示意图

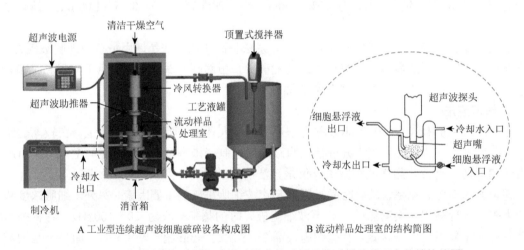

图 1-9　工业型连续超声波细胞破碎设备构成图及流动样品处理室的结构简图

管，由于声波振荡能量会泵送细胞悬浮液循环，将细胞悬浮液通过出、入口管插入到流动样品处理室内部，这样就可以实现连续操作。在破碎时，对于刚性细胞可以添加细小的珠粒，以产生辅助的"研磨"效应。

4. 化学法

采用化学试剂处理生物细胞，可以溶解细胞壁和细胞膜的组分，达到抽提某些细胞组分的目的。能够使用的化学试剂种类很多，每一种都是针对某一组分，因此这种方法具有特异性。用碱处理细胞时，利用碱的皂化作用促进细胞壁和细胞膜的溶解，使细胞破碎，该方法便宜、高效但作用剧烈、无选择性，操作过程中使用高浓度的碱，会引起细胞内含物的变性，从而破坏目标产物。酸处理可以使蛋白质水解成游离氨基酸，破坏细胞膜结构。此外，某些表面活性剂也常能引起细胞膜溶解，使某些组分从细胞内释放出来，如提取核酸分子时，加入阴离子表面活性剂如 3% SDS（十二烷基硫酸钠）于培养或收集的细胞中，60～65℃振荡 1h，就能较完全地使细胞膜发生裂解，使核酸分子抽提出来（见动画 1-2）。螯合剂 EDTA（乙二胺四乙酸）则是与连接相邻脂多糖的 Ca^{2+} 和 Mg^{2+} 作用，因此对于长链脂多糖含量高的细胞种类才有效，并且 EDTA 对于细胞内膜没有作用，一般情况下不单独使用。

除上述酸、碱、表面活性剂及螯合剂外，也可采用某些脂溶性有机溶剂如丁醇、丙酮、氯

动画 1-2

仿等，它们能溶解细胞膜上的脂类化合物，使细胞结构破坏，而将胞内产物释放出来。使用化学法进行细胞破碎处理易引起蛋白质类生物活性物质变性，使用时应考虑其稳定性，细胞破碎后，还必须将化学试剂去除。

5. 酶解法

酶解法是利用酶促反应破坏细胞壁或细胞膜上特殊的键，达到破坏细胞壁或细胞膜的目的，使胞内活性物质释放出来。使用酶解法时可以在细胞悬浮液中加入特定的酶，也可利用自溶作用。

（1）应用外加酶解法：该方法使用时需要选择适宜的酶和酶反应体系，并要控制特定的反应条件，某些微生物体可能仅在生长的某一阶段或生长处于特定的情况下，对酶解反应才是最灵敏的。有时，还需附加其他的处理，如辐射、渗透压冲击、反复冻融等或加金属螯合剂 EDTA，用来除去与膜蛋白结合的金属离子，暴露出对酶解敏感的结构部分，增加酶反应效率。

对于微生物细胞，常用的酶是溶菌酶，它能专一地分解细胞壁上糖蛋白分子的 β-1,4-糖苷键，使多糖分解，经溶菌酶处理后的细胞移至低渗溶液中，细胞就会破裂。例如，在巨大芽孢杆菌或小球菌悬浮液中加入溶菌酶，很快就产生溶菌现象。除溶菌酶外，还可选用蛋白酶、脂肪酶、核酸酶、透明质酸酶等。

（2）自溶作用：利用微生物自身产生的酶来溶菌，而不需外加其他的酶。在微生物代谢过程中，大多数都能产生一种水解细胞壁上聚合物的酶，以便生长过程继续下去。有时改变其生长的环境，可以诱发产生过剩的这种酶或激发产生其他的自溶酶，以达到自溶目的。影响自溶过程的因素有温度、时间、pH、缓冲液浓度、细胞代谢途径等。微生物细胞的自溶常采用加热法或干燥法。例如，对于谷氨酸产生菌，可加入 0.028mol/L Na_2CO_3 和 0.018mol/L $NaHCO_3$（pH = 10）的缓冲液，制成 3% 的悬浮液，加热至 70℃，保温 20min，其间或不时搅拌，菌体即自溶。又如，酵母细胞的自溶需要在 45～50℃ 温度下保持 12～24h。

（3）抑制细胞壁合成：采用该方法能导致类似于酶解法的结果。某些抗生素如青霉素或环丝氨酸等，能阻止新细胞壁物质的合成。但是抑制剂加入的时间很重要，应在发酵过程中细胞生长的后期加入，只有当抑制剂加入后，生物合成和再生还在继续进行，溶胞的条件才是有利的，因为在细胞分裂阶段，造成细胞壁缺陷，达到溶胞作用。

酶解法的优点有：①产物释放的选择性高；②抽提的效率和收率高；③活性物质破坏最少；④反应条件温和；⑤不残留细胞碎片。但是酶解法的费用较高，若在超滤反应器中使用可溶性固定化酶有望解决酶的费用问题。

6. 渗透压冲击法

细胞膜是选择透过性膜，它控制了无机溶质及代谢产物在细胞内外的运输，使膜内外的化学性质包括 pH、渗透势和电势有很大不同。

水分进入胞内是由于胞内外溶质存在渗透势差异。水分通过渗透作用从胞外低溶质浓度即高渗透势溶液中，通过跨膜运输到高溶质浓度即低渗透势溶液的胞内，最终使胞内外渗透势相同。水分的跨膜运输可以通过磷脂双分子层的自由扩散或者通过一种在质膜上对水分有选择作用的孔道蛋白，这两种水分运输方式都是非主动的，亦即不需要利用能量。

先把细胞放在低渗溶液（如一定浓度的甘油或蔗糖溶液）中，由于细胞内外渗透压差的作用，细胞内水分便向外渗出，细胞发生收缩，当胞内外渗透压达到平衡后，将细胞外介质快速稀释或将细胞转入水或缓冲液（高渗溶液）中，由于渗透压突然发生变化，胞外的水分迅速渗入胞内，使细胞快速膨胀而破裂，见图 1-10。

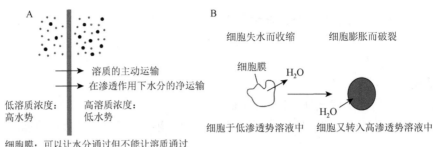

图 1-10 渗透压冲击法作用原理及过程

7. 冻结-融化法

将细胞放在低温（约-15℃）条件下冷冻，然后在室温中融化，如此反复多次，就能使细胞破裂。冻结-融化法破碎细胞的机制有两方面：一方面，在冷冻过程中会促使细胞膜的疏水键结构破裂，从而增加细胞的亲水性能；另一方面，冷冻时胞内水结晶，形成冰晶粒，导致细胞膨胀而破裂。

8. 干燥法

干燥法的操作可分为空气干燥、真空干燥和冷冻干燥等。经干燥后的菌体，其细胞膜渗透性改变，同时部分菌体会产生自溶，然后用丙酮、丁醇或缓冲液等溶剂处理时，胞内物质就容易被抽提出来。

空气干燥主要适用于酵母，将酵母置于25～30℃的热空气流中吹干，部分酵母产生自溶，再用水、缓冲液或其他溶剂抽提时，效果较好。真空干燥适用于细菌的干燥，把干燥成块的菌体磨碎再进行抽提，效果较好。冷冻干燥适用于不稳定的生化物质，将冷冻干燥后的菌体在冷冻条件下磨成粉，然后用缓冲液抽提。

（三）各种破碎方法的评价和选择依据

由上述可见，细胞破碎的方法很多，但是它们的破碎效率和适用范围不同（表1-1）。其中许多方法仅适用于实验室和小规模的破碎，迄今为止，能适用于工业化的大规模破碎方法还很少，由于高压匀浆法和高速珠磨法两种机械破碎方法的处理量大、速度非常快，目前在工业生产上应用最广泛。

表 1-1 常用的细胞破碎方法

方法	技术	原理	效果	成本	举例
机械法	匀浆法	细胞被搅拌器劈碎	适中	适中	动物组织、动物细胞、植物组织、植物细胞
	研磨法	细胞被研磨物破碎	适中	便宜	动物组织、动物细胞、植物组织、植物细胞
	高压匀浆法	细胞在高压作用下快速通过小孔，受到剪切力而破裂	激烈	适中	细胞悬浮液大规模处理
	高速珠磨法	细胞被玻璃珠或钢珠碰撞、剪切而破碎	激烈	便宜	细胞悬浮液大规模处理
	超声波法	超声波的空穴作用使细胞破碎	激烈	昂贵	细胞悬浮液接触式或非接触式小规模处理

续表

方法	技术	原理	效果	成本	举例
非机械法	化学法	碱、酸、表面活性剂或有机溶剂溶解细胞壁和细胞膜的某些组分，使细胞破裂	激烈	便宜	动物组织、动物细胞、植物组织、植物细胞
	酶解法	维持细胞壁或细胞膜结构的化学键被酶消化，使细胞破碎	温和	昂贵	动物组织、动物细胞、植物组织、植物细胞、微生物细胞
	渗透压冲击法	利用细胞内外渗透压差破坏细胞膜，使细胞破裂	温和	便宜	动物细胞、植物细胞

在机械法破碎过程中，由于消耗机械能而产生大量的热量，料液温度升高，易造成生化物质的破坏，这是机械法破碎中存在的共同问题。因此，在大多数情况下都要采取冷却措施，对于较小的设备，可采用冷却夹套或直接投入冰块冷却，但是在大型设备中热量的除去是必须考虑的一个主要问题。特别是在超声波处理时，热量的驱散不太容易，很容易引起介质温度的迅速上升，这就限制了它的放大使用，因为要输入很高的能量来提供必要的冷却，在经济上是不合算的。因此，超声波法主要适用于实验室或小规模的细胞破碎。

非机械法中的化学法和酶解法应用最广泛。采用化学法时，特别应注意的问题是所选择的溶剂（酸、碱、表面活性剂和有机溶剂等）对目标生化物质不能具有损害作用，在操作后，还必须采用常规的分离手段，从产物中除去这些试剂，以保证产品的纯净。酶解法的优点是专一性强，发生酶解的条件温和，采用该法时必须选择好特定的酶和适宜的操作条件。由于酶的价格较高，一般仅适于小规模应用。但是对于酵母细胞壁的破碎，已有应用于工业规模的报道。自溶法的成本较低，在一定程度上能用于工业规模，但是对不稳定的微生物易引起所需蛋白质的变性，自溶后的细胞培养液过滤速度也会降低。抑制细胞壁合成的方法由于要加入抗生素，费用也很高。

渗透压冲击法和冻结-融化法都属于较温和的方法，但破碎作用较弱，它们只适用于细胞壁较脆弱的微生物菌体或者细胞壁合成受抑制、强度减弱了的微生物，它们常与酶解法结合起来使用，以提高破碎效果。

干燥法属于较激烈的一种破碎方法，容易引起蛋白质或其他组分变性，当提取不稳定的生化物质时，常加入一些试剂进行保护，如可加入少量还原剂半胱氨酸、巯基乙醇、亚硫酸钠等。

选择破碎方法时，需要考虑下列因素：待破碎的细胞数量和细胞壁强度；产物对破碎条件（温度、化学试剂、酶等）的敏感性；要达到的破碎程度及破碎所必需的速度等，具有大规模应用潜力的生化产品应选择适合于放大的破碎技术。同时还应把破碎条件和后面的提取步骤结合起来考虑。在固液分离中，细胞碎片的大小是重要因素，太小的碎片很难分离出去，因此，破碎时既要获得高的产物释放率又不能使细胞碎片太小。适宜的细胞破碎条件应该从高的产物释放率、低的能耗和便于后步提取这三方面进行权衡。

（四）细胞破碎效果的评价

细胞破碎效果的评价，主要以细胞破碎率来定量表征，这对于破碎工艺的选择、工艺放大和工艺条件优化等有着非常重要的作用。细胞破碎率（Y）为被破碎细胞的数量占原始细胞数量的百分数，即

$$Y = [(N_0 - N)/N_0] \times 100\%$$

由于 N_0（原始细胞数量）和 N（经 t 时间操作后保留下来的未损害完整细胞数量）不能很清楚地确定，因此细胞破碎率的评价非常困难。目前 N_0 和 N 主要通过下面的方法获得。

1. 直接计数法

最常用的检测细胞破碎效果的方法是通过直接观察统计破碎前后单位体积发酵液中完整细胞或活细胞的个数，从而依据上述公式计算出细胞破碎率。

一般常采用平板计数技术或用血细胞计数器（又称血球计数板）直接对适当稀释后的样品在显微镜下观察计数。这种计数方法的误差较大，因为平板计数技术所需周期长，且只有活细胞才能被计数，死亡的完整细胞虽大量存在却不能计数；如果细胞存在团聚现象，则误差更大。血细胞计数器虽借助显微镜可以对各种含有单细胞菌体的纯培养悬浮液进行快速简单计数，但是血细胞计数器较厚，不能使用油镜，计数器下部的细胞不易看清楚。为了弥补此缺陷及直接用血细胞计数器无法区分死细胞和活细胞的不足，发明了染色计数法，借助不同的染料对菌体进行适当的染色，可以更方便地在显微镜下进行活菌计数。例如，酵母计数时用亚甲蓝染色液染色后，在显微镜下观察发现：完整的活细胞呈无色，死细胞或细胞碎片呈蓝色，从而可以识别和计数完整的细胞、破碎的细胞和细胞碎片。

2. 间接计数法

间接计数法是在细胞破碎后，测定悬浮液中细胞释放出来的化合物如可溶性蛋白、酶、核酸等的量。细胞破碎率可通过被释放出来的化合物的量（R）与所有细胞的理论最大释放量（R_m）之比进行计算。通常的做法是将破碎后的细胞悬浮液离心分离去掉完整的细胞和碎片固体，然后对上清液进行含量或活性分析，并与 100%破碎所获得的标准数值比较。间接计数法最常用的细胞内含物是蛋白质，用劳里法（Lowry method）测量细胞破碎后上清液中的蛋白质含量能评估细胞的破碎程度。对于释放到基质中具有活性的酶来说，酶活力是评估破碎程度很好的指示参数。

另外，还可以用离心细胞破碎液观察沉淀模型的方法来确定细胞破碎率，完整的细胞要比细胞碎片先沉淀下来，并显示不同的颜色和纹理。对比两项可以算出细胞破碎率。

三、固液分离技术

生物分离纯化的第一步是需要把不溶性的固体从发酵液中除去，即固液分离。固液分离是指将发酵液（或培养液）中的悬浮固体，如细胞、菌体、细胞碎片及变性蛋白质等沉淀物或它们的絮凝体分离除去。按其所涉及的流动方式和作用力的不同，固液分离常用的方法可分为过滤、沉降和离心分离。在进行分离时，有些反应体系可以直接采用沉降或过滤的方式加以分离，有些则需要经过加热、凝聚、絮凝及添加助滤剂等辅助操作才能进行过滤分离。但对于那些固体颗粒小、溶液黏度大的发酵液和细胞培养液或生物材料的大分子抽提液，因通过沉降或过滤难以实现固液分离，必须采用离心技术才能达到分离的目的。

离心分离是基于固体颗粒和周围液体存在密度差异，在离心力场中使不同密度的固体颗粒加速沉降的分离过程。当静置悬浮液时，密度较大的固体颗粒在重力作用下逐渐下沉，这一过程称为沉降。当颗粒细小、溶液黏度较大时，沉降速度缓慢。若采用离心技术则可加速颗粒沉降过程，缩短沉降时间，因此，离心分离是生物物质固液分离的重要手段之一。通过离心产生的固体浓缩物和过滤产生的固体浓缩物不同，通常情况下离心只能得到一种较为浓缩的悬浮液或浆体，而过滤可获得水分含量较低的滤饼。与过滤设备相比，离心设备的价格昂贵，但当固体颗粒细小、溶液黏度大而难以过滤时，离心操作往往显得十分有效。

（一）过滤

过滤是以多孔性物质如滤布、滤纸作为介质，在外力的作用下，悬浮液中的流体通过介质孔道，而固体颗粒被截留下来，实现固液分离的过程。漏斗是实验室中最常用、最简单的过滤设备。企业生产过程中应用过滤操作时，按料液流动方向不同，可分为常规过滤和错流过滤。若过滤时料液流动方向与过滤介质垂直，则为常规过滤；若料液流动方向平行于过滤介质，则为错流过滤。

1. 常规过滤

1）过滤的原理　　待分离的固-液混合物或发酵液称为悬浮液或滤浆。像滤纸或滤布那样，能让液体通过而对固体颗粒有截留作用的多孔介质称为过滤介质。被过滤介质截留的固体颗粒，在介质表面堆积成一定厚度的多层介质，称为滤饼或滤渣。在过滤过程中，来自于悬浮液或滤浆，穿过过滤渣层和过滤介质的液体称为滤液，如图 1-11 所示。过滤阻力来自两个方面：过滤介质和介质表面不断堆积的滤渣，其中滤渣的阻力占主导地位。滤饼阻力随滤渣干重的增加而增大，故过滤时，当滤渣层增厚到一定厚度时，就需要停止过滤，清理过滤介质上的滤渣，才能再进行过滤。因此，过滤过程往往是一个周期一个周期的进行。

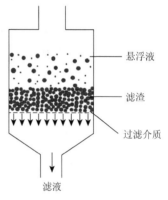

图 1-11　过滤操作示意图

提高过滤速度和过滤质量是过滤操作的目标。由于滤渣阻力是影响过滤速度的主要因素，因此在过滤操作前，要对滤液进行絮凝或凝聚等预处理，改变料液的性质，以降低滤渣的阻力。此外，可在料液中加入助滤剂提高过滤速度。但是，当以菌体细胞的收集为目的时，使用助滤剂会给以后的分离纯化操作带来麻烦，故需慎重行事。

过滤介质两侧的压力差是实现固液分离的推动力，它可以通过重力、加压、抽真空或离心惯性力来获得，因此过滤又可分为常压过滤、真空抽滤和离心过滤。过滤常用于分离固体量较大的悬浮液。普通漏斗过滤是利用重力作用完成的最简单的过滤操作；布氏漏斗在真空泵作用下于过滤瓶中形成一侧负压，增大两侧的压差，增大了推动力，快速完成样品真空过滤；离心过滤是在转鼓侧壁上开孔，蒙上过滤介质，利用离心操作实现设备内固液分离的过滤操作，现实生活中洗衣机脱水过程就是最典型的离心过滤实现固液分离的应用。

2）过滤设备及其结构　　在生物分离中应用较广并有工业意义的过滤设备主要有加压过滤机（如板框压滤机）和真空过滤机（如转鼓真空过滤机）。

（1）板框压滤机：板框压滤机是一种传统的过滤设备，在许多领域中有广泛的应用，发酵工业中以抗生素工厂用得最多。它是由多个滤板和滤框交替重叠排列而组成滤室的一种间歇操作加压过滤机，其设备结构见图 1-12。滤板两面铺有滤布，用压紧装置把滤板和滤框压紧，滤框中的空间构成过滤的操作空间。在板框的上端开有孔道从第一块滤板一直通到最后一块滤框，悬浮液在压力作用下送入，并由每一块滤框上的支路孔道送入过滤空间。滤板表面刻有垂直的或纵横交错的浅沟，其下端钻有供液体排出的孔道。滤液在压力作用下通过滤布流入滤板表面的浅沟中，顺浅沟往下流，最后汇集于滤板下端的排液孔道中排出。固体颗粒被滤布截留在滤框中，一定时间后，松开滤板和滤框，卸除滤渣。板框压滤机的过滤面积大，能耐受较高压力差，对不同过滤特性的料液适应性强，同时还具有结构简单、造价较低、动力消耗少等优点。但这种设备不能连续操作，设备笨重，占地面积大，非生产的辅助操作（如解框、卸饼、洗滤布、重新压紧板框等）时间长。现在已经出现了能够自动卸渣、自动滤布清洗、板框拆卸的自动板框过滤机，大大缩短了非生产的辅助操作时间，并减轻了劳动强度。

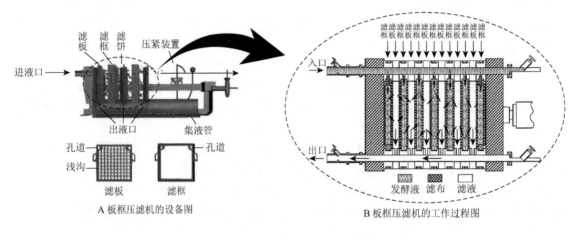

图 1-12　板框压滤机的设备和工作过程图

（2）转鼓真空过滤机：转鼓真空过滤机在减压条件下工作，它的型式很多，最典型和最常用的是外滤面多室式转鼓真空过滤机。

转鼓真空过滤机的结构如图 1-13 所示。转鼓真空过滤机的过滤面是一个由很低转速旋转的开有许多小孔的筛板组成的转鼓，过滤面外覆有金属网及滤布，转鼓的下部浸没在悬浮液中，转鼓的内部抽真空。鼓内的真空使液体通过滤布并进入转鼓，滤液经中间的管路和分配阀流出。固体黏附在滤布表面形成滤饼，当滤饼转出液面后，再经洗涤、脱水和卸渣从转鼓上脱落下来。

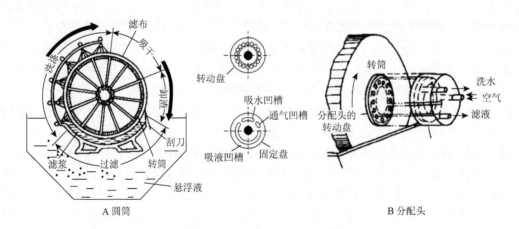

图 1-13　转鼓真空过滤机的结构

转鼓真空过滤机的整个工作周期是在转鼓旋转一周内完成的，转鼓旋转一周可以分为过滤区、洗涤区、吸干区和卸渣区 4 个区。为了使各个工作区不互相干扰，用径向隔板将其分隔成若干过滤室（故称多室式），每个过滤室都有单独的通道与轴颈端面相连通，而分配阀则平装在此端面上。分配阀分成 4 个室，分别与真空和压缩空气管路相连。转鼓旋转时，每个过滤室相继与分配阀的各室相接通，这样就使过滤面形成 4 个工作区。

A. 过滤区：浸没在料液槽中的区域，在真空下，料液槽中悬浮液的液相部分透过过滤层进入过滤室，经分配阀流出机外进入贮槽中，而悬浮液中的固相部分则被阻挡在滤布表面形成滤饼。

B. 洗涤区：在此区内用洗涤液将滤饼洗涤，以进一步降低滤饼中溶质的含量。洗涤液用喷嘴均匀喷洒在滤饼层上，以透过滤饼置换其中的滤液。

C. 吸干区：在此区内将滤饼进行吸干。

D. 卸渣区：通入压缩空气，促使滤饼与滤布分离，然后用刮刀将滤饼清除。

因为转鼓不断旋转，每个滤室相继通过各区即构成了连续操作的一个工作循环。分配阀控制着连续操作的各工序。

转鼓真空过滤机能连续操作，并能实现自动控制，但是压差较小，主要适用于霉菌发酵液的过滤，如过滤青霉素的速度可达 800L/(m^2·h)。对菌体较细或黏稠的发酵液则需在转鼓面上预铺一层助滤剂，操作时，用一把缓慢向鼓面移动的刮刀将滤饼连同极薄的一层助滤剂一起刮去，使过滤面积不断更新，以维持正常的过滤速度。例如，放线菌发酵液采用这种方式过滤，当预涂的助滤剂为硅藻土，转鼓的转速为 0.5～1.0r/min 时，过滤 pH 为 2.0～2.2、温度为 25～30℃的链霉素发酵液时，其滤速可达 90L/(m^2·h)。

水平回转翻盘式真空过滤机是一种连续运转的真空过滤设备，在一个水平的环形面积内，由若干个梯形滤盘组成，这些滤盘由一个大转盘带动做水平旋转，每个滤盘用真空胶管与位于中心的分配头相连，分配头与真空系统相连并完成滤盘在过滤过程中的真空切换，每只滤盘水平旋转一周完成了加料、初滤、过滤、洗涤、滤盘翻转卸渣、冲洗滤布再生、滤盘吸干、滤盘复位水平至加料点进入下一轮操作，其设备示意图见图 1-14。

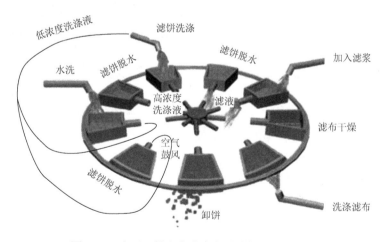

图 1-14　水平回转翻盘式真空过滤机设备示意图

2. 错流过滤

由于错流过滤中料液流动的方向与过滤介质平行，因此能清除过滤介质表面的滞留物，使滤饼不易形成，保持较高的滤速。错流过滤的过滤介质通常为微孔膜或超滤膜（原理详见项目七"生物药物的膜分离纯化"）。错流过滤主要适用于悬浮的固体颗粒十分细小（如细菌）、采用常规过滤速度很慢或滤液混浊的发酵液。对于细菌悬浮液，错流过滤的滤速可达 67～118L/（m^2·h）。

但是采用这种方式过滤时，固-液两相的分离不太完全，固相中有 70%～80%的滞留液体，而用常规过滤或离心分离时只有 30%～40%。

3. 过滤介质和助滤剂

1）过滤介质　　过滤介质是指在固液混合液进行分离时，为截留固体颗粒、支持滤饼，使滤液通过的某一界面，通常指滤布或膜过滤中所用的膜。过滤介质要求能耐酸碱、高温、化学试剂，抗拉性能好，有一定的机械强度和孔隙度。常用的织物介质有帆布、白细布、斜纹布；堆积介质由固体颗粒或一些合成纤维等堆积而成；多孔固体介质有具有微细孔道的固体（小于 1μm 的颗粒）；多孔膜介质有醋酸纤维素膜、硝酸纤维素膜等。

2）助滤剂　　工业过滤生产中有时需要加入某种固体物质，该物质具有吸附胶体的能力，能够加快过滤速度，提高滤液质量，这种物质称为助滤剂。助滤剂应具备的条件如下。

（1）助滤剂应无毒，属于惰性物质，在发酵液或悬浮液中不发生化学反应，具有吸附胶体的能力，但是对目的产物无吸附作用。

（2）助滤剂是一种颗粒均匀、质地坚硬、不可压缩的粒状固体物质，可以增加滤饼结构的疏松性。由于助滤剂颗粒形成的滤饼具有格子型结构，不可压缩，滤孔不会被全部堵塞，减少了滤饼阻力，利于过滤速度的提高。

（3）来源方便，成本低廉。可作为助滤剂的材料很多，如硅藻土、纤维素、未活化的碳。硅藻土使用较为广泛，它的成分 90%以上是 SiO_2，其余为 Fe_2O_3、CaO、MgO 等，常用于非极性溶液的过滤。

3）助滤剂的使用方法　　助滤剂的使用方法有两种：①在过滤前先在过滤介质表面预涂一层助滤剂。②助滤剂按一定比例均匀加入待过滤的料液中。

4）助滤剂的选择要点

（1）粒度选择：根据悬浮液中固体颗粒的大小和滤出液的澄清度，选择助滤剂的粒度。当助滤剂粒度一定时，过滤速度与滤出液的澄清度成反比，过滤速度大，滤出液的澄清度差；过滤速度小，则滤出液的澄清度好。助滤剂的粒度必须与悬浮液中固体颗粒的尺寸相适应，如悬浮液中颗粒较小时，应采用较细的助滤剂。可先取中等粒度的助滤剂进行试验，如能达到所要求的澄清度可取再粗一档的助滤剂，再次试验，如此数次即可确定所需助滤剂的粒度。

（2）根据过滤介质和过滤情况选择助滤剂的品种：当使用粗目滤网时悬浮液易泄漏，过滤时间长或过滤压力有波动时悬浮液也易泄漏，这时加入石棉粉或纤维素或两者的混合物，就可以有效地防止悬浮液在过滤时泄漏。采用细目滤布时可采用细硅藻土，如采用粗粒硅藻土，则料液中的细微颗粒仍将透过助滤层到达滤布表面，从而使过滤阻力增大。当使用烧结或黏结材料制成的过滤介质时，宜选用纤维素助滤剂，这样可使滤饼易于剥离，并可防止堵塞毛细孔。

（3）用量选择：助滤剂的用量必须适宜。用量过少，起不到有效的助滤作用；用量过多，不仅浪费，而且会因助滤剂成为主要的滤饼阻力而使过滤速率下降。当采用预涂助滤剂的方法时，间歇操作时助滤剂预涂层的最小厚度为 2mm；连续操作时则要根据所需的过滤速率来确定。当将助滤剂直接加入发酵液时，一般采用的助滤剂用量等于悬浮液中的固形物含量，其过滤速率最快。例如，以硅藻土作为助滤剂时，通常细粒用量为 $500g/m^3$；中等粒度用量为 $700g/m^3$；粗粒用量为 $700～1000g/m^3$。使用时要求在料液中均匀分散，不允许有沉淀，故一般设置搅拌混合槽。

助滤剂中某些成分会溶于酸性或碱性液体中，故对产品要求严格时，还需将助滤剂预先进行酸洗（用于酸性液体）或碱洗（用于碱性液体）。

4. 过滤技术在生物技术中的应用

在生物反应领域，几乎所有的发酵液均存在或多或少的悬浮固体，如生物细胞、固态培养基或代谢产物中的不溶性物质。在原料处理过程中也常采用过滤操作，如谷氨酸发酵中糖液的脱色过滤处理和啤酒生产中麦汁的过滤澄清。不少目的产物存在于细胞内，如胞内酶、微生物多糖等；有时产物就是菌体本身，如酵母、单细胞蛋白等，往往都需要进行过滤分离操作。过滤技术常用于生物制药行业中对组织、细胞匀浆和粗制提取液的澄清，以及半成品乃至成品等液体的除菌。

过滤澄清是用物理阻留的方法，去除组织细胞匀浆或粗制提取液中的细胞碎片等各种颗粒性杂质。过滤除菌能去除溶液中的微生物，而不影响溶液中药物成分的活性。生物药品中的血液制剂、免疫血清、细胞营养液及基因工程纯化产品等不耐高温的液体只有通过过滤才能达到除菌的目的。近年来，过滤除菌方法在生物制药行业正逐渐代替液体高压蒸汽灭菌法。过滤除菌方法还是发酵罐细胞供氧、管道压缩空气除菌的有效手段。过滤除菌技术目前已被广泛应用于生物技术制药的许多领域。

（二）沉降

1. 颗粒沉降的原理

重力沉降是由地球引力作用而发生的颗粒沉降过程。重力沉降是常用的气-固、液-固和液-液分离手段，在生物分离过程中有一定程度的应用。以液-固沉降为例，重力沉降过程中固体颗粒受到重力、浮力和摩擦阻力的作用。考虑固体颗粒为球形，当浮力、摩擦阻力和重力达到平衡时，固体颗粒匀速沉降。

菌体和动植物细胞的重力沉降虽然简便易行，但菌体细胞体积很小，沉降速度很慢。因此，实际上需使菌体细胞凝聚成较大的凝聚体颗粒后才进行沉降操作，以提高沉降速度。在中性盐的作用下，可使菌体表面双电层排斥电位降低，有利于菌体之间产生凝聚。另外，向含菌体的料液中加入聚丙烯酰胺或聚乙烯亚胺等高分子絮凝剂，可使菌体之间产生架桥作用而形成较大的絮凝体。凝聚或絮凝不仅有利于重力沉降，还可以在过滤分离中大大提高过滤速度和质量。当培养液中含有蛋白质时，可使部分蛋白质凝聚并过滤除去。例如，青霉素发酵液中除产物青霉素之外，还存在较多的杂蛋白，导致青霉素在溶剂萃取过程中出现严重的乳化现象。在青霉素发酵液中加入不同类型的阴离子型高分子絮凝剂进行处理，使杂蛋白的沉降达到了57%。

2. 重力沉降的常用设备

利用沉降法分离液-固两相的设备，根据沉降力的不同分成重力沉降式和离心沉降式两大类。虽然重力沉降设备体积庞大，分离效率低，但具有设备简单，制造容易且运行成本、能耗低等优点，因而得到广泛应用。传统的沉降设备主要有矩形水平流动池、圆形径向流动池、垂直上流式圆形池与方形池；新的池形为斜板与斜管式沉降池。

（三）离心分离

离心分离对那些固体颗粒很小或液体黏度很大，过滤速度很慢，甚至难以过滤的悬浮液十分有效，对那些忌用助滤剂或助滤剂使用无效的悬浮液的分离，也能得到满意的结果。离心分离不但可用于悬浮液中液体或固体的直接回收，而且可用于两种不相溶液体的分离（如液-液萃取）和不同密度固体或乳浊液的分离（如超速离心技术）。离心分离可分为离心沉降、离心过滤和超速离心三种形式。

1. 离心沉降

离心沉降是利用固-液两相的相对密度差，在离心机无孔转鼓或管子中进行悬浮液的分离操作。离心沉降是科学研究与生产实践中广泛使用的非均相分离手段，不仅适用于菌体和细胞的回收或除去，而且可用于血细胞、病毒及蛋白质的分离，也被广泛应用于液-液分离。

1）影响物质颗粒沉降的因素　由于生物环境特殊的复杂性，生物技术中生产规模的离心分离基本都是在极复杂的液态环境中进行的。影响物质颗粒沉降的因素大体上可分为以下几方面。

（1）固相颗粒与液相密度差：在离心分离中，液相因分离纯化的需要可能不断增减某些物质，使固相颗粒与液相密度差发生变化，如盐析时盐浓度变化或密度梯度离心时梯度液密度的变化。

（2）固相颗粒形状和浓度：分子量相同、形状不同的固相颗粒物质在离心力的作用下可有不同的沉降速率，假定同一颗粒的轴向比发生变化，其沉降系数发生的相应变化见表 1-2。实际上不同蛋白质的分子量与沉降系数之间的关系还受其他因素影响，所以表现为不同的相关性。球状、纤维状及棒状蛋白质的测定结果见表 1-3，在 6mol/L 盐酸胍、0.1mol/L 巯基乙醇中对不同免疫球蛋白的和复杂巨大分子的测定结果见表 1-4。

表 1-2　假定对称物质颗粒轴向比变化与沉降系数变化的关系

轴向比	1：1	3：1	5：1	10：1	20：1
沉降系数	1.0	0.9	0.8	0.7	0.5

表 1-3　球状、纤维状及棒状蛋白质的分子量和沉降系数

球状蛋白质			纤维状及棒状蛋白质		
名称	分子量	沉降系数	名称	分子量	沉降系数
核糖核酸酶	13 680	1.64	弹性蛋白	70 000	5.13
溶菌酶	14 100	1.87	细胞色素 b_5	14 750	1.31
糜蛋白酶原	23 200	2.54	原肌球蛋白	72 000	2.59
β-乳球蛋白	35 000	2.83	胶原	280 000	3.00
卵清蛋白	45 000	3.55	肌球蛋白	524 800	6.43
血清白蛋白	65 000	4.31	血纤维蛋白原	339 700	7.63
血红蛋白	68 000	4.54	丝肮蛋白	42 332	3.12
过氧化氢酶	250 000	11.30			
脲酶	480 000	18.60			

表 1-4　不同的免疫球蛋白、复杂巨大分子的分子量和沉降系数（朱圣庚和徐长法，2017）

免疫球蛋白			复杂巨大分子		
名称	分子量	沉降系数	名称	分子量	沉降系数
免疫球蛋白 G	150 000（单体）	7	番茄丛矮病毒	9.3×10^6	132
免疫球蛋白 A	320 000（二聚体）	10	烟草花叶病毒	4.06×10^7	198
免疫球蛋白 M	950 000（五聚体）	18~20	黄瓜花叶病毒	$(5.0 \sim 6.7) \times 10^6$	98
免疫球蛋白 D	185 000（单体）	7			
免疫球蛋白 E	190 000（单体）	8			

由于物质颗粒的对称性、直径和形状不同，有些不对称性的物质颗粒浓度发生变化，可以对其沉降速率造成很大影响。此外，料液浓度增加至一定程度，物质颗粒的沉降还会出现浓度阻滞，即拖尾现象，其沉降系数减小，分离纯化效果下降。

（3）液相黏度与离心分离工作温度：液相黏度是沉降过程中产生摩擦阻力的主要原因，其变化既受液体中溶质性质及含量的影响，也受环境温度的影响。物质含量对液体黏度的影响程度随物质浓度的增加而递增。温度则会对水的黏度产生很大影响。例如，0℃水的黏度约为 20℃水的 1.8 倍，5℃水的黏度是 20℃水的 1.5 倍。

（4）液相影响固相沉降的其他因素：固相物质离心分离受液相化学环境因素的影响很大，其中主要包括 pH、盐种类及浓度、有机化合物种类及浓度等。

2）常用的离心沉降设备　离心沉降设备按操作方式来分，可分为间歇（分批）操作和连续操作；按型式来分，可分为管式、碟片式等；按出渣方式来分，可分为人工间歇出渣和自动出渣等方式。离心分离设备根据其离心力（或转数）的大小，可分为低速离心机、高速离心机和超速离心机。生化产品的生产中，为了防止目标产物的变性失活，所用离心设备一般为可在低温下操作的离心机，称为冷冻离心机。各种离心机的离心力范围和分离对象列于表 1-5。此外，旋液分离器也属于离心沉降设备。

表 1-5　离心机的种类和适用范围

性能指标		低速离心机	高速离心机	超速离心机
转数/(r/min)		2 000~6 000	10 000~26 000	30 000~120 000
离心力/g		2 000~7 000	8 000~82 000	100 000~600 000
适用范围	细胞	适用	适用	适用
	细胞核	适用	适用	适用
	细胞器	—	适用	适用
	蛋白质	—	—	适用

低速大容量冷冻离心机适用于生物制药过程中多种细胞分离及人血浆蛋白质的沉淀。在设定温度范围内，离心机用最高转速工作时，料液温度可以保证低至 4℃。

高速冷冻离心机适用于生物制药过程中多种微生物发酵产物的分离及多种病毒和蛋白质的沉淀。

2. 离心过滤

1）离心过滤的原理　　离心过滤就是应用离心力代替压力差作为过滤推动力的分离方法。工业上常用篮式过滤离心机，其操作原理如图 1-15 所示，过滤离心机的转鼓为一多孔圆筒，圆筒转鼓内表面铺有滤布。操作时，被处理的滤浆由圆筒口连续进入筒内，在离心力的作用下，滤液透过滤布及鼓壁小孔被收集排出，固体微粒则被截留于滤布表面形成滤饼。因为操作是在高速离心力的作用下进行的，所以滤浆在转鼓圆筒内壁面几乎分布成一中空圆柱面，其中，R_1 和 R_0 分别为中空柱状滤浆的内径和外径（即忽略介质厚度时的转鼓内径），对于某一离心机在一定转速下，这两个值基本是不变的；而 R_C 为滤饼内径，其值随时间的延长而增大。

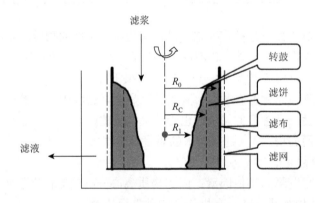

图 1-15　篮式过滤离心机分离原理图

2）常用的离心过滤设备　　主要有三足式离心机、螺旋卸料离心机和卧式刮刀离心机三种。三足式离心机是目前最常用的过滤式离心机，立式有孔转鼓悬挂在三根支足上，所以习惯上称为三足式。与三足式离心机相比较，卧式刮刀离心机实现自动化较为方便，转鼓在全速运动中自动地依次进行加料、分离、洗涤、脱水、卸料、滤布再生等操作，各工序中间不需要停车，使用效率较高，功率消耗较小，使用范围大。卧式刮刀离心机的转鼓直径为 240～2500mm，分离因数为 250～3000，转速为 450～3500r/min，适于分离的固相颗粒的直径为 5～10mm，固相浓度为 5%～60%。螺旋卸料离心机有以下特点：①对料液浓度的适应范围大。低可用于 1%以下的稀薄悬浮液，高可用于 50%的浓悬浮液。在操作过程中浓度有变化时不需特殊调整。②对颗粒直径的适应范围大。③进料液浓度变化时几乎不影响分离效率，能确保产品的均一性。④占地面积小，处理量大。

3. 超速离心

超速离心是根据不同溶质颗粒在液体中各部分分布的差异，利用强大的离心力，分离不同相对密度固体或液体的操作。它在生物化学、分子生物学及细胞生物学的发展中起着非常重要的作用。应用超速离心技术中的差速离心、等密度梯度离心等方法，已经成功地分离制取各种亚细胞物质和病毒，如线粒体、微粒体、溶酶体等。用 5×10^5g 以上的强大离心力，长时间的离心（如 17h 以上），可获得具有生物活性的脱氧核糖核酸（DNA）、各种与蛋白质合成有关的酶系、各种信使核糖核酸（mRNA）和转移核糖核酸（tRNA）等，这为遗传工程、酶工程的发展提供了基础。超速离心法是现代生物技术领域研究中不可缺少的实验室分析和制备手段。

1）超速离心技术的工作原理　　超速离心技术中，由于使用的离心机类型是无孔转鼓，因此也属于离心沉降。一个球形颗粒的沉降速度不但取决于所提供的离心力，也取决于粒子的密度和直径及介质的密度。当粒子直径和密度不同时，移动同样距离所需的时间不同，在同样的沉降时间，其沉降的位置也不同。利用超速离心技术可以从组织匀浆中分类细胞器，其主要细胞成分的沉降顺序一般先是整个细胞和细胞碎片，然后是细胞核、叶绿体、线粒体、溶酶体、微粒体和核蛋白体。

2）超速离心的分类　　超速离心技术按处理要求和规模分为制备性超速离心和分析性超速离心两类。

（1）制备性超速离心：该离心机的主要目的是最大限度地从样品中分离高纯度目标组分，进行深入的生物化学研究。制备性超速离心分离和纯化生物样品一般用三种方法：差速离心法、速率区带离心法和等密度离心法。

A. 差速离心法：差速离心法是采用逐渐增加离心速度或交替使用低速和高速进行离心，用不同强度的离心力使具有不同质量的物质分级分离的方法。此法适用于混合样品中各沉降系数差别较大组分的分离。

它利用不同的粒子在离心力场中沉降的差别，在同一离心条件下，沉降速度不同，通过不断增加相对离心力，使一个非均匀混合液内的大小、形状不同的粒子分别沉淀。操作过程中一般是在离心后用倾倒的办法把上清液与沉淀分开，然后将上清液再高转速离心，分离出第二部分沉淀，如此往复加高转速，逐级分离出所需要的物质。差速离心的分辨率不高，沉降系数在同一个数量级内的各种粒子不容易分开，常用于其他分离手段之前的粗制品提取。图 1-16 为采用差速离心法，对已破碎的细胞匀浆中各组分的分离过程。

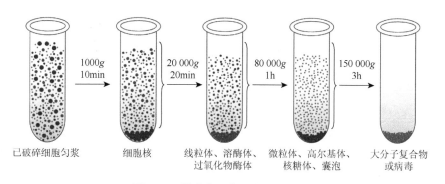

图 1-16　差速离心使颗粒分级沉淀

B. 速率区带离心法：此法也称密度梯度离心法，它是在离心前于离心管内先装入密度梯度介质（如蔗糖、甘油、KBr、CsCl 等），将待分离的样品铺在梯度液的顶部、离心管底部或梯度层中间，同梯度液一起离心。根据分离的粒子在梯度液中沉降速度的不同，使具有不同沉降速度的粒子处于不同的密度梯度层内分成一系列区带，达到彼此分离的目的，见图 1-17。梯度液在离心过程中及离心完毕后，取样时起着支持介质和稳定剂的作用，避免因机械振动而引起已分层的粒子再混合。

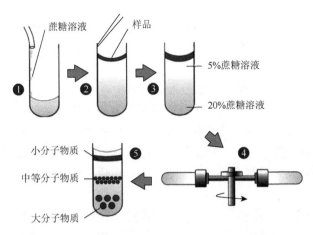

图 1-17　不同颗粒在水平转头中的速率区带离心分离

①在离心管中装入密度梯度液；②把样品轻轻装在梯度液的顶部；
③制备完成样品层和密度梯度液的混合物；④进行速率区带离心分离；
⑤在离心力的作用下，不同颗粒根据各自的质量按不同的速度移动，形成密度梯度层

应用该离心法时要严格控制离心时间，既需要足够的时间使各种粒子在介质梯度中形成区带，又要控制在任一粒子达到沉淀前停止离心。如果离心时间过长，所有的样品可全部到达离心管底部；但是若离心时间不够，样品还未完全分离。由于此法是一种不完全的沉降，沉降受物质本身大小的影响较大，故用于分离有一定沉降系数差的粒子，与粒子密度无关。因此大小相同、密度不同的粒子（如线粒体、溶酶体、过氧化物酶体）不能用此法分离。一般物质大小相异而密度相同的情况下采用速率区带离心法进行分离。这种方法已用于 RNA-DNA 混合物、核蛋白体亚单位和其他细胞成分的分离。常用的梯度液有 Ficoll[①]、Percoll[②] 及蔗糖。

C. 等密度离心法：这种方法使用一种在离心管中密度梯度从上到下连续增高，又不会使所分离的生物活性物质凝聚或失活的溶剂系统，离心后各物质颗粒能按其各自的相对密度平衡在相应密度的溶剂中形成区带。

等密度离心法是在离心前预先配制密度梯度介质溶液，此种密度梯度液包含了被分离样品中所有粒子的密度，待分离的样品铺在梯度液顶上或和梯度液先混合，离心开始后，梯度液由于离心力的作用逐渐形成底浓而管顶稀的密度梯度，与此同时原来分布均匀的粒子也发生重新分布。当管底介质的密度（ρ_m）大于粒子的密度（ρ_P），即 $\rho_\mathrm{m} > \rho_\mathrm{P}$ 时粒子上浮；在管顶处 $\rho_\mathrm{P} > \rho_\mathrm{m}$ 时，则粒子沉降，最后粒子进入到一个它本身的密度位置即 $\rho_\mathrm{P} = \rho_\mathrm{m}$，此时粒子不再移动，粒子形成纯组分的区带，仅与样品粒子的密度有关，而与粒子的大小和其他参数无关，因此只要转速、温度不变，则延长离心时间也不能改变这些粒子的成带位置。图 1-18 为利用等密度离心法分离全血样品中各颗粒组分的过程。

此法一般应用于大小相近而密度差异较大的物质的分离。常用的梯度液是 CsCl 或蔗糖溶液。用蔗糖时，先将蔗糖溶液制成密度梯度溶液，再在其顶端加样品。离心后，如欲收集所分离的组分，可在离心管的下端刺一小洞，然后分部收集。例如，用 CsCl 这种密度大又扩散迅速的溶剂系统时，可将样品均匀地混合于溶剂中。离心达到平衡后，CsCl 溶液形成密度梯度，样品中各组分也在相应密度处形成区带。

---

① Ficoll 是蔗糖的多聚体，具有一定的水溶性和生物相容性

② Percoll 是硅化聚乙烯吡咯烷酮（polyvinyl pyrrolidone，PVP），无毒无刺激

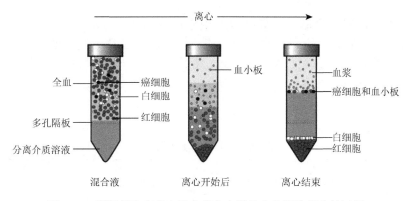

图 1-18 利用等密度离心法分离全血样品中各颗粒组分的过程

（2）分析性超速离心：该技术主要是为了研究生物大分子的沉降特性和结构，而不是专门收集某一特定组分。因此它使用了特殊的转子和检测手段，以便连续监视物质在一个离心场中的沉降过程。

A. 分析性超速离心的工作原理及设备：分析性超速离心机主要由一个椭圆形的转子、一套真空系统和一套光学系统所组成。离心机中装有的光学系统可保证在整个离心期间都能观察小室中正在沉降的物质（如蛋白质和 DNA），可以通过对紫外线的吸收或折射率的不同对沉降物进行监视。图 1-19 为分析性超速离心机的组成和光学系统示意图。

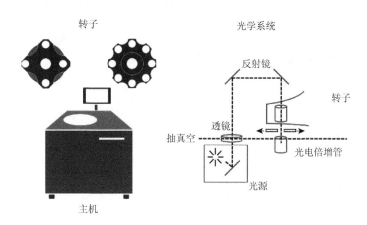

图 1-19 分析性超速离心机的组成和光学系统示意图

B. 分析性超速离心的应用：①测定生物大分子的分子量。测定分子量的方法主要有三种：沉降速度、沉降平衡和接近沉降平衡。其中应用最广的是沉降速度，超速离心在高速中进行，这个速度使得任意分布的粒子通过溶剂从旋转的中心辐射地向外移动，在清除了粒子的那部分溶剂和尚含有沉降物的那部分溶剂之间形成一个明显的界面，该界面随时间的移动而移动，这就是粒子沉降速度的一个指标，然后照相记录，即可求出粒子的沉降系数。②生物大分子的纯度评估。分析性超速离心已被广泛地应用于研究 DNA 制剂、病毒和蛋白质的纯度。③分析生物大分子中的构象变化。分析性超速离心已被成功地用于检测大分子构象的变化。例如，DNA 可能以单股或双股出现，其中每一股在本质上可能是线性的，也可能是环状的，如果遇到某种因素（温度或有机溶剂），DNA 分子可能发生一些构象上的变化，这些变化也许可逆，也许不可逆，这些构象上的变化可以通过检查样品在沉降速度上的差异来证实。

选择离心机须根据悬浮液（或乳浊液）中固体颗粒的大小和浓度、固体与液体（或两种液体）的密度差、液体黏度、滤渣（或沉渣）的特性，以及分离的要求等进行综合分析，满足对滤渣（沉渣）含湿量和滤液（分离液）澄清度的要求，初步选择采用哪一类离心机。然后按处理量和对操作的自动化要求，确定离心机的类型和规格（表 1-6），最后经实际试验验证。

表1-6 离心机的类型和应用

性能指标	低速离心机	高速离心机	超速离心机
最大转速/(r/min)	6 000	26 000	120 000
最大离心力/g	7 000	82 000	600 000
分离形式	固-液沉淀	固-液沉淀	密度梯度区带分离和差速沉降分离
转子	角式和外摆式转子	角式和外摆式转子	角式、外摆式、区带转子等
仪器结构、性能和特点	速率不能严格控制，多数在室温下操作	有消除空气和转子间摩擦热的制冷装置，速率和温度控制较准确、严格	备有消除转子与空气摩擦热的真空和冷却系统，有更为精确的温度和速度控制、监测系统，有保证转子正常运转的传动和制动装置等
应用范围	收集易沉降的大颗粒（如红细胞、酵母细胞等）	收集微生物、细胞碎片、大细胞器、硫酸铵沉淀物和免疫沉淀物等。但不能有效沉淀病毒、小细胞器（如核糖体）、蛋白质等大分子	主要分类细胞器、病毒、核酸、蛋白质、多糖等，甚至能分开分子大小相近的同位素标记物 ^{15}N-DNA 和未标记的 DNA

通常，对于含有粒度大于 0.01mm 颗粒的悬浮液，可选用过滤离心机；对于悬浮液中含有细小或可压缩变形的颗粒，则宜选用沉降离心机；对于悬浮液含固体量低、颗粒微小和对液体澄清度要求高时，应选用离心机。

● 实践活动 ●

任务1 谷氨酸发酵液的预处理

▌实训背景▐

谷氨酸是构成蛋白质的基本氨基酸，为无色晶体，有鲜味，微溶于水，溶于盐酸溶液。在医学上，谷氨酸主要被用于治疗肝性昏迷，还被用于改善儿童智力发育。在食品工业上，味精是常用的食品增鲜剂，其主要成分是谷氨酸钠盐。现在，全球的谷氨酸主要是利用发酵技术进行工业化生产。

▌实训目的▐

1. 理解絮凝和凝聚两种预处理的原理和影响因素。
2. 掌握絮凝和凝聚两种预处理操作的过程。
3. 学习絮凝和凝聚两种预处理效果的评估方法。

实训原理

凝聚和絮凝可改变发酵液中细小颗粒物如细胞、菌体和蛋白质等胶体粒子的分散状态，破坏其稳定性，使它们聚集成可分离的絮凝体，利于后续步骤固液分离的进行。

絮凝剂的选择、用量及处理条件（溶液 pH、搅拌速度和时间）都对絮凝的作用有影响。絮凝剂的功能团能强烈地吸附在胶粒的表面，故絮凝剂的功能团越多，架桥作用越强烈，絮凝作用越强。适量的絮凝剂有助于架桥充分，提高絮凝效果，但用量过多会引起吸附饱和，在胶粒表面形成覆盖层而失去与其他胶粒架桥的作用，絮凝效果反而降低。溶液 pH 的变化会影响离子型絮凝剂功能团的电离度，从而改变链的伸展形态，影响絮凝效果。在絮凝过程中，刚加入絮凝剂时，适当搅拌促使絮凝剂迅速分散，与菌体微粒充分混合，但絮凝团形成后，大的剪切力会打碎絮凝团，降低絮凝效果。

实训器材

1. 实训材料：谷氨酸发酵液。

2. 实训试剂：壳聚糖、聚丙烯酰胺、明胶、$Al_2(SO_4)_3$、海藻酸钠、0.01mol/L HCl 溶液、0.1mol/L NaOH 溶液等。

3. 实训设备：精密天平、精密 pH 计、紫外分光光度计（操作使用方法见视频 1-1）等。

实训步骤

视频 1-1

1. 实训准备

（1）溶液配制。

0.1mol/L HCl 溶液的配制：取适量蒸馏水，加入 8.33mL 浓盐酸，混匀后，定容至 1L，混匀后分装在试剂瓶中，贴好含浓度、试剂名称、配制时间的标签。

0.1mol/L NaOH 溶液的配制：用天平称量氢氧化钠药品 2.00g，加入适量蒸馏水，混匀后，定容至 500mL，混匀后分装在试剂瓶中，贴好含浓度、试剂名称、配制时间的标签。

（2）根据表 1-7 的实验设计，小组分工做好任务安排。取谷氨酸发酵液适量，按 50mL/份进行分装，每个实验组需要三份，按表 1-7 中"实验编号"做好标记。

表 1-7 谷氨酸发酵液预处理实验记录单

序号	实验组号	实验编号	pH	试剂名称	絮凝剂/凝聚剂添加浓度/(mg/L)	试剂加入量/g	分层时间/min	OD$_{650nm}$ 值	絮凝率(FR)/%
1	对照组	0-1	3.00		0				
2		0-2	7.00		0				
3		0-3	13.00		0				
4	Ⅰ组	Ⅰ-1	3.00	壳聚糖	400				
5		Ⅰ-2	7.00		400				
6		Ⅰ-3	13.00		400				
7	Ⅱ组	Ⅱ-1	3.00	聚丙烯酰胺	400				
8		Ⅱ-2	7.00		400				
9		Ⅱ-3	13.00		400				

续表

序号	实验组号	实验编号	pH	试剂名称	絮凝剂/凝聚剂添加浓度/(mg/L)	试剂加入量/g	分层时间/min	OD$_{650nm}$值	絮凝率(FR)/%
10		III-1	3.00		400				
11	III组	III-2	7.00	明胶	400				
12		III-3	13.00		400				
13		IV-1	3.00		400				
14	IV组	IV-2	7.00	海藻酸钠	400				
15		IV-3	13.00		400				
16		V-1	3.00		2×10^5				
17	V组	V-2	7.00	$Al_2(SO_4)_3$	2×10^5				
18		V-3	13.00		2×10^5				

2. 调节 pH

每份样品根据表 1-7 的 pH 要求，用 0.1mol/L HCl 溶液或 0.1mol/L NaOH 溶液调节相应发酵液 pH 为 3.00、7.00、13.00。

3. 称量絮凝剂/凝聚剂

根据表 1-7 中絮凝剂/凝聚剂添加浓度，计算 50mL 发酵液中所需要固体试剂［壳聚糖、聚丙烯酰胺、明胶、海藻酸钠、$Al_2(SO_4)_3$］的用量，并及时记录到表 1-7 "试剂加入量"栏。对照记录单，用天平准确称量相应的固体试剂。

4. 加入絮凝剂/凝聚剂

将称量的絮凝剂/凝聚剂，在快速搅拌条件下分批次加入到谷氨酸发酵液中，使其完全混合均匀。

5. 观察絮凝情况

添加絮凝剂或凝聚剂后，再慢速搅拌 5min。反应结束后移至 50mL 量筒中，静置并观察菌体沉降过程，记录出现分层的时间于表 1-7 中。

6. 测定 OD 值

静置 60min 后取上清液，用紫外分光光度计以蒸馏水做空白调零，于 650nm 处测 OD 值，记录 OD 值于表 1-7 中。

7. 计算絮凝率

将每个实验样品的 OD 值与对照组样品的 OD 值进行比较，计算絮凝率（flocculation ratio，FR）。FR =（OD$_{絮凝前}$−OD$_{絮凝后}$）/OD$_{絮凝前}$×100%，FR 越大说明絮凝效果越好。根据公式计算相应的 FR，记录到表 1-7 中。

备注：根据教学条件和实训安排，可有选择地对实验内容进行调整。

▌▌ 注意事项 ◀◀

1. 按实验设计，及时、准确地为每份发酵液标记实验编号，注意实验过程中保持实验编号清晰可见，防止样品混淆。

2. 正确操作精密 pH 计，准确调节发酵液 pH，防止 pH 调过或调节不准。

3. 规范使用天平，准确称量固体药品。

4. 正确使用紫外分光光度计，准确测定 OD 值，注意及时清洗比色皿，防止数据不准确。

5. 及时、如实、准确地记录实验数据。

结果讨论

从预处理后分层时间和絮凝率的大小两个实验结果，分析总结发酵液的最佳预处理条件。

任务2 酵母细胞的破碎及破碎效果的评价

实训背景

科学研究表明，自由基侵害人体正常细胞，会导致细胞损伤，最终产生衰老和病变。超氧化物歧化酶（superoxide dismutase，SOD）是迄今发现的最重要的能够消除使皮肤损伤和衰老的"超氧离子自由基"（$O_2^-\cdot$）的抗氧化酶，是体内唯一以自由基为底物的清除剂。经过医学界长期研究，确认补充 SOD 对人体抗衰老有极大益处。目前主要通过基因工程技术，制备酵母工程菌体外表达人源 SOD 蛋白，获得该蛋白产品的首要步骤是进行细胞破碎，让胞内 SOD 蛋白最大限度地释放出来，利用后续步骤分离纯化处理。

实训目的

1. 掌握超声波细胞破碎的原理和仪器操作。
2. 掌握不同细胞破碎方法的特点及应用范围。
3. 学习细胞破碎效果的评价方法。

实训原理

细胞破碎的方法很多，每种方法具有不同的特点和应用范围。实验室中最常用的机械法为超声波法。频率超过 20kHz 的声波，在较高的输入功率下可破碎细胞。超声波细胞破碎仪由超声波发生器和换能器两部分组成。超声波发生器（电源）是将 220V、50Hz 的单相电通过变频器件变为约 600V、20～25kHz 的交变电能，并以适当的阻抗与功率匹配来推动换能器工作，做纵向机械振动，振动波通过浸入在样品中的钛合金变幅杆（又称探头）对各类细胞产生空穴效应，从而达到破碎细胞的目的。

采用化学试剂处理细胞可以引起细胞膜的溶解，达到抽提某些细胞组分的目的。应特别注意的是所选择的溶剂（酸、碱、表面活性剂或有机溶剂等）对目标生化物质不能具有损害作用。酵母在 25～30℃的热空气流中吹干，部分酵母产生自溶，再用水、缓冲液或其他溶剂抽提时，效果较好，此为空气干燥细胞破碎法。

采用间接法进行细胞破碎效果评价。核酸分子存在于细胞内，细胞破碎后才能释放出来，通过定性测定 260nm 处核酸的含量，可间接评价细胞破碎的效果。

实训器材

1. 实训材料：酵母发酵液或者模拟制备酵母发酵液（称取 5～10g 活性干酵母，溶于 1000mL 蒸馏水中，适当搅拌即得模拟制备酵母发酵液）。

视频 1-2

2. 实训试剂：十六烷基三甲基溴化铵（CTAB）提取液等。

3. 实训设备：烘箱、水浴锅、微量移液器、紫外分光光度计、离心机、超声波细胞破碎仪（操作使用方法见视频 1-2）等。

实训步骤

（一）细胞破碎

1. 待破碎细胞收集

根据表 1-8 的实验设计，以小组为单位进行任务化解和分工。酵母发酵液按 50mL/份进行分装（每个实验组需要 6 份），采用 2000r/min 离心 5min，弃上清留菌体，则为待破碎的酵母细胞菌体。

2. 对照组处理

在待破碎的酵母细胞中加入 30mL 蒸馏水，轻轻重悬混匀，不进行任何细胞破碎处理，直接进行吸光度值测定。

3. 干燥法进行细胞破碎

将待破碎的酵母细胞于 30℃烘箱中烘干，利用干燥法自溶处理。结束后加入 30mL 蒸馏水，轻轻重悬混匀，转移至相应离心管或烧杯中。

4. 化学法进行细胞破碎

在待破碎酵母细胞菌体中加入 10mL CTAB 提取液，混匀后于 65℃水浴锅中孵浴 30min，中间不时摇动。反应结束后，可用 20mL 蒸馏水补足至体积为 30mL。

5. 超声波法进行细胞破碎

在三份待破碎酵母细胞菌体中分别加入 30mL 蒸馏水，轻轻重悬混匀，制成细胞悬浮液。采用不同的超声条件进行破碎，超声条件为：超声 5s，停止 10s，破碎时间分别为 4min、6min、8min。

表 1-8 细胞破碎处理实验记录单

序号	细胞破碎方法		OD$_{260nm}$ 值	评价
1		对照组		
2		干燥法		
3		化学法		
4		破碎时间 4min	-	
5	超声波法	破碎时间 6min		
6		破碎时间 8min		

（二）细胞破碎效果评价

将采用不同处理方法完成酵母细胞破碎的悬浮液，于离心机上 4000r/min 离心 10min，取上清液稀释适当倍数，以蒸馏水为空白调零，于紫外分光光度计 260nm 处测定吸光度值。根据测定结果评价细胞破碎效果。

备注：根据教学条件和实训安排，可有选择地对实验内容进行调整。

注意事项

1. 规范使用超声波细胞破碎仪，超声时需注意调整探头于样品中的位置。
2. 正确操作离心机，对称放置的样品管需配平。
3. 及时、如实、准确地记录实验数据。

结果讨论

1. 试分析影响超声波法细胞破碎的主要因素。
2. 为获得有活性的 SOD，从三种细胞破碎方法的原理和破碎效果两个方面思考哪种方法最适合，该方法的最适破碎条件是什么。请说明原因。
3. 试客观评价细胞的破碎效果。

课后思考

一、名词解释

凝聚　絮凝　细胞破碎技术

二、填空题

1. 去除蛋白质的方法较多，常用的有_____、_____、_____等。
2. 常用的凝聚剂大多为_____和_____。
3. 细胞破碎的方法可分为_____和_____两大类。
4. 用超声波破碎细胞时，样品需要放在_____。
5. 细胞破碎的对象是_____和_____。

三、选择题

1. 发酵液的预处理方法不包括（　　　）。
   A. 加热　　　　　　　B. 凝聚和絮凝　　　C. 调节 pH　　　　　D. 过滤
2. （　　　）是凝聚剂。
   A. 多糖　　　　　　　B. 明胶　　　　　　C. 海藻酸钠　　　　　D. 明矾
3. 下列细胞破碎的方法中，属于非机械法的是（　　　）。
   A. 化学法　　　　　　B. 高压匀浆法　　　C. 超声波法　　　　　D. 高速珠磨法
4. 不能用于固液分离的手段为（　　　）。
   A. 离心　　　　　　　B. 过滤　　　　　　C. 超滤　　　　　　　D. 萃取
5. 适合少量细胞破碎的方法是（　　　）。
   A. 高压匀浆法　　　　B. 超声波法　　　　C. 高速珠磨法　　　　D. 高压挤压法

四、开放性思考题

请下载专业文献"江龙法，张所信. 1998. 谷氨酸发酵液预处理方法的研究. 中国调味品，
（6）：17-19"，阅读并回答以下问题：

1. 该文献中采用了什么方法对发酵液进行预处理？
2. 该文献中从哪几个因素对发酵液进行预处理实验探究，并取得了什么结果？
3. 该文献中用到的主要仪器、设备有哪些？试着介绍这些仪器、设备的使用方法和维护要求。

● 参考文献 ●

陈红章. 2004. 生物过程工程与设备. 北京：化学工业出版社

陈惠黎. 1990. 生物化学检验技术. 北京：人民卫生出版社

大矢晴彦. 1999. 分离的科学与技术. 北京：中国轻工业出版社

顾觉奋. 2002. 分离纯化工艺原理. 北京：中国医药科技出版社

何宁，李寅，陈坚，等. 2005. 生物絮凝剂的最新研究进展及其应用. 微生物学通报，32（2）：5

江龙法，张所信. 1998. 谷氨酸发酵液预处理方法的研究. 中国调味品，（6）：3

姜绍通，唐晓明，刘模，等. 2009. 絮凝-沉降法澄清 L-乳酸发酵液的工艺研究. 农产品加工·学刊，（010）：4-9

金祺，刘炳华. 2020. 谷氨酸钠发展史及其教育价值. 化学教育（中英文），41（15）：5

李津，俞詠霆，董德祥. 2003. 生物制药设备和分离纯化技术. 北京：化学工业出版社

梁金钟，张露露，王风青. 2013. γ-聚谷氨酸发酵液预处理的研究. 食品科学，34（21）：4

梁世中. 1995. 生物分离技术. 广州：华南理工大学出版社

刘涛. 2017. 藻类系统学. 北京：海洋出版社

毛忠贵. 1999. 生物工业下游技术. 北京：中国轻工业出版社

欧阳平凯. 1999. 生物分离原理及技术. 北京：化学工业出版社

单熙滨. 1994. 制药工程. 北京：北京医科大学、中国协和医科大学联合出版社

史密斯 A.M.，库普兰特 G，多兰 L.，等. 2012. 植物生物学. 瞿礼嘉，顾红雅，刘敬婧，等译. 北京：科学出版社

孙彦. 1998. 生物分离工程. 北京：化学工业出版社

吴梧桐. 2002. 生物制药工艺学. 北京：中国医药科技出版社

严希康. 2001. 生化分离工程. 北京：化学工业出版社

余江，赵博欣，刘会洲，等. 1999. 青霉素发酵液中可溶性蛋白质的沉降及其在溶剂萃取中的乳化作用. 过程工程学报，20（4）：423-427

朱圣庚，除长法. 2017. 生物化学. 北京：高等教育出版社

Garcia A.A. 2004. 生物分离过程科学. 刘铮，詹劲，等译. 北京：清华大学出版社

项目二
生物活性成分的萃取分离

● 案例导入 ●

青蒿素——中华民族献给世界的瑰宝

青蒿素是从菊科植物黄花蒿（*Artemisia annua* L.）茎叶中提取的有过氧基团的倍半萜内酯，通过改变疟原虫膜系结构，可治疗由疟原虫寄生于人体引起的传染病，即热带和亚热带地区广泛流行、危害大、致死率高的寄生虫传染病——疟疾。早在东晋时期，我国道教理论家、著名炼丹家和医药学家葛洪（283～363年）所著中国第一部临床急救手册《肘后备急方》中，就记载了青蒿治疗疟疾的方法："青蒿一握。以水二升渍，绞取汁。尽服之"，这是萃取技术和青蒿结合使用的最早记载。随后，历代医药典籍和民间药方中都有使用青蒿治疗疟疾的记载。

直到1972年，中国科学家屠呦呦才报告了青蒿的乙醚中性提取物（含有青蒿素的混合物）对鼠疟抑制率可达100%的结果，青蒿抗疟的研究取得了突破性进展。随后，屠呦呦等用硅胶进行柱层析分离，以石油醚-乙酸乙酯进行梯度洗脱，分离得到三种结晶（Ⅰ、Ⅱ、Ⅲ），并且证实了结晶Ⅱ是唯一有抗疟作用的单体，即"青蒿素Ⅱ"。1973年，云南省药物研究所罗泽渊利用石油醚、乙醚、乙酸乙酯和甲醇对苦艾进行连续提取，得到的"苦蒿结晶Ⅲ"有显著的抗疟作用，并将其命名为"黄蒿素Ⅲ"。随后，詹尔益和罗泽渊等建立了黄蒿素的溶剂汽油法提取工艺，为大规模生产奠定了技术基础。1978年后，"青蒿素Ⅱ"和"黄蒿素Ⅲ"才被统一命名为"青蒿素"（图2-1）。

以青蒿素为代表的中药加工和应用研究，对人类的生存和发展起到了十分重要的作用，其中萃取技术发挥的作用是必不可少的。

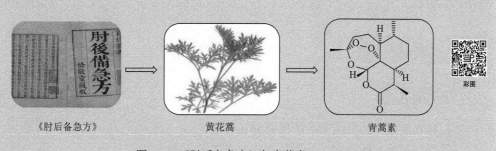

《肘后备急方》　　　　黄花蒿　　　　青蒿素

彩图

图2-1　《肘后备急方》与青蒿素

萃取技术是利用目标组分在互不相溶或者微溶的两相中的溶解度不同，使目标组分从一相转移到另外一相的技术。萃取的目的是分离或者提纯目标组分。但是萃取是一种初级分离技术，不能直接完成目标组分的分离，得到的是含有目标组分的均相混合物。因此，萃取操作的最大作用是将难分离的混合物转化为较容易分离的混合物，为后续的分离操作提供便利。实际上，经过反复萃取，可以实现绝大部分目标组分的分离。因此，萃取是最重要、应用最普遍的分离技术，可用于有机酸、氨基酸、抗生素、维生素、激素、生物碱、蛋白质、核酸等几乎所有类型目标组分的提取。本项目主要学习内容见图2-2。

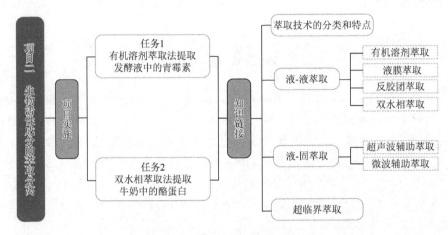

图2-2　项目二主要学习内容介绍

本项目的知识链接部分介绍了萃取技术的分类和特点，然后以液-液萃取技术中使用最为普遍的有机溶剂萃取技术为例，介绍了相、相比、分配系数、分配常数和萃取率等重要的概念。随后，详细介绍了液-液萃取、液-固萃取和超临界萃取三大类7种萃取方法，包括每种方法的原理、适用条件、影响因素、操作方式、工艺流程、相关的工业设备和具体的应用案例。

本项目以"有机溶剂萃取法提取发酵液中的青霉素"和"双水相萃取法提取牛奶中的酪蛋白"两个典型的实践活动为主线对萃取技术进行介绍，从实训任务的背景、目的、原理、器材、操作步骤、注意事项、结果讨论等方面设计了完整的实训环节，旨在培养学生实践动手能力，从而进一步巩固学生对萃取技术基本理论和知识的理解，使学生能更好地掌握生物活性成分的萃取分离操作。

• 教学目标 •

▎知识目标▎

1. 了解萃取操作的目的和使用的前提条件。
2. 掌握萃取技术的原理、分类依据和重要的萃取技术。
3. 了解影响萃取分离的主要因素和应用范围。

1. 能够利用列表法对比学习不同萃取技术的优缺点和应用范围。
2. 能够针对不同的生物样品，正确选择萃取方法，绘制简单的实验技术路线。
3. 能够规范完成萃取实验操作，实现目标组分的初步分离。

1. 培养学生学习且灵活运用专业知识，掌握专业技能的系统思维、创新思维、法治思维和实践思维。
2. 增强学生的法律意识、创新能力，培养学生科学严谨的工作态度，全面提升职业素养。
3. 正确引导学生的人生观和价值观，激发学生对中国传统文化的兴趣和爱国情怀。

屠呦呦——40 年潜心研究青蒿素

疟疾，早在公元前二三世纪时就有记载，是世界上流传最广的热带寄生虫传染病。青蒿素问世之前，世界上还没有人找到可以彻底治疗疟疾的方法，这项任务的艰难性可想而知。1969 年，屠呦呦临危受命，接受了抗疟药物研究的任务，她没有知难而退，而是勇敢地承担起责任，慢慢展开了抗疟药物的研究。

屠呦呦深知中药是瑰宝，在尝试了多种方法后，把研究重点放在了中医药上。"既然历史书籍上有过疟疾的记载，那会不会也记载了解决办法？"有了这样的想法后，屠呦呦和她的同事开始系统地收集、整理历代医书、本草、民间偏方等。他们翻阅古籍，在 2000 余册图书资料的基础上，挑选了 640 种药物编写成册；利用小鼠模型评估了大约 200 种药材，获得了 380 种提取物，然后从 380 种提取物中再次试验，选出最佳的药物。功夫不负有心人，他们终于发现一份青蒿的提取物可以有效地抑制寄生虫的生长。但是，后续实验却没有再次发现此类现象，这让屠呦呦和她的同事有些怀疑实验思路和相关结果。

屠呦呦和她的同事再一次投入研究，终于获得了提升提取物活性的方法。1971 年，屠呦呦研发了抗疟有效成分青蒿素，举世皆惊，伴随着人类多年的疟疾终于有了救治之法。自 1969 年接受任务，到 2015 年因在抗疟药物方面的贡献，被授予世界瞩目的诺贝尔生理学或医学奖，屠呦呦用了 40 多年的时间，青蒿素拯救了无数人的生命。

以屠呦呦为代表的中国科学家的勇于承担、坚持不懈、吃苦耐劳、自主创新、百折不挠的精神是所有青年人应该学习的品质。

● 知识链接 ●

一、萃取技术的分类和特点

（一）萃取技术的分类

1. 按萃取剂物理状态分类

萃取操作中，至少有一种是流体，即萃取剂。以液体为萃取剂时，如果含有目标组分的原料也为液体，此操作为液-液萃取，如有机溶剂萃取、液膜萃取、反胶团萃取和双水相萃取；如果含有目标组分的原料为固体，此操作为液-固萃取，如浸提、索氏提取、快速溶剂萃取、超声波辅助萃取和微波辅助萃取。以超临界流体为萃取剂时，含有目标组分的原料可以是液体也可以是固体，此操作为超临界萃取（表2-1）。

表 2-1　萃取的分类和常用的萃取方法

萃取剂	原料	分类	常用的萃取方法
液体	液体	液-液萃取	有机溶剂萃取、液膜萃取、反胶团萃取和双水相萃取
	固体	液-固萃取	浸提、索氏提取、快速溶剂萃取、超声波辅助萃取和微波辅助萃取
超临界流体	液体/固体	超临界萃取	超临界萃取

2. 按萃取原理分类

根据萃取过程中有无化学反应，萃取可以分为物理萃取和化学萃取。物理萃取是利用萃取剂对目标组分有较高的溶解能力实现分离的，二者之间不发生化学反应，分离效果与分子结构有直接关系。典型的应用有天然产物有效成分的提取、乙酸正丁酯萃取发酵液中的青霉素等。化学萃取是萃取剂和目标组分发生化学反应（或络合反应）生成新物质（或络合物），在两相中重新分配实现分离的，因此分离效果由化学动力学和热力学共同决定。值得注意的是，化学萃取中常用煤油、己烷、四氯化碳和苯等作为稀释剂，对萃取剂进行稀释，改善萃取剂的物理性质，提高分离效果。

3. 按萃取过程分类

萃取完成后，通常会将目标组分转移至水中，以便后续操作或者进一步纯化目标组分。通过调节实验条件，将目标组分转移至水中的操作称为反萃取，水则称为反萃取剂。同时可以配合洗涤操作去除其他杂质，提升反萃取剂中目标组分的纯度。实际上，萃取分离过程一般会经过萃取、洗涤和反萃取的反复操作，得到目标含量较高的反萃取剂溶液（图2-3）。

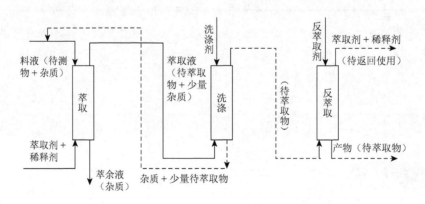

图 2-3　萃取、洗涤和反萃取操作过程示意图

（二）萃取技术的特点

萃取技术是一种初级分离技术，不能直接完成目标组分的分离，得到的是含有目标组分的均相混合物。因此，萃取操作的最大作用是将难分离的混合物转化为较容易分离的混合物，为

后续的分离操作提供便利。萃取技术操作的主要优点是：传质速率快，生产周期短，便于连续操作，易实现自动控制；分离效率高，生产能力大；采用多级萃取可使产品达到较高纯度，便于下一步处理。萃取操作需要注意的是：容易产生乳化，需要添加破乳剂，必要时需要高速离心；需要整套萃取剂回收装置；需要防火、防爆等措施。

二、液-液萃取技术

（一）有机溶剂萃取

当萃取剂为有机溶剂时，液-液萃取称为有机溶剂萃取。有机溶剂萃取是萃取技术理论研究的基础，是分离实验中最有代表性、最常用、最重要的技术（见动画 2-1）。

动画 2-1

1. 基本概念和重要的参数

1）相和相比　　液-液萃取时，原料为液体，简称料液，用于萃取的溶剂称为萃取剂。萃取时，两相之间根据密度可以分为上相和下相，上相和下相密切接触的过渡区称为相界面。萃取后，目标组分大部分通过相界面由料液扩散转移到萃取剂中得到萃取液，也称为萃取相；被萃取后的料液则称为萃余液，也称为萃余相。实际上，萃取相和萃余相由目标组分在溶剂中的溶解度决定，而上相和下相则由料液和萃取剂的密度决定（图 2-4）。

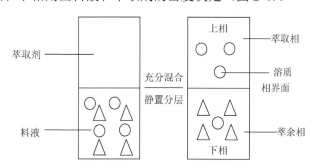

图 2-4　液-液萃取过程示意图

相比是形成萃取体系时两相的体积（V）比，用大写字母 R 表示。相比直接体现萃取体系平衡时两相的体积关系，是优化萃取操作的重要参数。

$$R = \frac{V_{上}}{V_{下}} \quad 或 \quad R = \frac{V_{萃取相}}{V_{萃余相}}$$

2）分配系数和分配常数　　在一定温度和压力下，萃取体系达到平衡时，目标组分不以同一种分子形式存在，如化学萃取时的目标组分及其生产的络合物。此时，目标组分在萃取相和萃余相间的总浓度之比为分配系数，也叫分配比，用字母 k 表示，该定律也称为分配定律。萃取体系达到平衡时，目标组分以同一种分子形式存在，此时分配系数可以叫作分配常数，等于目标组分在萃取相和萃余相间的浓度（C）之比，用字母 K 表示。显然，分配常数 K 是分配系数 k 的特殊情况。

$$k = \frac{目标物在萃取相中的总浓度}{目标物在萃余相中的总浓度} \quad 和 \quad K = \frac{C_{萃取相}}{C_{萃余相}}$$

不同萃取体系的分配系数一般不同，同一萃取体系的分配系数一般会随着系统温度和目标组成而变化。在恒温恒压条件下，原料组成变化不大时，k 为常数，可通过实验测量得到。一般情况下，目标组分的 k 值越大，萃取率越高，萃取效果越好。通常来说，选择 k 值大于 10 的萃取体系，才能获得较好的萃取效果。表 2-2 给出了部分发酵产物萃取体系中常用的 k 值。

表 2-2　部分发酵产物萃取体系中的 k 值

溶质类型	溶质名称	萃取剂-溶剂	k 值	备注
氨基酸	甘氨酸	正丁醇-水	0.01	操作温度为 25℃
	丙氨酸		0.02	
	赖氨酸		0.02	
	谷氨酸		0.07	
	α-氨基丁酸		0.02	
	α-氨基己酸		0.3	
抗生素	红霉素	乙酸戊酯-水	120	
	短杆菌肽	苯-水	0.6	操作温度为 4℃
		氯仿-甲醇	17	
	新生霉素	乙酸丁酯-水	100	pH 7.0（4℃）
			0.01	pH 10.5（4℃）
	青霉素 F	乙酸戊酯-水	32	pH 4.0（4℃）
			0.06	pH 6.0（4℃）
	青霉素 G	乙酸戊酯-水	12	pH 4.0（4℃）
酶	葡萄糖异构体酶	PEC1550/磷酸钾	3	操作温度为 4℃
	富马酸酶	PEC1550/磷酸钾	0.2	
	过氧化氢酶	PEC/粗葡萄糖	3	

3）萃取率和萃余率　　萃取效率一般用萃取率表示，指萃取相中目标组分质量（$m_{萃取相}$）占料液中目标组分质量（$m_{总}$）的百分比，也可以是萃取相中目标组分质量占萃取相和萃余相（$m_{萃余相}$）中目标组分总质量的百分比，用字母 E 表示。有时，萃余率也可以表示萃取效果，萃取率和萃余率的和为 100%。

$$E = \frac{m_{萃取相}}{m_{总}} \times 100\% = \frac{m_{萃取相}}{m_{萃取相} + m_{萃余相}} \times 100\%$$

2. 萃取剂的选择依据

在萃取操作中，萃取剂不仅要对目标组分的溶解性好，还要对其他组分尽可能地不溶解，且与料液溶剂尽量互不相溶，这称为萃取剂的选择性。有机溶剂是最常用的萃取溶剂，根据"相似相溶"原理，选择与目标组分结构相似、与其他组分结构差异比较大的有机溶剂，提升对目标组分的选择性，使目标组分得到较大的分配系数。此外，液-液萃取中一般料液溶剂均为水，因此有机萃取剂还要满足：与水不互溶，且密度和水相比有较大的差异，黏度小、表面张力适中、相分散和相分离容易；不与目标组分发生化学反应；毒性低、腐蚀性小、闪点低、使用安全；廉价易得。液-液萃取中，常用的萃取剂有苯、四氯化碳、乙醚、石油醚、二氯甲烷等。

3. 影响有机溶剂萃取的因素

1）乳化和破乳化　　在有机溶剂萃取过程中，水或有机溶剂以微小液滴形式分散于有机相或水相中的现象叫作乳化现象，会导致有机相和水相之间产生乳化层。水相中夹带有机溶剂微滴，会导致目标组分损失；有机相中夹带水相微滴，会向有机相中引入杂质，影响目标组分的纯度。

为了获得更好的萃取效果，需要进行破乳化操作。主要方法有：加入表面活性剂，通过改变表面张力破除乳化层；加入无机盐电解质，分散电荷，消除乳化作用；离心辅助加速分层；加热、稀释、吸附等物理方法。在萃取操作前，对料液进行过滤或絮凝沉淀处理，除去大部分蛋白质及固体微粒，也可以防止乳化现象的发生。

2）料液 pH 的影响　　对于弱酸弱碱类目标组分，料液 pH 直接影响其分配系数，从而影响萃取率。弱酸性目标组分的分配系数随 pH 的降低而增大，而弱碱性目标组分的分配系数随 pH 的降低而减小。例如，红霉素是弱碱性抗生素，萃取剂为乙酸戊酯。当 pH 为 9.8 时，其分配系数为 44.7；当 pH 降至 5.5 时，分配系数仅为 14.4。此外，还要考虑 pH 对目标组分稳定性的影响。

3）温度的影响　　一般来说，萃取温度越高，萃取速率越快，但生物大分子类目标组分在高温时不稳定，易变性。因此萃取一般在室温或较低温度下进行。例如，温度低于 8℃时，可以从 200kg 孕妇尿液中提取 100g 人绒毛膜促性腺激素（human chorionic gonadotropin，hCG）粗品，活力为 160U/mg；当温度高于 20℃时，提取的 HCG 的效率及活力都迅速降低。

4）萃取时间的影响　　理论上讲，萃取时间越长，萃取率越高。实际上，萃取时间会影响目标组分尤其是生物组分的稳定性。例如，青霉素的萃取需要使用有机溶剂，以确保青霉素在酸、碱条件下或加热时不易失活，但是随着放置时间的增加，青霉素的效价也会有所下降。此外，过长的萃取时间也会降低工作效率。

5）盐析作用的影响　　萃取时可以在料液中加入硫酸铵、氯化钠等无机盐，以降低目标组分在水中的溶解度，使其更易于转入有机溶剂中，同时还可降低有机溶剂在水中的溶解度，有利于萃取的进行。例如，提取维生素 B_{12} 时，加入硫酸铵可促进维生素 B_{12} 从水相向有机溶剂相转移。值得注意的是，无机盐析试剂的存在会影响所有组分的分配系数。因此，无机盐的用量要适当，过量时会使干扰组分也转入有机相。此外，无机盐的用量较大时，还应考虑回收和再利用。

4. 有机溶剂萃取的操作和工艺流程

有机溶剂萃取操作包括混合（使料液和萃取剂充分接触完成萃取）、分离（使萃取相与萃余相分离）和溶剂回收（回收萃取相中的萃取剂）。在萃取操作工艺流程中需分别使用混合器、分离器和回收器。有机溶剂萃取还分为分批操作和连续操作，即单级萃取和多级萃取。多级萃取又分为多级错流萃取、多级逆流萃取和微分萃取。

1）单级萃取工艺流程　　单级萃取是液-液萃取中最简单的形式，一般用于间歇操作，也可以用于连续操作。单级萃取只需一个萃取器（混合器）和一个分离器。将料液与萃取剂加入萃取器内，充分混合，目标组分由料液转移进入萃取溶剂相，形成萃取体系。萃取后的混合液进入分离器内，萃取相和萃余相得到分离。将萃取相送入回收器，萃取溶剂在回收器中与目标组分进一步分离。回收后的溶剂仍可作为萃取剂循环使用，留下目标组分即产物（图 2-5）。单级萃取的萃取过程简单，只萃取一次，但是萃取率低，萃余率高。

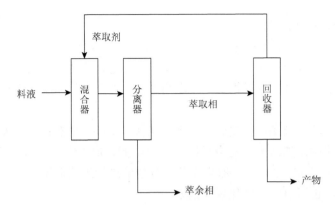

图 2-5　单级萃取工艺流程示意图

2）多级萃取工艺流程　　多级萃取是指在料液中多次加入萃取剂，或增加萃取剂与料液的接触次数，从而提高萃取率。多级萃取主要有错流和逆流两种方式。

（1）多级错流萃取工艺流程：多级错流萃取是多个萃取单元串联组成的，而每个萃取单元可以由萃取器与分离器组成，也可由同时具备萃取和分离功能的混合分离器组成。料液和萃取剂完成萃取后进入分离器，萃余相转入下一级萃取器作为料液，与新加入的萃取剂完成再次萃取。不断重复上述操作，料液中的目标组分不断转入萃取相，每级得到的萃取相分别排出，最后混合后进入回收器。目标组分和溶剂在回收器中进一步分离而得到产物和回收的溶剂，后者可以作为萃取剂循环使用（图 2-6）。实际上，大量萃取剂等量分批加入各级萃取器，可以提升萃取率，但目标组分的浓度会因为稀释而降低。此外，选择该工艺流程时，需要考虑大量溶剂的回收问题。

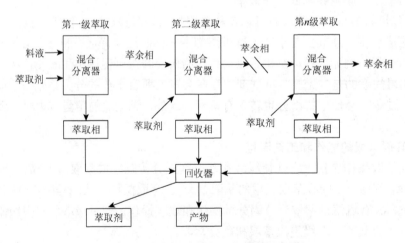

图 2-6　多级错流萃取工艺流程示意图

（2）多级逆流萃取工艺流程：多级逆流萃取也是对料液中目标组分的多次萃取。萃取剂与料液分别从多个串联混合分离器的两端加入，使萃取相与萃余相逆向流动接触，萃取过程连续进行，提高萃取效率（图 2-7）。在此基础上改进的多级微分萃取，可以进一步提高多级逆流萃取目标组分的纯度。

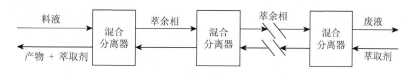

图 2-7　多级逆流萃取工艺流程示意图

（3）微分萃取：将萃取剂和料液在塔式萃取设备中进行逆流接触，目标组分从一相转移至另一相中，即微分萃取。此时塔内目标组分在流动方向的浓度变化是连续的，需要用微分萃取的计算方法得到。该方式的优势是不需考虑多级萃取的沉降时间。部分塔式萃取设备如图 2-8 所示。

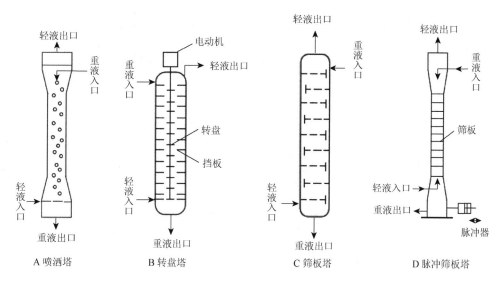

图 2-8　部分塔式萃取设备示意图

5. 有机溶剂萃取设备

1）萃取设备种类　　液-液萃取操作是两种液相间的传质过程。实现液-液萃取操作的设备应该具备两个基本要求：一是能够使两相充分接触并且伴有较高的湍动；二是充分接触后再使两相达到较好的分离。目前，工业型萃取设备较多，按接触方式分为级式接触和连续式接触萃取设备，按构造特点和形状分为组件式和塔式萃取设备。其中，脉动塔和转盘塔两种塔式设备是进行多级萃取时使用最为广泛的萃取设备。其他常见的萃取设备类型见表 2-3。

表 2-3　常用萃取设备的类型

液体分散的动力		级式接触	连续式接触
无外加能量		筛板塔	喷洒塔、填料塔、筛板塔
有外加能量	旋转搅拌	混合澄清器	转盘塔、偏心转盘塔
	往复搅拌	—	往复筛板塔
	脉冲	—	脉冲填料塔、脉冲筛板塔、振动筛板塔
	离心力	转筒式离心萃取器、卢威式离心萃取器	波德式离心萃取器

2）萃取设备选择原则   萃取设备的选择由样品条件、分离要求和客观条件决定。一般在满足工艺条件和要求的前提下，选择成本最低的设备，具体萃取设备选择原则见表2-4。

表2-4   萃取设备选择原则

	考虑因素	混合澄清器	喷洒塔	填料塔	筛板塔	转盘塔	脉冲筛板塔振动筛板塔	离心萃取器
工艺条件	需理论级数多	△	×	△	△	○	○	△
	处理量大	△	×	×	△	○	×	×
	两相流量比大	○	×	×	×	△	△	○
	密度差小	△	×	×	×	△	△	○
	黏度高	△	×	×	×	△	△	○
系统费用	界面张力大	△	×	×	×	△	△	○
	腐蚀性高	×	○	○	△	△	△	×
	有固体悬浮物	○	○	×	△	△	△	○
	制造成本	△	○	△	△	△	△	×
设备费用	操作费用	△	○	○	○	△	△	×
	维修费用	△	○	○	△	△	△	×
安装现场	面积有限	×	○	○	○	△	△	○
	高度有限	○	×	×	×	△	△	○

注："○"表示适用；"△"表示选用；"×"表示不适用

（二）液膜萃取

液膜萃取技术是以液膜为分离介质、以浓度差为推动力的膜分离，虽然与有机溶剂萃取的机制有所不同，但也属于液-液萃取技术。20世纪60年代初期，Martin等在研究反渗透脱盐时，使用了分离选择性的人造液膜，发现了液膜分离技术。随后，美籍华人黎念之博士在测定表面张力的实验中，发现了不带固膜支撑的新型液膜界面膜，实现了重大技术突破。70年代初，Cussler等成功研制了含流动载体的液膜，从含有多种分离产物的发酵液中高效分离目标组分，并使萃取和反萃取同时进行，显著提高了分离和浓缩效果。与固体膜相比，液膜的厚度小，分子在液膜中的扩散系数大、透过液膜的速度快，具有较高的萃取选择性和萃取通量，可实现选择性迁移，迅速推进了液膜萃取的广泛应用。

1. 液膜的概念及分类

液膜是由水溶液或有机溶剂（油）构成的液体薄膜，可将与之不能互溶的液体隔开，使其中一侧液体中的目标组分选择性地透过液膜进入另一侧。当液膜为水溶液时（水型液膜，俗称水膜），其两侧的液体为有机溶剂；当液膜为有机溶剂时（油型液膜，俗称油膜），其两侧的液体为水溶液。因此，液膜萃取可同时实现萃取和反萃取，分离过程简单、速度快，设备投资和操作成本低。

具有实际应用价值的液膜主要有乳状液膜、支撑液膜和流动液膜。乳状液膜是悬浮在液体中的很薄的乳液微粒，可以是水溶液，也可以是有机溶液（图2-9A）。支撑液膜是有机膜溶剂充满固体膜的孔隙而形成的液膜，结构简单，容易放大（图2-9B）。为了弥补支撑液膜中膜相易流失的缺点而设计改进得到的流动液膜，可以强制流动，降低液膜厚度，提高分离效率。

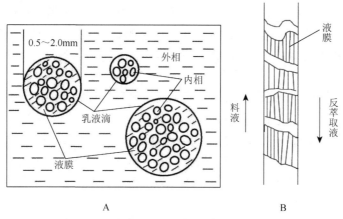

图 2-9 乳状液膜（A）和支撑液膜（B）示意图

2. 液膜萃取的原理

液膜萃取的机制主要分为单纯迁移、反萃取化学反应促进迁移和膜相载体输送三种类型。单纯迁移又称物理渗透，根据料液中各种目标组分在膜相中的溶解度（分配系数）和扩散系数不同进行萃取，这种萃取机制的液膜分离无浓缩效果。反萃取化学反应促进迁移是通过控制反萃相内的化学反应，使膜两侧的目标组分始终保持最大浓度差，从而促进目标组分不断迁移。与单纯迁移相比，反萃取化学反应促进迁移可以使目标组分得到浓缩，萃取速率更快。膜相载体输送是在膜相中加入可与目标组分发生可逆化学反应的萃取剂（流动载体），中间产物在浓度差作用下帮助目标组分进行跨膜输送。流动载体有离子型和非离子型两类，可以分别形成正向和反向迁移。

3. 影响液膜萃取的因素

1）液膜组成的影响　　液膜体系由膜溶剂、表面活性剂和流动载体组成，这是影响液膜萃取分离的关键因素。

（1）膜溶剂：膜溶剂的黏度是影响乳状液膜稳定性、液膜厚度和液膜传质性能的重要参数。高黏度的膜溶剂和较厚的液膜，可提高液膜的稳定性，但可能使目标组分透过液膜的传质阻力增大，不利于快速迁移。反之，液膜不够稳定，易破损，影响分离效果。此外，膜溶剂还应对流动载体有较大的溶解度，从而可在较宽的范围内调节流动载体的浓度，优化萃取条件。

（2）表面活性剂：表面活性剂的类型和浓度影响着液膜的稳定性、溶胀性，以及液膜乳液的破乳和油相回收利用等，且对目标组分通过液膜的扩散速率也有显著影响。表面活性剂的选择主要依赖实践经验，使用高浓度的表面活性剂时，液膜的稳定性更好，但液膜的厚度和黏度将增加，也可能使萃取效率下降。因此，要根据实际情况选择表面活性剂的种类和浓度。

（3）流动载体（萃取剂）：流动载体可以对目标分子进行特异性选择输送，因此液膜具有与生物膜相似的功能。季铵盐、胺类、磷酸酯类和冠醚类等萃取剂可以作为液膜的流动载体。

2）溶液 pH 的影响　　对含氨基酸和有机酸碱等弱电解质的料液，溶液 pH 影响弱电解质的解离程度，以及它们的不同荷电形态所占的比例，从而影响萃取效率。可通过调节料液 pH 以实现不同等电点氨基酸的液膜萃取分离。

3）搅拌速度（流速）的影响　　搅拌速度会影响乳化液的分散和液膜的稳定性。搅拌速度低，乳状液分散不好，相间接触比表面积小，所需的萃取时间长。反之，液膜易破损，引起内外水相混合，造成萃取率降低。使乳状液膜萃取在最短时间达到最大萃取率的搅拌速度为最佳搅拌速度。

4）萃取温度的影响　　提高液膜体系的温度，可使目标组分的扩散系数增大，有利于萃取速率的提高。但在较高温度下，液膜黏度降低，挥发速度加快，甚至造成表面活性剂的水解，不利于液膜稳定。一般液膜分离在常温下进行，可保持较好的萃取效率并节省热能消耗。

5）萃取时间的影响　　乳状液膜为高度分散体系，相间接触比表面积大。且液膜厚度很小，传质阻力小，在短时间内可萃取完全。若萃取时间过长反而会导致液膜被破坏，分离效率降低。

6）共存杂质的影响　　料液中与目标组分共存的其他组分有可能被流动载体同时输送，影响目标组分的透过通量，降低萃取效率。

7）反萃相组成和浓度　　对于反萃相化学反应促进迁移和膜相载体输送促进迁移的萃取过程，反萃相的组成和浓度会影响膜相中的浓差扩散、目标组分的输送速度及萃取速率和选择性。

4. 液膜萃取操作的工艺流程

液膜萃取的操作包括制乳、萃取、分离和破乳（图 2-10）。先将表面活性剂溶于有机相（油相），之后向其中加入反萃相（内水相），激烈搅拌使其乳化。将乳状液加入待处理的料液，温和搅拌，使乳状液充分分散，形成乳状液膜，使料液相中的目标组分通过液膜萃取进入反萃相（内水相）。借助重力或其他澄清器将液膜与料液分层，收集液膜，去除萃余的料液。对乳状液-液膜实施静电破乳，将膜相与反萃相（内水相）分离，从反萃相中回收目标组分，膜相可回收利用。

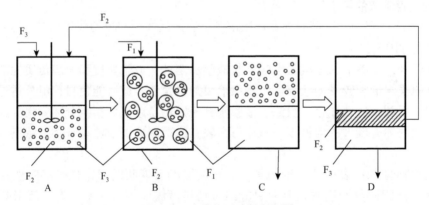

图 2-10　液膜萃取过程示意图

A. 乳状液的制备；B. 乳状液与待处理液混合萃取；C. 分离去除萃余液；D. 破乳后分离膜相与内水相
F_1. 料液；F_2. 液膜；F_3. 内水相

5. 液膜萃取的应用

1）乳状液膜萃取分离有机酸　　柠檬酸是微生物代谢产生的重要有机酸，液膜可用于分批或连续萃取柠檬酸发酵产物。利用乳状液膜［载体为三辛胺（TOA），内水相为 Na_2CO_3］从黑曲霉发酵液中萃取柠檬酸，以 200g/L 的 Na_2CO_3 作为反萃取剂，10min 内萃取操作可回收 80% 的柠檬酸（原液质量浓度为 100g/L），且菌体的存在不影响萃取速率。

2）支撑液膜萃取分离氨基酸　　大多数氨基酸均可利用微生物发酵法生产，采用液膜法的萃取分离效果更好。用孔径为 0.45μm 的聚四氟乙烯支撑液膜，癸醇为膜溶剂，10%三辛基甲基氯化铵（TOMAC）为萃取剂的输送载体，1mol/L NaCl（pH 1.65）为反萃相的支撑液膜体系，从发酵液中纯化缬氨酸。对未除菌的糖蜜发酵液，反萃相中缬氨酸的萃取率大约为 50%；对除菌后的糖蜜发酵液，萃取率可达 75%。

3）生物反应耦合液膜分离　　液膜萃取可以与生物反应耦合，构成耦合液膜系统，大大提高生物反应的速率和有机酸的生产效率。在发酵液生产丁酸的过程中，利用支撑液膜［聚四氟乙烯膜、煤油膜溶剂、氧化三辛基膦（TOPO）］输送载体，在发酵反应的同时萃取回收发酵液中的丁酸，使发酵液中的丁酸生产速率大大提高，乙酸的生产速率也有一定的提高。

（三）反胶团萃取

有机溶剂萃取和液膜萃取均具有良好的分离性能，但是都需要使用有机溶剂，难以被应用于蛋白质的提取分离。因为绝大多数蛋白质都不溶于有机溶剂，与有机溶剂接触也易变性；蛋白质表面带有电荷，与普通的离子缔合型萃取剂结合也比较困难。20 世纪 70 年代开始出现的反胶团萃取技术，其本质仍是液-液有机溶剂萃取，也可以认为是一种特殊的液膜分离操作。利用表面活性剂在有机相中形成反胶团，使有机相内形成大量分散的亲水微环境，蛋白质可存在于反胶团的亲水微环境中，从而避免蛋白质类生物活性物质难以溶解在有机相或在有机相中发生不可逆变性。因此，反胶团萃取在生物大分子，特别是蛋白质的萃取分离方面有很重要的应用。

1. 反胶团的形成

1）胶团　　将水溶性表面活性剂分子（由亲水性头部和疏水性尾部构成）加入水中，水溶液的表面张力随表面活性剂浓度的增大而降低；当表面活性剂浓度达到一定值后，会发生表面活性剂分子的缔合或自聚集，形成水溶性胶团（或胶束）。此时，水溶液中水溶性表面活性剂的亲水性头部向外，与水接触，疏水性尾部包裹在胶团内部，形成了"外亲水、内疏水"的胶团。

2）反胶团　　将油溶性表面活性剂分子（由亲水性头部和疏水性尾部构成）加入有机溶剂中，当其浓度达到一定值后，也会形成胶团。此时，有机溶剂中油溶性胶团表面活性剂的疏水性尾部向外，与有机溶剂接触，亲水性头部包裹在内部，形成了"外疏水、内亲水"的反胶团。因为表面活性剂分子的聚集，有机溶剂中反胶团内溶解的水形成微水相（或微水池）（图 2-11）。

3）反胶团的性质　　反胶团由表面活性剂分子和水分子构成，可以在有机溶剂中快速形成和破灭，因此反胶团只是热力学稳定的聚集体，而非刚性球体。

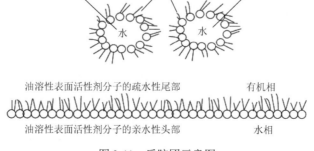

图 2-11　反胶团示意图

（1）临界胶团浓度：形成反胶团时需要表面活性剂的最低浓度称为临界胶团浓度（critical micelle concentration，CMC），低于此值则不能形成反胶团。CMC通常由实验测得，其大小与表面活性剂的分子结构、有机溶剂种类、温度、压力、离子强度等因素有关。通常需要说明胶团是在何种溶剂中形成的，CMC才有意义。

（2）反胶团的尺寸：反胶团的尺寸一般为5～20nm，与微水相中的水含量成正比，与表面活性剂浓度成反比。此外，还受表面活性剂种类、有机溶剂种类、温度和离子强度等因素的影响。值得注意的是，微水相中的水与正常水的理化性质不同，最为明显的就是表观黏度会随着反胶团尺寸的减小而增大。

2. 反胶团萃取的原理和反胶团萃取蛋白质的作用力

1）反胶团萃取的原理　　蛋白质进入反胶团溶液是协同转移过程。有机相和水相两相界面间的表面活性剂层，与邻近的蛋白质分子发生静电吸引而变形，随后两相界面形成含有蛋白质的反胶团，并扩散到有机相中，从而实现蛋白质的萃取（图2-12）。改变pH、离子种类或离子强度等水相条件，又可使蛋白质从有机相回到水相，实现反萃取过程。

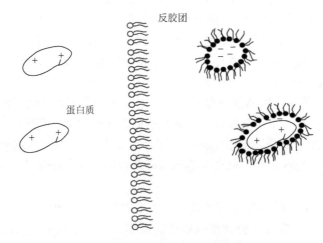

图2-12　反胶团萃取原理示意图

2）反胶团萃取蛋白质的作用力　　蛋白质溶入反胶团相的主要推动力是表面活性剂与蛋白质的静电作用、反胶团与蛋白质的空间排阻作用及疏水作用。

（1）静电作用：静电作用是反胶团萃取的主要作用力，直接影响蛋白质在反胶团相中的萃取率，即两相间的分配系数。反胶团萃取时，一般采用离子型表面活性剂制备反胶团相，应用最多的是阴离子型表面活性剂琥珀酸二（2-乙基己基酯）磺酸钠（AOT），形成的反胶团内表面带有负电荷；阳离子型表面活性剂主要有三辛基甲基氯化铵（TOMAC）和十六烷基三甲基溴化铵（CTAB），形成的反胶团内表面带有正电荷。因此，当水相pH偏离蛋白质等电点（pI）时，蛋白质带正电荷（pH<pI）或负电荷（pH>pI），可以与反胶团之间产生静电作用。当蛋白质表面电荷与反胶团内电荷相反时，静电作用比较强，蛋白质易溶于反胶团，进入反胶团的蛋白质越多，溶解率越大。反之，蛋白质则不能溶解到反胶团相中。此外，反胶团体系中含有较高浓度的无机盐时，会增加溶液的离子强度，使蛋白质表面的电荷层厚度降低，导致与反胶团的静电作用降低，直接体现为蛋白质的溶解率降低。

（2）空间排阻作用：微水相的体积也影响蛋白质的溶解率。体积较大时，可容纳蛋白质进入，增加溶解率；体积过小，会产生空间排阻作用，排斥蛋白质进入，降低溶解率。因此，调节微水相的大小，可选择性萃取不同分子量的蛋白质。此外，无机盐浓度对微水相体积也有影响，浓度增加会导致反胶团直径减小，空间排阻作用增大，蛋白质的萃取率降低。在蛋白质的等电点（pI）处进行反胶团萃取时，蛋白质表面静电荷为零，不受静电作用的影响，蛋白质分子量大小就成为主要的影响因素。随着蛋白质分子量的增大，溶解率降低，因此可根据蛋白质间分子量的差别选择性地进行反胶团萃取。

（3）疏水作用：蛋白质的氨基酸残基的疏水性有差异，不同蛋白质的组成不同，也影响蛋白质在反胶团相的分配系数。蛋白质的疏水性强，影响其在反胶团中的溶解形式，导致溶解率增加，分配系数增大。

3. 反胶团萃取的方式

制备反胶团体系和萃取分离最主要的方法是液-液接触法。与普通溶剂萃取相似，将含酶或蛋白质等目标组分的水相与含表面活性剂的有机相接触，缓慢搅拌，使部分蛋白质转入有机相。该过程缓慢，但最终形成的反胶团体系处于稳定的热力学平衡状态，可以在有机溶剂相中获得较高的蛋白质浓度。也可以将蛋白质直接滴注到含有表面活性剂的有机溶剂中，搅拌至透明。该过程较快，可以较好地控制反胶团的直径和含水量。对非水溶性蛋白质，可将含反胶团的有机溶液与蛋白质固体粉末混合搅拌，使蛋白质进入反胶团中。该过程耗时长，但含蛋白质的反胶团很稳定，这也说明反胶团微水相中的水不同于普通的水。

4. 反胶团萃取的应用

1）蛋白质的萃取分离

（1）蛋白质混合物的萃取分离：采用 AOT-异辛烷反胶团体系萃取分离核糖核酸酶 A、细胞色素 c 和溶菌酶三种蛋白质的混合溶液。在 pH 9.0 和 0.1mol/L KCl 中，核糖核酸酶 A 的溶解率很小，保留在水相而与其他两种蛋白质分离；在经过相分离后得到的反胶团相（含细胞色素 c 和溶菌酶）中加入 0.5mol/L 的 KCl 水溶液后，细胞色素 c 被反萃取到水相，而溶菌酶仍能留在反胶团相中；此后，将含有溶菌酶的反胶团相与 2.0mol/L KCl、pH 11.5 水相接触，溶菌酶被反萃取回收到水相中。

（2）发酵液中提取胞外酶：用 AOT-异辛烷反胶团体系从芽孢杆菌全发酵液中提取和提纯碱性蛋白酶。通过优化工艺过程，酶的提取率可达 50%。

（3）直接提取胞内酶：利用 CTAB/己醇-辛烷体系反胶团溶液从棕色固氮菌细胞悬浮液中直接提取纯化胞内脱氢酶。菌体细胞在表面活性剂的作用下破裂，释放出的胞内酶进入反胶团微水池，通过反萃取获得胞内酶。

2）氨基酸和抗生素的萃取分离

（1）氨基酸的萃取分离：氨基酸可通过静电或疏水作用溶解在反胶团中。采用 TOMAC/己醇-正庚烷反胶团体系，对天冬氨酸（pI 3.0）、苯丙氨酸（pI 5.76）和色氨酸（pI 5.88）进行反胶团萃取，即使等电点十分相近的苯丙氨酸和色氨酸，也可以完全分离。

（2）抗生素的萃取分离：反胶团体系也可以萃取分离抗生素类。例如，利用 AOT-异辛烷反胶团体系可分离红霉素、土霉素和青霉素等。

（四）双水相萃取

1896 年，Beijerinck 发现明胶与琼脂（或与可溶性淀粉溶液）混合时，能得到混浊不透明的溶液，随后则分成上下两相。上相含有大部分明胶，下相含有大部分琼脂（或淀粉），而两相中 98% 以上的成分是水。这种不相溶的两个液相就组成了双水相系统。双水相的最大优势是条件温和，生物大分子可以从一个水相转移到另一个水相，完成生物物质非失活的萃取分离。此外，双水相萃取技术容易放大和规模化，可连续操作，到目前为止，双水相萃取技术几乎在所有生物物质的分离纯化中都得到了应用。

1. 双水相的形成

1）双水相的成相原理　　双水相萃取是利用组分在两水相间分配的差异而进行组分分离提纯的技术（见动画 2-2）。双水相萃取与有机溶剂萃取原理相似，都是依据物质在两相间的选择性分配实现的，只是萃取体系的性质不同。当物质进入双水相体系后，由于表面性质、电荷作用、各种力（如氢键、离子键等）的存在和环境影响，其在上、下相中的浓度不同。对于某一组分，只要选择合适的双水相体系，控制一定的条件，就可以得到合适的分配系数，从而达到分离纯化的目的。

动画 2-2

2）双水相体系的组成　　可形成双水相的双聚合物体系很多，如聚乙二醇（polyethylene glycol，PEG）/葡聚糖（dextran，Dx）、聚丙二醇/聚乙二醇和甲基纤维素（methyl cellulose）/葡聚糖等。生物分离中常用双聚合物水溶液形成双水相。例如，PEG/Dx 体系，上相富含 PEG，下相富含 Dx。此外，聚合物与无机盐的混合溶液也可形成双水相，如 PEG/磷酸钾、PEG/硫酸铵、PEG/硫酸钠等，上相富含 PEG，下相富含无机盐。

2. 影响双水相萃取的因素

双水相萃取的关键在于分配系数的选择，物质在双水相体系中的分配系数不是确定的量，受许多因素的影响。

1）聚合物及其分子量的影响　　不同聚合物的水相显示出不同的疏水性，水溶液中聚合物的疏水性按下列次序递增：葡萄糖硫酸盐＜甲基葡萄糖＜葡萄糖＜羟丙基葡聚糖＜甲基纤维素＜聚乙烯醇＜聚乙二醇＜聚丙三醇，这种疏水性差异直接决定目标组分与相的相互作用。同一聚合物的疏水性随分子量的增加而增加，其大小依赖于萃取过程的目的和方向。若降低聚合物的平均分子量，则在上相获得较高的蛋白质收率；反之，则在下相获得较高的蛋白质收率。

2）pH 的影响　　双水相体系的 pH 变化能明显改变两相的电位差，对被萃取物的分配有很大影响。例如，体系 pH 与蛋白质的等电点相差越大，则蛋白质在两相中分配得越不均匀。

3）离子强度的影响　　在双水相聚合物系统中加入电解质，其阴阳离子在两相间会有不同的分配。由于存在电中性约束作用，电荷和粒子迁移会受到影响。因此只要设法改变界面电势，就能控制蛋白质等大分子转入某一相。

4）温度的影响　　由于成相聚合物对蛋白质有稳定化作用，分配系数对温度的变化不敏感，因此室温操作活性收率依然很高。且室温黏度低于冷却时（4℃）的黏度，更有利于相分离。

3. 双水相萃取的工艺流程

双水相萃取的工艺流程主要由目标组分的萃取、PEG 的循环和无机盐的循环三步组成。以提取和纯化酶的典型流程为例。首先，将细胞破碎得到匀浆液，与 PEG 和无机盐形成的双水相混合。通过选择合适的双水相组成，将目标蛋白分配到上相（PEG 相），而细胞碎片、核酸、多糖和杂蛋白等分配到下相（盐相）。初步分离后，向上相（PEG 相）中加盐，形成新的双水相，可以实现第二步双水相萃取。此步可以去除亲水性较强的核酸、多糖和杂蛋白，而目标蛋白仍旧保留在上相（PEG 相）。继续向上相（PEG 相）加盐，使目标蛋白转入下相（盐相），将蛋白质与 PEG 分离（图 2-13）。无机盐相中的蛋白质可以用超滤或透析法去除 PEG，以便进一步加工处理。

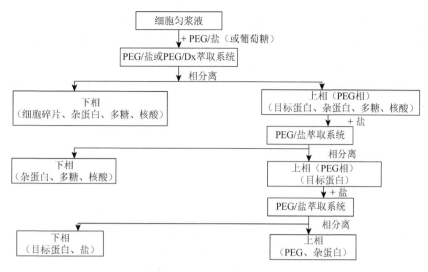

图 2-13　细胞内蛋白质的双水相萃取流程图

在大规模双水相萃取过程中，成相材料需要回收和循环使用，这样可以减少废水处理，节约化学试剂，降低成本。PEG 的回收有两种方法：加入盐使目标蛋白转入富盐相来回收 PEG；将 PEG 相通过离子交换树脂，用洗脱剂先洗去 PEG，再洗出蛋白质。无机盐相经过冷却、结晶，可以用离心机分离收集。除此之外还有电渗析法、膜分离法回收盐类或除去 PEG 相中的盐。

4. 双水相萃取的特点

双水相萃取的优点有：体系含水量高，能够达到 70%～90%，萃取在接近生物物质生理环境的条件下进行，不会引起生物活性物质失活或变性。单级分离效率高，通过选择合适的双水相体系，获得较大的分配系数；通过调节目标组分在两相中的分配系数，提高产率。过程易于放大和连续化操作，各种参数按比例放大而产物收率并不降低，易于与后续提纯工序直接相连，不需要进行特殊处理，有利于工业生产。传质速率快，分相时间短。所需设备简单，相分离过程非常温和，大量杂质能与所有固体物质一起除去，大大简化分离操作过程。样品处理容量大，能耗低。聚合物可以循环使用，降低生产成本，不存在有机溶剂残留问题。高聚物一般是不挥发性物质，操作环境对人体无害。

双水相萃取的缺点有：成本较高，易乳化，不易定量控制，高聚物回收困难。尤其需要注意的是，形成双水相的条件较为苛刻，成相和萃取条件都需要大量的实验进行摸索。

5. 双水相萃取的应用

双水相萃取将传统的离心、沉淀等液-固分离转为液-液分离，又不会引起生物活性物质失活或变性，且具有易于放大、收率不降低的特点。这些在工程应用中是十分罕见的，也是非常重要的优势。因此，该项技术在蛋白质（如酶）、核酸、人生长激素、干扰素等重要生物物质的分离、纯化和精制方面有非常多的应用和巨大的应用潜力。

1）胞内酶的分离提取　　与传统的盐析和沉淀法相比，双水相萃取处理容量大，操作步骤少，可以用于从细胞匀浆液中提取胞内酶。以常见的 PEG/盐双水相为例，用于提取酵母等细胞匀浆液中的过氧化氢酶、甲醛脱氢酶、α-葡糖苷酶等目标组分的萃取率大多高于 90%；对 β-半乳糖苷酶、苯丙氨酸脱氢酶、异丙醇脱氢酶的萃取率能达到 98% 以上。因此，双水相萃取技术在胞内酶的提纯和精制方面有较多的应用研究和报道。

2）生物细胞的分离提取　　双水相萃取技术特别适合不稳定、在超速离心或者沉淀时容易失活的蛋白质的提取和纯化。例如，PEG-磷酸酯/盐体系可以分离培养基中的 β-干扰素，萃取率高达 97%。双水相萃取技术还可以用于核酸、细胞、细胞器、细胞膜和病毒等生物细胞的分离和纯化。此外，双水相体系还可与电泳法、表面活性剂等结合用于生物分子的分离与纯化，在生物分离中有重要的应用。

三、液-固萃取技术

液-固萃取又称溶剂浸提，直接使用溶剂提取固体原料中的目标组分，所需时间长、溶剂用量大、萃取效率不高。利用索氏提取器（脂肪提取器）和溶剂回流及虹吸原理，对固体原料中的目标组分进行连续不断地萃取，可以节约溶剂，提高萃取效率。使常规有机溶剂在高温高压下进行萃取的快速溶剂萃取技术，也能显著提高萃取效率。目前，索氏提取器和快速溶剂萃取仪的通量与自动化程度都很高，几乎能够满足所有类型样品的萃取操作要求，应用非常广泛。此外，以超声波辅助萃取和微波辅助萃取为代表的效率更高、耗能更低、污染更小的萃取技术也逐渐得到推广。

（一）超声波辅助萃取

1. 超声效应及萃取原理

声波属于机械波，频率为 16Hz～20kHz，在人耳可分辨的频率范围内。超声波可在气体、液体、固体、固溶体等介质中有效传播，同时伴随着很强的能量传递。尤其是高频的超声波带有强大的振动能，在液体介质中传播时，会对界面产生强烈的冲击，产生多种效应。其中，空化作用导致溶液内气泡的形成、增长和爆破压缩；湍动效应使边界层变薄，增大传质速率；微扰效应强化了微孔扩散；界面效应增大了传质表面积；聚能效应活化了目标组分。这些效应引起了传播介质的特有变化，促进了固体原料中目标组分的提取和分离。此外，超声波还可使固体样品分散，增大样品与萃取剂之间的接触面积，提高目标组分从固相转移到液相的传质速率。利用超声波辅助萃取，称为超声萃取。

2. 影响超声萃取的因素

影响超声萃取的因素主要有：超声功率，直接反映超声波能量的大小，功率越大，空化作用越强，越有利于萃取；超声频次，短时间、多频次超声有利于萃取，反之萃取效率降低；样品中的细胞浓度越大，液体黏度越大，越不利于空化泡的形成及其膨胀和破裂，萃取效率越低。此外，增加超声时间，可以提高萃取效率，但时间过长会导致萃取液温度升高，可能导致目标组分变性，一般需要控制温度。

3. 超声萃取的特点和应用

超声萃取的主要特点是不需高温，可在 40～50℃进行，对热不稳定、易水解或易氧化组分的破坏程度小；在常压下进行，操作安全，仪器简单；能促使植物细胞破壁，萃取充分，萃取效率是传统方法的 2 倍以上。此外，萃取时间短，试剂用量少，一般超声萃取 20～40min 可获得最佳萃取率。能耗低，原料处理量大，萃取工艺成本低，综合经济效益显著。最值得关注的是对溶剂的选择性要求不高，可供选择的萃取剂种类多。因此，超声萃取具有普适性，适用范围广，绝大多数植物和中草药中的组分均可进行超声萃取，如皂苷、生物碱、黄酮、蒽醌、有机酸、多糖等。尤其是在 65～70℃时，超声萃取效率非常高，基本可以高于 90%，有效成分基本不会破坏，且所需时间不足传统方法的 1/3，这极大地促进了中草药现代化加工技术的发展和天然产物的广泛应用。

超声萃取装置如图 2-14 所示。

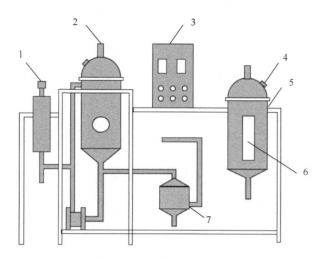

图 2-14　超声萃取装置示意图

1. 超声波发生器；2. 机械搅拌电机；3. 中央控制柜；4. 投料手孔；5. 水冷分液罐；6. 双玻璃视镜；7. 负压过滤器

（二）微波辅助萃取

1. 微波萃取的原理

微波是电磁波，波长介于红外线和无线电波之间，频率为 300MHz～300GHz。固体原料中的不同组分能够被微波差异性激活，选择性地从固体中渗出，从而实现与固体的分离。按照与微波作用方式的不同，物质可分为吸收微波、反射微波和透过微波三类。玻璃、塑料和瓷器等材料不吸收微波，可使微波穿透；含水的物料吸收微波而使自身发热；金属类材料则会反射微波。因此，利用微波辅助萃取时，将固体物料浸入萃取溶剂中，通过微波反应器发射微波，就可以使原料中的目标组分迅速溶出。利用微波辅助萃取，称为微波萃取。

2. 影响微波萃取的因素

1）萃取溶剂　微波萃取的选择性主要取决于目标组分与溶剂性质的相似性，不同基质选用的溶剂可能完全不同。萃取溶剂应具备介电常数较小、对目标组分的溶解能力强、对后续操作干扰小等特点。经常使用的溶剂为有机溶剂、无机溶剂和混合溶剂。有机溶剂有甲醇、丙酮、乙酸、二氯甲烷、正己烷、乙腈、苯、甲苯；无机溶剂有硝酸、盐酸、氢氟酸、磷酸；混合溶剂有乙烷-丙酮、二氯甲烷-甲醇、水-甲苯。

2）萃取时间　微波萃取的时间与样品基质中目标组分的含量、萃取溶剂体积和萃取功率有关。不同物质的最佳萃取时间不同，一般为 10～15min。溶剂剧烈沸腾会导致溶剂大量损失和部分目标组分流失，造成萃取效率偏低。因此，微波连续萃取的时间不能过长，且萃取过程要保持温度不超过溶剂的沸点。

3）萃取温度　萃取效率随温度升高而增大的趋势仅在低温范围有效。不同物质的最佳萃取温度不同，但实际萃取温度应低于萃取溶剂的沸点。密闭容器的内部压力增加，可以使溶剂达到在常压下所不能达到的萃取温度，提高萃取效率的同时不会造成目标组分的分解。

4）物料含水量　　介质吸收微波的能力主要取决于其介电常数、介质损失因子、比热和形状等。利用不同物质介电性质的差异可以实现选择性萃取。水是吸收微波最好的介质，因此被萃取物应有一定的湿度或足够的水分（或用容易吸收微波的萃取剂）。

5）物料粉碎度　　固体样品的物料粒度越小，萃取剂与样品接触得越充分，萃取效率越高。

6）萃取方式　　连续或间歇微波萃取对于萃取效果和萃取速率都有很大影响，连续萃取速率快，但温度上升不易控制。间歇微波萃取更为常用，通过控制加热与冷却速率就能获得较好的萃取效率。

3. 微波萃取的工艺流程和设备

（1）微波萃取的工艺流程为：选料、清洗、粉碎、微波萃取、分离、浓缩、干燥、粉化、形成产品。

（2）用于微波萃取的设备主要有微波萃取罐和微波萃取装置，前者用于分批物料处理，类似多功能提取罐，而后者用于连续萃取。一般实验可使用家用型微波炉，其微波频率为2450MHz。全自动微波萃取设备的微波频率一般为2450MHz和915MHz，萃取时间可准确控制。

4. 微波萃取的特点和应用

微波萃取一般是物理过程，不破坏样品基质。微波加热是内加热，能够直接加热样品，盛放样品容器能被微波穿透但并不导热。该过程升温速度快，无热梯度，无滞后效应，萃取时间短，萃取效率高；温度、压力和时间均可控，可保证萃取过程中目标组分不被分解，保持其活性。受溶剂亲和力的影响小，可供选择的溶剂种类多，优于传统有机溶剂萃取。设备简单，适用范围广，重现性好，节省时间，溶剂用量少（较常规方法减少 50%～90%），污染小，对环境友好。

目前，微波萃取已处理了上百种植物药物，活性物质的含量水平、稳定性、颜色和气味等均保持良好。关于香料、调味品、天然色素、中草药、化妆品、保健食品、饮料制剂等产品的微波萃取工艺的研究结果表明，微波萃取的速度、萃取效率、目标组分的品质均优于常规萃取工艺。

四、超临界萃取技术

20 世纪 60 年代，德国 Zose 博士利用超临界流体作为萃取剂，从咖啡豆中成功提取出咖啡因，从而发展了超临界萃取技术。这种利用超临界流体作萃取剂对目标组分进行溶解和分离的技术，具有低耗能、无污染和适合处理易受热分解的高沸点物质等特性，在化学工业、能源、食品和医药等工业中有广泛的应用。

（一）超临界萃取的原理和萃取剂的选择

1. 超临界萃取的原理

纯物质的气液两相平衡共存的极限热力状态称为临界状态。当温度超过临界温度（critical temperature，T_c），压强超过临界压强（critical pressure，P_c）后，物质的聚集状态就介于气态和液态之间，此时将其称为超临界流体（图 2-15）。超临界流体兼有气体和液体的双重优势，是一种变化极大的溶剂。它的黏度小，扩散能力和渗透能力强；密度较大，溶解目标组分（固体或液体）的能力强，且在临界点附近对压力和温度的变化非常敏感。当使用超临界流体作为萃取剂时，常常表现出几十倍甚至几百倍于通常条件下流体的萃取能力和良好的选择性，这也是超临界萃取技术得到广泛关注的重要原因。

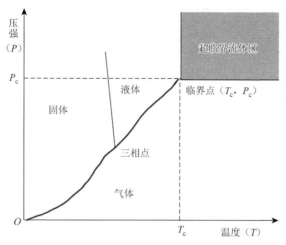

图 2-15　液体压强-温度关系示意图

2. 萃取剂的选择

作为萃取剂的超临界流体应具备以下特点：化学性质稳定，不与目标组分发生化学反应，对设备的腐蚀性小；临界温度应该接近常温或操作温度，不宜太高或太低；操作温度应低于目标组分分解变质温度；临界压强低，节省动力；对目标组分的选择性高；纯度高，溶解度好，溶剂循环量减少；来源方便，价格低廉。

CO_2 是最重要的超临界流体，临界温度为 $31.3\,℃$，临界压强为 $7.37\mathrm{MPa}$，临界密度为 $448\mathrm{kg/m^3}$。因此，CO_2 的超临界条件容易达到，可接近常温操作，对热敏性物料不会产生影响。CO_2 为惰性气体，不燃烧，无腐蚀性且无色、无臭、易脱除，产品不含残留溶剂，不污染物料。CO_2 在临界区范围内密度变化较大，可以通过调节温度和压力改变其溶解性，使选择性萃取和分离易于实现。此外，乙烯、丙烷、丁烷及氟利昂-13 等也是常用的超临界流体，表 2-5 列出了常用的超临界流体萃取剂及其临界性质。

表 2-5　常用的超临界流体萃取剂及其临界性质

化合物	沸点/℃	临界参数		
		临界温度(T_c)/℃	临界压强(P_c)/MPa	临界密度(ρ_c)/(kg/m³)
二氧化碳	−78.5	31.3	7.37	448
氨	−33.4	132.3	11.27	240
甲醇	64.7	240.5	8.10	272
乙醇	78.4	243.4	6.20	276
异丙醇	82.5	235.5	4.60	273
乙烯	−103.7	9.5	5.07	200
丙烯	−47.7	91.9	4.62	233
甲烷	−164.0	−183.0	4.60	160
乙烷	−88.0	32.4	4.89	203

续表

化合物	沸点/℃	临界参数		
		临界温度(T_c)/℃	临界压强(P_c)/MPa	临界密度(ρ_c)/(kg/m³)
丙烷	−44.5	96.8	4.12	220
正丁烷	0.05	152.0	3.68	228
正戊烷	36.3	196.6	3.27	232
正己烷	39.0	234.0	2.90	234
苯	80.1	288.9	4.89	302
甲苯	110.4	318.6	4.11	292
乙醚	34.6	193.6	3.56	267
水	100	374.3	22.00	344

此外，在使用单一气体时，超临界流体的溶解度或选择性往往受到限制，可选用与被萃取物亲和力强的组分（夹带剂）加入超临界流体，以提高对被萃取组分的选择性和溶解性。常用的夹带剂有水、甲醇、乙醇、丙酮、丙烷等。

（二）影响超临界萃取的因素

1. 超临界萃取条件的影响

1）萃取压力的影响　超临界流体密度的变化直接影响萃取效果，而萃取压力是影响密度的重要参数。萃取温度一定时，提高萃取压力可以增大超临界流体的密度和增强溶剂的溶解度，进而提高超临界萃取的容量。依据萃取压力的变化，可将超临界萃取分为三类，即高压区全萃取（可最大限度地溶解所有成分）、中压区选择性萃取和低压临界区萃取（仅能萃取易溶解成分或除去有害成分）。由于高压下超临界流体的密度随压力变化缓慢，因此当压力增加到一定程度后，超临界流体的溶解能力增速缓慢。另外，压力对萃取效果的影响还与目标组分的性质有关。

2）萃取温度的影响　与萃取压力相比，萃取温度对超临界萃取的影响更为复杂。萃取温度会影响超临界流体的密度，萃取温度升高时，超临界流体的密度会减少，导致其萃取容量降低。萃取温度还会影响目标组分的蒸汽压，在较高的萃取压力条件下，温度升高可以增加目标组分的蒸汽压，提高挥发度和扩散系数，从而增加目标组分在超临界流体中的溶解度。值得注意的是，温度过高会使热敏性物质发生降解变性。

3）萃取剂流量的影响　萃取剂流量主要影响萃取时间。一般来说，萃取剂流量一定时，萃取时间越长，萃取率越高。当萃取率一定时，萃取剂流量越大，溶剂和目标组分之间的传热阻力越小，萃取速度越快，所需要的萃取时间越短，但是萃取剂回收处理的压力增大。因此，选择适宜的萃取条件时应该综合考虑萃取时间和萃取剂流量。

2. 原料性质的影响

1）原料的粒度　一般情况下，粒度越小，扩散时间越短，越有利于超临界流体向物料内部迁移，增加传质效果。但颗粒过细/小，则会增加表面流动阻力，不利于萃取。

2）原料的含水量　原料含水量较高时，水分主要以单分子水膜形式在亲水性大分子界面形成连续系统，增加了超临界相流动的阻力；当继续增加水分时，多余的水分子主要以游离态存在，对萃取不产生明显的影响。当含水量较低时，水分子主要以非连续的单分子层形式存在，破坏传质界面的连续水膜，使目标组分与溶剂之间进行有效接触，形成连续的主体传质体系就可减小水分的影响。

3）超临界流体的极性　　根据"相似相溶"原则，弱极性溶剂更适用于弱极性组分的萃取。此时可以使用夹带剂改变萃取剂的极性，实现强极性组分的萃取。

（三）超临界萃取的方式和特点

1. 超临界萃取的方式

超临界萃取的过程包括超临界流体制备、萃取、分离和超临界流体回收。超临界流体制备、回收和萃取操作基本相同，但是分离方法差异较大。超临界流体与物料接触萃取后，对含有目标组分的超临界流体可以通过降压（等温法）或者升温（等压法）的方式，使萃取物得到分离；也可以利用吸附剂进行选择性分离，即吸附法。

2. 超临界萃取的特点

超临界萃取作为一种分离过程，兼具精馏和液-液萃取的特点。超临界萃取剂对于具有不同挥发性和蒸汽压的溶质的亲和力不同，可以依据不同物质间挥发度的差异和分子间作用力的差异进行选择性萃取分离。也就是说，目标组分被超临界萃取时的先后顺序与其沸点有关。在目标组分和溶剂回收方面，超临界萃取优于一般的精馏和液-液萃取。

此外，超临界萃取的萃取效率和分离效率也与萃取剂的密度有关。萃取剂的密度很容易通过温度和压力的调节加以控制，达到选择性萃取和分离的目的。保持恒定压力，增加温度有利于提高物质的溶解度，从而提高萃取效率。保持恒定温度，可以降低压力使流体密度减小，物质的溶解度减小，有利于萃取物的分离。

超临界萃取的目标组分回收过程简单方便，分离时不存在物料的相变过程，能耗低。萃取剂可以循环使用，节约成本。

（四）超临界萃取的应用

目前，超临界萃取技术正处在蓬勃发展的阶段，相关研究和应用日益广泛，特别是在特殊食品、药品、香料等精细化工分离或生产高经济价值的产品方面有广阔的应用前景。表 2-6 列出了超临界 CO_2 萃取技术在医药、食品、化妆品及香料等工业中的应用。

表 2-6　超临界 CO_2 萃取技术的应用示例

应用领域	举例
医药工业	酶、维生素等的精制回收
	动植物中药效成分的萃取（生物碱、二十碳五烯酸、二十二碳六烯酸、吗啡、精油等）
	医药原料的浓缩、精炼、脱溶剂
	脂质混合物的分离、精制（甘油、脂肪酸、卵磷脂）
	酵母、菌体产物的萃取
食品工业	植物油脂的萃取（大豆、向日葵、棕榈、可可豆、咖啡豆等）
	动物油脂的萃取（鱼油、肝油等）
	奶脂中脱除胆固醇等

续表

应用领域	举例
食品工业	食品脱脂（炸土豆片、油炸食品、无脂淀粉）
	咖啡、红茶脱咖啡因、酒花萃取
	香辛料萃取（胡椒、肉豆蔻、肉桂等）
	植物色素的萃取（辣椒、栀子等）
	共沸混合物分离（H_2O-C_2H_5OH），含醇饮料的软化脱色、脱臭
化妆品及香料工业	天然香料萃取，合成香料的分离和精制
	烟草脱尼古丁
	化妆品原料萃取、精制（表面活性剂、脂肪酸酯、甘油单酯等）

• 实践活动 •

任务1 有机溶剂萃取法提取发酵液中的青霉素

实训背景

青霉素是一种高效、低毒、临床应用广泛的重要抗生素，它的问世大大提高了人类抵抗细菌性感染的能力，开创了抗生素治疗疾病的新纪元。利用生物发酵技术生产青霉素，能够极大地提升青霉素的产量，满足人类的需求。在该过程中，有机溶剂萃取技术是提纯青霉素的关键环节，对生产高质量的青霉素至关重要。

实训目的

1. 了解有机溶剂萃取法提纯青霉素的原理。
2. 运用有机溶剂萃取法结合分液漏斗分离青霉素。
3. 运用结晶法纯化青霉素并计算产率。

实训原理

青霉素为弱酸，解离常数（pK_a）为2.75。溶液 pH 小于2.0时，青霉素以游离酸的形式存在，此时易溶于有机溶剂（乙酸丁酯）。溶液 pH 大于7.0时，青霉素解离为阴离子，易溶于极性溶剂（水）。因此，通过调节溶液 pH，可以改变青霉素的溶解性，从而通过萃取法使青霉素在水相和有机相反复转移，去除大部分杂质的同时得到浓缩。经过分液漏斗分离，结晶后，可得到高纯度的青霉素。

实训器材

1. 实训材料：青霉素发酵液。

2. 实训试剂：乙酸丁酯、H_2SO_4 溶液（质量分数 6%）、Na_2CO_3 溶液（质量分数 2%）、NaOH（0.1mol/L）、无水 $CuSO_4$、乙酸钾-乙醇饱和溶液（经验值质量体积比为 1∶2）等。

3. 实训设备：分液装置、玻璃棒、胶头滴管、烧杯、量筒、离心管、锥形瓶、离心机、通风橱、天平、pH 试纸、滤纸、水浴锅等。

实训步骤

1. 粗制过程

每组取青霉素发酵液 20mL，滴加 6% H_2SO_4 溶液调 pH 至 2.0（可低不可高）。转移到分液漏斗中，加入 30mL 乙酸丁酯。振摇 10min，静置 10min，弃去水相（下相）。将酯相（上相）转移至烧杯中。

2. 除杂过程

在酯相（烧杯中）加入 2% Na_2CO_3 溶液 60mL，测定 pH。利用 0.1mol/L NaOH 调 pH 至 8.0（可高不可低）。转移到分液漏斗中，振摇 10min，静置 10min。收集水相（下相）至烧杯。将酯相（上相）弃入专用废液桶中。

3. 精制过程

在水相（烧杯中）滴加 6% H_2SO_4 溶液调 pH 至 1.8～2.2。转移至分液漏斗中，加入 30mL 乙酸丁酯。振荡 10min，静置 10min，弃去水相（下相）。将酯相（上相）转移至离心管中（干燥过）。

4. 结晶过程（所用容器必须无水）

在酯相（离心管中）加入 3g 无水 $CuSO_4$，振荡。配重（不必干燥的离心管），1000r/min 离心 5min。收集上清液至锥形瓶中（此时必须无水）。加入质量体积比 1∶2 的乙酸钾-乙醇饱和溶液（液体部分）。36℃水浴，搅拌 5～10min，直至观察到晶体析出。

5. 计算产率

将离心管用滤纸扎口，自然干燥。采用差量法称重，计算产率。

备注：最好在通风橱中进行。根据教学条件和实训安排，可有选择地对实验内容进行调整。

注意事项

1. 按实验设计，及时、准确地标记目标组分所在的相，防止实验中将目标组分丢掉。
2. 注意保持容器干燥，防止目标组分受到干扰，造成损失甚至实验失败。
3. 注意分液装置的搭建要由下至上，拆卸时顺序相反。
4. 注意检查分液漏斗的气密性。
5. 规范使用天平，准确称量并正确记录。
6. 正确振荡分液漏斗，防止两相剧烈乳化。
7. 分液时采用下"泻"、上"吐"法分离青霉素。
8. 要及时、如实、准确地记录实验现象（认识相界面，正确指出上、下两相及青霉素所在位置）和实验数据。

结果讨论

影响青霉素产率的主要因素有哪些？

任务 2　双水相萃取法提取牛奶中的酪蛋白

实训背景

酪蛋白是一种含磷与钙的结合蛋白，常温下可以溶于水，等电点（pI）为 4.6～4.7，属于酸性蛋白质。酪蛋白是牛、羊和人等乳液中的主要蛋白质，可以作为食品原料或微生物培养基使用。利用蛋白质酶促水解技术制得的酪蛋白磷酸肽具有防止矿物质流失、预防龋齿，防治骨质疏松与佝偻病，促进动物体外受精，调节血压，治疗缺铁性贫血等多种生理功效。因此，酪蛋白的分离和纯化具有十分重要的意义。

实训目的

1. 掌握影响双水相成相的基本因素。
2. 了解双水相萃取酪蛋白的基本原理。
3. 运用双水相萃取法结合分液漏斗分离酪蛋白。

实训原理

聚乙二醇（polyethylene glycol，PEG）属于线性高分子聚合物，化学式为 $HO(CH_2CH_2O)_nH$；水溶性好，能与多种有机物相溶，被广泛用于生物医学领域，是双水相成相教学实验的首选试剂。当 PEG 在水中溶解后，分子表面的醚键带有微弱的负电荷，形成了弱电解质溶液。向其中加入水溶性好的无机盐电解质后，溶液的总离子浓度增大，产生的盐析作用导致"聚合物-无机盐"体系形成双水相。当达到平衡时，能够观察到体系中有明显的相界面，即 PEG-无机盐双水相。此时，根据两相溶液的密度不同，双水相体系分为上相和下相，也称为富 PEG 相和富盐相。根据酪蛋白在上、下两相中的溶解度不同，可以实现分离。

实训器材

1. 实训材料：液体奶（市售）。
2. 实训试剂：PEG4000（分子量为 3500～4500，按数均分子量 4000 计）、PEG6000（分子量为 5000～7000，按数均分子量 6000 计）、硫酸铵（分子量为 132，室温溶解度约为 75g）和无水硫酸钠（分子量为 142，室温溶解度约为 20g），市售分析纯；若干颜色的可食用色素（液体）；等等。
3. 实训设备：烘箱、分液装置、台秤、试管架、烧杯、移液管、量筒、试管、玻璃棒等。

实训步骤

1. 双水相成相

分别配制 PEG 和无机盐的水溶液，按照不同体积比放入试管中（建议至少 5 组）。观察双水相界面的形成（记录现象和形成双水相所需要的时间）。加入色素溶液，振荡破坏双水相体系，静置，重新成相，观察相界面的形成，判断上相和下相的溶质。（颜色变化明显的是富 PEG 相，另外一相是富盐相。）

2. 双水相体系放大

选择最为合适的比例，按体积 10 倍放大至分液漏斗中，观察相界面的形成（记录形成双水相所需要的时间）。若不能形成双水相，需要判断原因并相应地加入无机盐或者 PEG，使双水相重新达到平衡。

3. 萃取酪蛋白

向形成双水相的分液漏斗中定量加入液体奶，振荡，静置，分层（记录现象和达到平衡所需要的时间）。采用下"泻"、上"吐"的方式和顺序对两相进行分离，收集含酪蛋白相。

4. 称重计算

在烘箱中烘干后，简单称量，计算酪蛋白的粗产率。

备注：根据教学条件和实训安排，可有选择地对实验内容进行调整。

注意事项

1. 按实验设计，及时、准确地标记目标组分所在的相，防止实验中将目标组分丢掉。
2. 注意分液装置的搭建要由下至上，拆卸的时候顺序相反。
3. 注意检查分液漏斗的气密性。
4. 注意双水相体系放大后，平衡破坏后，要停止实验；重新达到平衡后再继续实验。
5. 正确振荡分液漏斗，防止两相剧烈乳化。
6. 分液时采用下"泻"、上"吐"法分离酪蛋白。
7. 要及时、如实、准确地记录实验现象（认识相界面，正确指出上、下两相及酪蛋白所在位置）和实验数据。

结果讨论

影响双水相成相的主要因素有哪些？

课后思考

一、名词解释

萃取技术　相和相比　萃取率　双水相萃取技术

二、填空题

1. 按照原料的状态，萃取技术可以分为_____、_____和_____。
2. 有机溶剂萃取的工艺流程包括 _____、_____和_____。
3. 常用的液-固萃取技术主要有_____、_____、_____和_____ 。
4. 双水相萃取包括 _____、_____和_____三个过程。
5. 影响超临界萃取的因素主要有_____和_____两类。

三、选择题

1. 在萃取操作中，k 值越小，组分（　　）分离。
   A. 越易　　　　　B. 越难　　　　　C. 不变　　　　　D. 不能确定
2. 下列（　　）不是工业生产中常见的萃取过程。
   A. 单级萃取　　　B. 多级错流萃取　　C. 多级逆流萃取　　D. 多级平流萃取
3. 在萃取过程中，所用的溶剂称为（　　）。
   A. 萃取剂　　　　B. 稀释剂　　　　　C. 溶质　　　　　D. 溶剂
4. 下列（　　）不是常用的夹带剂。
   A. 水　　　　　　B. 乙醇　　　　　　C. 丙酮　　　　　D. 二氧化碳
5. 自然界中最常用作超临界流体的物质为（　　）。
   A. 二氧化碳　　　B. 氨气　　　　　　C. 乙烷　　　　　D. 一氧化碳

四、简答题

1. 萃取技术可以分为哪几类？
2. 常用的液-液萃取技术有哪几种？萃取原理分别是什么？
3. 与其他生物分离技术相比，萃取技术有什么特点？
4. 双水相萃取技术的特点有哪些？什么样的溶液体系可以构成双水相体系？
5. 超临界萃取技术有哪些优点？

参考文献

陈虎，侯丽娟，路付勇，等. 2022. 响应面法优化超声溶剂法提取甜菊糖苷工艺. 食品工业，43（5）：6-9

范志伟，盛建维，于宏伟. 2020. 生物萃取技术研究进展. 煤炭与化工，43（9）：124-126＋152

刘瑞，张弘弛，周凤，等. 2015. 溶菌酶的反胶束提取条件优化. 中国实验方剂学杂志，21（20）：30-33

屈锋，吕雪飞. 2020. 生物分离分析教程. 北京：化学工业出版社

汪锦，应瑞峰，王耀松，等. 2022. 超声-水酶法对高品质薄壳山核桃油释放的影响. 食品与发酵工业，48（18）：177-182

王海峰，张俊霞. 2021. 生物分离与纯化技术. 北京：中国轻工业出版社

王璐，杨滨银，王小琴，等. 2022. 微波萃取辅助高效液相色谱法测定新疆级外红枣中的芦丁含量. 中国果菜，42（9）：40-43

辛秀兰. 2008. 生物分离与纯化技术. 北京：科学出版社

徐瑞东，曾青兰. 2021. 生物分离与纯化技术. 北京：中国轻工业出版社

Sará S. C.，Oscar R.，José T. A.，et al. 2013. The effect of salts on the liquid-liquid phase equilibria of PEG600 + salt aqueous two-phase systems. Journal of Chemical & Engineering Data，58（12）：3528-3535

项目三
蛋白质的固相析出分离

案例导入

IgG 是免疫球蛋白（IgG、IgE、IgM、IgA、IgD）（图 3-1）的主要成分之一，约占血液总免疫球蛋白的 75%，并且是与体液免疫应答相关的主要免疫球蛋白，作为参与机体对抗感染的主要分子，具有与病原体或毒素结合、激活补体、加强吞噬作用的杀伤作用、启动过敏反应和减轻移植器官排斥的能力，是临床应用中使用最广泛的免疫球蛋白。临床上常应用免疫球蛋白制剂防治传染病、治疗某些肿瘤和免疫缺损病等。IgG 的制备通常以免疫过的动物血清为原料，经过初步纯化和高度精制而成。以动物血清为原料生产 IgG 的工艺路线大致如下：

血清预处理→盐析沉淀→层析分离（离子交换层析、凝胶层析）→干燥→分装

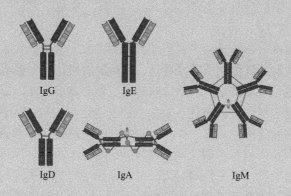

图 3-1　免疫球蛋白结构示意图

盐析沉淀操作作为重要的初步纯化工艺，可以去除大部分的杂质，如纤维蛋白原、白蛋白等，是 IgG 制备过程中常用的分离技术手段。盐析是常用的固相析出分离技术之一，在药品生产中被广泛应用。

项目概述

通过加入某种试剂或改变溶液条件，使生化产物以固体形式从溶液中沉淀析出的分离纯化技术称为固相析出分离技术。固体有晶体（结晶）和无定形两种形态，所以在固相析出过程中，

析出物为晶体时称为结晶法；析出物为无定形态固体时则称为沉淀法，常用的沉淀法主要有盐析法、有机溶剂沉淀法和等电点沉淀法等。固相析出分离技术由于设备简单、操作方便、成本低，因此被广泛应用于生物产品的下游加工过程中。本项目主要学习内容见图3-2。

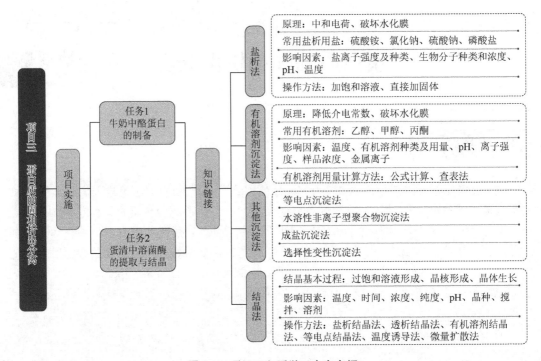

图 3-2　项目三主要学习内容介绍

本项目的知识链接部分首先介绍了盐析法的基本原理、常用的盐析用盐、影响因素及操作方法，对比分析了有机溶剂沉淀法的基本原理、常用的有机溶剂、影响因素及操作方法，接着介绍了其他沉淀法如等电点沉淀法、水溶性非离子型聚合物沉淀法、成盐沉淀法及选择性变性沉淀法等方法的原理及应用，最后概述了结晶法的基本过程、影响因素及操作方法。

本项目以"牛奶中酪蛋白的制备"和"蛋清中溶菌酶的提取与结晶"两个典型的实践活动为主线对固相析出分离技术进行介绍，从实训任务的背景、目的、原理、器材、操作步骤、注意事项、结果讨论等方面设计了完整的实训环节，旨在培养学生实践动手能力，从而进一步巩固学生对固相析出分离技术的基本理论和知识的理解，使学生能更好地掌握蛋白质的固相析出分离操作。

教学目标

知识目标

1. 熟悉盐析法、有机溶剂沉淀法、等电点沉淀法的基本原理。
2. 掌握盐析法、有机溶剂沉淀法、等电点沉淀法的基本操作。
3. 了解水溶性非离子型聚合物沉淀法、成盐沉淀法、选择性变性沉淀法的基本原理。
4. 熟悉结晶法的原理、基本过程及操作方法。

1. 会进行盐析法用盐量、有机溶剂沉淀法有机溶剂用量的计算。
2. 能够进行盐析、有机溶剂沉淀的基本操作。
3. 能够进行物质的结晶操作。

1. 通过对有机溶剂及固液分离设备的正确使用，培养学生规范操作及安全意识。
2. 通过对有机废物、无机废物进行分类回收与处理，培养学生环保意识。
3. 通过小组分工进行项目训练，培养学生团队协作意识。

卤水点豆腐　一物降一物

豆腐是中国传统食物，也是代表中国的经典食物之一。作为一种营养丰富、口感上佳的食品，不仅受到中国人喜爱，在国外同样广受欢迎，被誉为"中国食品史上的四大发明"之一。

豆腐的原料黄豆富含蛋白质，将大豆经过水浸后磨成豆浆，过滤除渣，加热后得到含有丰富蛋白质的胶体溶液。加入卤水后就会形成柔嫩的豆腐脑。再把豆腐脑压制后，就会得到洁白光滑的豆腐。豆腐的制作过程见图 3-3。

图 3-3　豆腐的制作过程

点卤水是制作豆腐的重要一环。卤水的学名为盐卤，是由海水或盐湖水制盐后，残留于盐池内的母液，主要成分有氯化镁、硫酸钙、氯化钙及氯化钠等，味苦。蒸发冷却后析出氯化镁结晶，称为卤块。要使豆浆胶体溶液变成豆腐，必须点卤。

卤水中的盐类，可以中和蛋白质胶体粒子表面的电荷，能使分散的蛋白质胶粒很快地聚集到一块，即蛋白质胶体的聚集和沉淀，成了白花花的豆腐脑。再挤出水分，豆腐脑就变成了豆腐。豆腐、豆腐脑就是凝聚的豆类蛋白质。

卤水点豆腐利用了盐能使蛋白质沉淀聚集的原理，充分体现了中国古人的智慧。谚语"卤水点豆腐，一物降一物"，比喻事物相互制约，一种事物总会有另一种事物可以制伏它，也展现了古人的辩证思维。

● 知识链接 ●

一、盐析法

在高浓度中性盐存在的情况下，蛋白质（或酶）等生物大分子在水溶液中的溶解度降低并沉淀析出的现象称为盐析。不同蛋白质盐析所需的盐浓度不同，因此，调节盐的浓度，可以使混合蛋白质溶液中的蛋白质分段析出，达到分离纯化的目的。

盐析法具有经济、安全、操作简便、不易引起蛋白质变性等优点，但缺点是分辨率不高，因此适合于生化物质粗提纯阶段，需和其他方法交替使用。盐析法可用于蛋白质、酶、多肽、多糖、核酸等多种物质的分离纯化，但以蛋白质领域的研究最为完善。本节以蛋白质为例对盐析法进行介绍。

（一）盐析法的基本原理

蛋白质主要由 20 种氨基酸组成。在水溶液中，多肽链中的疏水性氨基酸残基具有向内部折叠的趋势，使亲水性氨基酸残基分布在蛋白质立体结构的外表面，形成亲水区，但仍有部分疏水性氨基酸残基形成疏水区。疏水性氨基酸含量高的蛋白质的疏水区大，疏水性强；而亲水性氨基酸含量高的蛋白质往往有较大的亲水区，亲水性强。因此，蛋白质表面可分为亲水区和疏水区。蛋白质在自然环境中通常是可溶的，主要是由于其表面大部分是亲水的，内部大部分多为疏水的。蛋白质分子为两性电解质，可看作是一个表面分布有正、负电荷的球体，这种正、负电荷由氨基和羧基的离子化后形成。所以，蛋白质表面由不均匀分布的荷电基团形成的荷电区、亲水区和疏水区构成（图 3-4）。

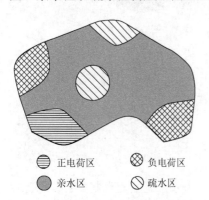

图 3-4 蛋白质分子的表面特征示意图

蛋白质生物大分子物质以一种亲水胶体形式存在于水溶液中，无外界影响时，呈稳定的分散状态，其主要原因是：第一，蛋白质为两性物质，在一定的 pH 条件下表面显示一定的电性，由于静电斥力作用，分子间相互排斥。第二，蛋白质分子周围，水分子呈有序排列，在其表面形成了水化膜，水化膜层能保护蛋白质粒子，避免其因碰撞而聚沉。

中性盐对蛋白质的溶解度有显著影响，一般蛋白质或酶等生物分子在低盐浓度下随着盐浓度的升高，蛋白质的溶解度增加，称为盐溶；当盐浓度继续升高时，蛋白质的溶解度有不同程度下降并先后析出，这种现象称为盐析。这主要是因为（图 3-5）：一方面，高浓度的中性盐溶液中存在大量的带电荷的盐离子，无机盐离子与蛋白质表面电荷中和，使蛋白质分子之间的排斥力减弱，从而能够相互靠拢；另一方面，中性盐的亲水性比蛋白质大，它会抢夺本来与蛋白质结合的自由水，使蛋白质脱去水化膜，疏水区暴露，疏水区的相互作用导致沉淀（见动画 3-1）。

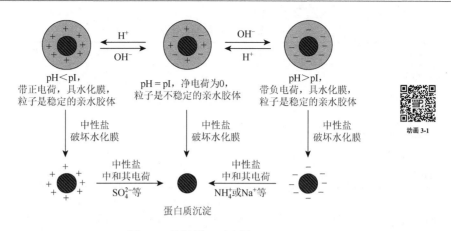

图 3-5 盐析原理示意图

　　蛋白质在水中的溶解度不仅与中性盐离子的浓度有关，还与离子所带电荷数有关，高价离子影响更显著，通常用离子强度来表示对盐析的影响。图 3-6 表示盐离子强度与蛋白质溶解度之间的关系，直线部分为盐析区，曲线部分表示盐溶。

　　在盐析过程中，蛋白质的溶解度与溶液中盐的离子强度之间的关系可用 Cohn 经验公式表示：

$$\lg S/S_0 = -K_S I$$

式中，S、S_0 分别为在离子强度为 I 和 0 时的溶解度；K_S 为盐析常数；I 为离子强度，$I = \dfrac{1}{2}\sum_{i=1}^{n} c_i Z_i^2$（$c_i$ 为 i 离子的浓度；Z_i 为 i 离子所带的电荷）。

　　当温度和 pH 一定时，对某一溶质来说，其 S_0 也是一常数，即 $\lg S_0 = \beta$（截距常数），所以有 $\lg S = \beta - K_S I$。

　　β 为纵坐标上的外推截距，其物理意义是当盐离子强度为零时，蛋白质溶解度的对数值。在一定的盐析环境中，β 是蛋白质的特征常数。它与蛋白质的种类、温度和溶液 pH 有关，与无机盐种类无关。一般来说，生物分子处于等电点附近时，β 最小。温度对 β 的影响因溶质种类而异，大多数蛋白质的 β 随温度的升高而下降。

　　K_S 是盐析常数，为直线的斜率，与蛋白质和盐的种类有关，与温度和 pH 无关。表 3-1 列出了一些蛋

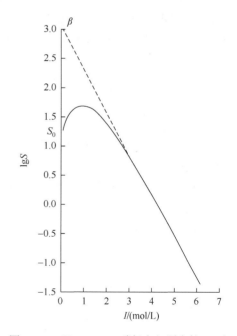

图 3-6　25℃，pH 6.6 碳氧血红蛋白的 $\lg S$ 与 $(NH_4)_2SO_4$ 离子强度（I）的关系

白质的盐析常数。由表 3-1 可知，中性盐的阴离子对 K_S 的影响是主要的，阴离子的价数高，盐析常数大。阳离子有时效果相反。盐析常数 K_S 大时，溶质溶解度受盐浓度的影响大，盐析效果好。反之，K_S 小时盐析效果差。生物大分子因表面电荷多，分子量大，溶解度受盐浓度的影响大，其 K_S 比一般小分子要高 10～20 倍。同一溶液中，两种溶质的 K_S 相差越大，盐析的选择性越好。

表 3-1 一些蛋白质的盐析常数

蛋白质	氯化钠	硫酸镁	硫酸铵	硫酸钠	硫酸钾	枸橼酸钠
β-乳球蛋白				0.63		
血红蛋白（马）		0.33	0.71	0.76	1.00	0.69
血红蛋白（人）					2.00	
肌红蛋白（马）			0.94			
卵清蛋白			1.22			
纤维蛋白原	1.07		1.46		2.16	

由 Cohn 经验公式可知，用盐析法沉淀蛋白质有两种方法：①在一定的 pH 和温度下，改变体系盐浓度（离子强度），使不同溶质在不同离子强度下析出，此种方法称为 K_S 盐析法；②在一定盐浓度（离子强度）下，改变 pH 和温度，使不同溶质在不同 pH 和温度下析出，此种方法称为 β 盐析法。

多数情况下，尤其是生产中，常用第①种方法，使目的物或杂蛋白沉淀析出。由于蛋白质对离子强度的变化非常敏感，采用 K_S 盐析法易产生共沉淀现象，故分辨率不高，因此第①种方法多用于提取液的前处理（蛋白质的粗提）。而采用 β 盐析法由于溶质溶解度变化缓慢，且变化幅度小，因此分辨率更高，所以在分离的后期阶段（即蛋白质的进一步分离纯化时）常采用第②种方法。

（二）盐析用盐的选择

选择盐析用盐主要考虑以下几个问题：①盐析作用要强。一般情况下多价阴离子的盐析作用强，但有时多价阳离子反而使盐析作用降低。②盐析用盐须有足够大的溶解度，且溶解度受温度的影响应尽可能小。这样便于获得高浓度盐溶液，有利于操作，即使在较低温度下，也不至于造成盐的结晶析出，进而影响盐析效果。③盐析用盐在生物学上是惰性的，不能影响蛋白质等生物分子的活性。最好不引入给分离或测定带来麻烦的杂质。④来源丰富、经济，价格低廉。

盐析法常用的盐类以中性盐居多，主要有硫酸铵、硫酸钠、氯化钠、磷酸盐等。表 3-2 列出了常见的盐析用盐的有关性质。

表 3-2 常见的盐析用盐的有关性质

盐的种类	盐析作用	溶解度	溶解度受温度影响	缓冲能力	其他性质
硫酸铵	大	大	小	小	含氮，便宜
硫酸钠	大	较小	大	小	不含氮，较贵
磷酸盐	小	较小	大	大	不含氮，贵
氯化钠	较大	较小	大	小	不含氮，较便宜

1. 硫酸铵

盐析法中应用最广泛的盐类是硫酸铵，它具有盐析作用强、溶解度大且受温度影响小等优点。在 25℃，1L 水中能溶解 767g 的硫酸铵固体，相当于 4mol/L 的浓度。在溶解度范围内，许多蛋白质和酶都可以盐析出来，而且硫酸铵价廉易得，分段盐析效果比其他盐好，不容易引起蛋白质变性。高浓度的硫酸铵对细菌具有抑制作用。但是，硫酸铵具有一定的腐蚀性且缓冲能力差。硫酸铵浓溶液的 pH 为 4.5～5.5，市售的硫酸铵常含有少量的游离硫酸，pH 往往在 4.5 以下，需用氨水调节后才可使用。

2. 硫酸钠

硫酸钠也可用于盐析法。硫酸钠虽无腐蚀性，但是硫酸钠在 30℃以下时溶解度较低，30℃ 以上时溶解度才升高得较快。由于大部分生物大分子活性在 30℃以上时容易失活，故硫酸钠 主要适用于热稳定性较好的蛋白质的沉淀。

3. 氯化钠

氯化钠也可用于盐析。例如，在鸡蛋清溶液中加入氯化钠可以使球蛋白沉淀出来，再配合 溶液 pH 调整，清蛋白也能沉淀析出。但是氯化钠的溶解度受温度变化的影响较大，低温下溶 解度较差。

4. 磷酸盐

磷酸盐也可作为盐析用盐。例如，盐析法分离免疫球蛋白，用磷酸钠的效果不错。磷酸盐 具有一定的缓冲能力，但由于价格较贵、溶解度低且易与某些金属离子生成沉淀，故应用不广。

其他不少中性盐类也可以作为盐析用盐，但因一些原因（如价格昂贵、盐析效果差、难以 去除等）都不如硫酸铵那样应用得广泛。

（三）影响盐析效果的因素

1. 盐离子的强度和种类

能够造成盐析沉淀效应的盐类很多，每种盐的作用大小不同。一般来说，盐离子强度越大， 蛋白质或酶等生物分子的溶解度就越低。在进行分离时，一般从低离子强度到高离子强度顺次 进行，即每一组分被盐析出来，经过过滤等操作后，再在溶液中逐渐提高盐的浓度，使另一种 组分也被盐析出来。

在相同离子强度下，盐离子的种类对蛋白质或酶等生物分子的溶解度也有一定的影响。一 般来说，半径小而带电荷量高的离子的盐析作用较强，半径大而带电荷量低的离子的盐析作用 则较弱。各种盐离子的盐析作用按由强到弱的顺序排列如下：

$$IO_3^- > PO_4^{3-} > SO_4^{2-} > CH_3COO^- > Cl^- > ClO_3^- > Br^- > NO_3^- > ClO_4^- > I^- > SCN^-$$

$$Al^{3+} > H^+ > Ca^{2+} > NH_4^+ > K^+ > Na^+$$

2. 生物分子（蛋白质等）的种类和浓度

不同生物分子的 K_S 和 β 均不同，因而它们的盐析行为也不同。

溶液中生物分子的浓度对盐析也有一定的影响。高浓度的生物分子溶液可以节约盐的用 量，但若生物分子的浓度过高时，溶液中的其他成分就会随着沉淀成分一起析出，发生严重的 共沉（淀）现象。如果将溶液中生物分子的浓度稀释到过低时，则可减少共沉（淀）现象，但 这会造成反应体积的增大，进而导致反应容器容量的增大，需要更多的盐类沉淀剂和配备更大 的分离设备，加大人力、财力的投入，并且回收率会下降。所以，在盐析时要根据实际条件调 节蛋白质溶液的浓度。一般常将蛋白质的浓度控制在 2%～3%为宜。

3. 溶液 pH

一般情况下，蛋白质或酶等生物分子带的净电荷越多，其溶解度就越大；相反，净电荷越 少，溶解度就越小。在生物分子的等电点位置时，其溶解度最小。因此，在盐析时，要沉淀某 一成分，通常将溶液的 pH 调整到该成分的等电点；若要保留某一成分在溶液中不析出，则应 该使溶液的 pH 偏离该成分的等电点。

4. 温度

温度是影响溶解度的重要因素。一般来说，在低离子强度溶液或纯水中，蛋白质等生物分子的溶解度与其他大多数无机盐、小分子有机物相似，随温度的升高而增大。但对于多数蛋白质、酶和多肽等生物大分子而言，在高离子强度溶液中，温度升高，蛋白质的溶解度下降。

一般情况下，对盐析的温度要求不严格时，在室温下进行即可。但有些生物分子（如某些酶类）对温度很敏感，需要在 0～4℃ 的低温下进行盐析，以防止其活性丧失。

（四）盐析的操作方法

盐析法中使用最多的中性盐是硫酸铵，下面以硫酸铵盐析法为例来介绍盐析的操作。

1. 盐的处理

硫酸铵使用时要求纯度较高，生产时为了降低成本，一般采用化学纯的硫酸铵。如果待盐析的蛋白质或酶的活性中心含有巯基（如菠萝蛋白酶、木瓜蛋白酶等），则需进行预处理，去除硫酸铵中的重金属离子，以消除其对酶活性的影响。处理方法是将硫酸铵配成浓溶液，通入 H_2S 气体至饱和，放置过夜后用滤纸除去重金属沉淀物，将滤液浓缩结晶，在 100℃ 条件下烘干后即可使用。此外，高浓度硫酸铵溶液一般呈酸性（pH 为 4.5～5.5），使用前可根据需要用氨水或硫酸调节至所需 pH。

2. 硫酸铵浓度的计算与调整

盐析所用中性盐的浓度多用饱和度来表示。一种是荷氏（Hofmeister）饱和度，其是指盐析溶液中所含的饱和硫酸铵体积与总体积之比，又称为体积饱和度。另一种是欧氏（Osborne）饱和度，其是指溶液中所含硫酸铵质量与该溶液所能饱和溶解的硫酸铵质量之比，又称为质量饱和度。这两种饱和度无本质区别，只是后者在工业生产中更常用。

盐析操作时，调整硫酸铵的浓度有以下两种方式。

1）加入饱和硫酸铵溶液　　在实验室和小规模生产中溶液体积不大，或硫酸铵饱和度要求不高时，可采用此法。它可以防止溶液局部浓度过高，但加量过多时，料液会被稀释，不利于后续的分离纯化。

操作时，先配制硫酸铵饱和溶液，可先计算出一定体积水需要加入的固体量，接近饱和时可将硫酸铵溶液加热至 50℃ 左右，保温数分钟，趁热过滤除去不溶物，静置 1～2h，析出结晶后上清液即 100%饱和度硫酸铵溶液。浓硫酸铵溶液的 pH 为 4.5～5.5，使用前可根据需要用氨水或硫酸调节 pH，然后边搅拌边缓慢加入。

需要加入的饱和硫酸铵溶液的体积由下式计算：

$$V = \frac{V_0(S_2 - S_1)}{100\% - S_2}$$

式中，V 为需加入的饱和硫酸铵溶液的体积，L；V_0 为待盐析溶液的体积，L；S_1 为待盐析溶液的原始硫酸铵饱和度；S_2 为所需达到的硫酸铵饱和度。

以上公式并不十分精确，因为没有考虑混合两种不同浓度盐溶液时所引起的体积变化。但在通常条件下，体积改变带来的误差一般不大于 2%，所以说对盐析效果无明显影响。

2）直接加入固体硫酸铵　　在工业生产上溶液体积较大时，或硫酸铵浓度要求较高时，多采用直接加固体的方法。操作时，加入速度不能太快，应分批加入，边加边搅拌，避免出现局部浓度过高而影响盐析效果。

加入固体硫酸铵的量可由表 3-3、表 3-4 查得，或由下式计算：

$$m = \frac{V_0 A(S_2 - S_1)}{100\% - BS_2}$$

式中，m 为需要加入的固体硫酸铵的质量，g；V_0 为待盐析溶液的体积，L；S_1 为待盐析溶液的原始硫酸铵饱和度；S_2 为所需达到的硫酸铵饱和度；A 为经验常数，0℃时为 515，20℃时为 513；B 为常数，0℃时为 0.27，20℃时为 0.29。

表 3-3　室温 25℃硫酸铵水溶液由原来的饱和度达到所需饱和度时，
每升硫酸铵水溶液应加入固体硫酸铵的克数

硫酸铵原来的饱和度/%	需要达到的硫酸铵的饱和度/%																
	10	20	25	30	33	35	40	45	50	55	60	65	70	75	80	90	100
0	56	114	144	176	196	209	243	277	313	351	390	430	472	516	561	662	767
10		57	86	118	137	150	183	216	251	288	326	365	406	449	494	592	694
20			29	59	78	91	123	155	189	225	262	300	340	382	424	520	619
25				30	49	61	93	125	158	193	230	267	307	348	390	485	583
30					19	30	62	94	127	162	198	235	273	314	356	449	546
33						12	43	74	107	142	177	214	252	292	333	426	522
35							31	63	94	129	164	200	238	278	319	411	506
40								31	63	97	132	168	205	245	285	375	496
45									32	65	99	134	171	210	250	339	431
50										33	66	101	137	176	214	302	392
55											33	67	103	141	179	264	353
60												34	69	105	143	227	314
65													34	70	107	190	275
70														35	72	153	237
75															36	115	198
80																77	157
90																	79

表 3-4　0℃条件下硫酸铵水溶液由原来的饱和度达到所需饱和度时，
每 100mL 硫酸铵水溶液应加入固体硫酸铵的克数

硫酸铵原来的饱和度/%	需要达到的硫酸铵的饱和度/%																
	20	25	30	35	40	45	50	55	60	65	70	75	80	85	90	95	100
0	10.6	13.4	16.4	19.4	22.6	25.8	29.1	32.6	36.1	39.8	43.6	47.6	51.6	55.9	60.3	65.0	69.7
5	7.9	10.8	13.7	16.6	19.7	22.9	26.2	29.6	33.1	36.8	40.5	44.4	48.4	52.6	57.0	61.5	66.2
10	5.3	8.1	10.9	13.9	16.9	20.0	23.3	26.6	30.1	33.7	37.4	41.2	45.2	49.3	53.6	58.1	62.7
15	2.6	5.4	8.2	11.1	14.1	17.2	20.4	23.7	27.1	30.6	34.3	38.1	42.0	46.0	50.3	54.7	59.2
20	0	2.7	5.5	8.3	11.3	14.3	17.5	20.7	24.1	27.6	31.2	34.9	38.7	42.7	46.9	51.2	55.7
25		0	2.7	5.6	8.4	11.5	14.6	17.9	21.1	24.5	28.0	31.7	35.5	39.5	43.6	47.8	52.2
30			0	2.8	5.6	8.6	11.7	14.8	18.1	21.4	24.9	28.5	32.2	36.2	40.2	44.5	48.8
35				0	2.8	5.7	8.7	11.8	15.1	18.4	21.8	25.4	29.1	32.9	36.9	41.0	45.3

续表

硫酸铵原来的饱和度/%	需要达到的硫酸铵的饱和度/%																
	20	25	30	35	40	45	50	55	60	65	70	75	80	85	90	95	100
40					0	2.9	5.8	8.9	12.0	15.3	18.7	22.2	25.8	29.6	33.5	37.6	41.8
45						0	2.9	5.9	9.0	12.3	15.6	19.0	22.6	26.3	30.2	34.2	38.3
50							0	3.0	6.0	9.2	12.5	15.9	19.4	23.0	26.8	30.8	34.8
55								0	3.0	6.1	9.3	12.7	16.1	19.7	23.5	27.3	31.3
60									0	3.1	6.2	9.5	12.9	16.4	20.1	23.1	27.9
65										0	3.1	6.3	9.7	13.2	16.8	20.5	24.4
70											0	3.2	6.5	9.9	13.4	17.1	20.9
75												0	3.2	6.6	10.1	13.7	17.4
80													0	3.3	6.7	10.3	13.9
85														0	3.4	6.8	10.5
90															0	3.4	7.0
95																0	3.5
100																	0

此外，还可以采用透析平衡法进行盐析操作。先将预盐析的样品装于透析袋中，然后浸入饱和硫酸铵溶液中进行透析，透析袋内硫酸铵饱和度逐渐提高，达到设定浓度后，目标蛋白析出，停止透析。该法的优点在于硫酸铵浓度变化有连续性，盐析效果好，但手续烦琐，需不断测量饱和度，故多用于结晶，其他情况少见。

如果要分离一种新的蛋白质或酶，没有文献数据可以借鉴，则应通过盐析曲线先确定沉淀该物质的硫酸铵饱和度（图 3-7）。

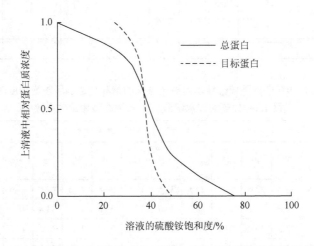

图 3-7　盐析沉淀平衡后上清液中相对蛋白质浓度与硫酸铵饱和度关系示例

对含有多种蛋白质的溶液，可通过逐步提高盐浓度的方法，分段盐析得到不同的蛋白质。如用不断增加盐浓度的方法可以从血浆混合物中分别提取几种主要组分蛋白（图 3-8）。生产上还常先以较低的盐浓度除去部分杂蛋白，再提高盐饱和度来沉淀目的物（图 3-9）。

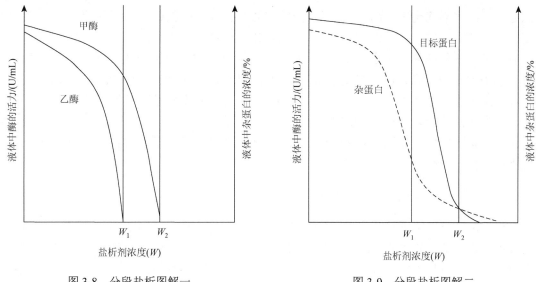

图 3-8　分段盐析图解一　　　　　　　图 3-9　分段盐析图解二

由图 3-8 可见，当盐浓度达到 W_1 时乙酶溶解度低，沉淀出来，甲酶溶解度很大，还在溶液中，过滤收集沉淀即可得到乙酶。在上清液中继续加盐将盐浓度提高到 W_2，甲酶的溶解度低，被沉淀分离出来。图 3-9 中，盐浓度达到 W_1 时，杂蛋白溶解度低，被沉淀出来，目标蛋白还有相当大的溶解度，保留在上清液中。过滤除去杂蛋白，再提高盐浓度至 W_2 即可沉淀目标蛋白。

3. 脱盐

蛋白质等经盐析进行分离后，产物中的含盐量较高，一般需要进行脱盐处理。常用的脱盐方法有透析、超滤、凝胶过滤等。

4. 盐析操作注意事项

盐析时首先要防止盐析过程中盐析用盐在溶液中局部过浓。对于固体盐直接加入时，须先将盐粒研细，且在不断搅拌下分批缓慢加入到溶液中，不能使容器底部留下未溶的固体盐，这可避免局部过浓造成的共沉现象发生和某些蛋白质或酶等生物分子的变性。用饱和盐溶液进行盐析时同样需缓慢加入并不断搅拌。

其次，由于盐析效果受温度的影响较大，为避免低温下蛋白质或酶等生物分子溶解度增大带来的损失，一般多在室温下进行盐析，对不稳定、易失活的生物分子则在 0～4℃ 条件下盐析。

盐析所得沉淀通常需经过一段时间老化后再进行分离。采用的分离方法须考虑溶液的密度和黏度。盐浓度较高时，密度大而黏度较小，用过滤法比较有利。相反，盐浓度较小，介质密度小而黏度大，则用离心法较方便。

为了获得实验的重复性，盐析的条件如温度、pH、盐的纯度等必须严格控制。盐析过程中，搅拌必须是有规则和温和的。搅拌太快易引起蛋白质的变性，其变性特征是起泡。

二、有机溶剂沉淀法

在含有溶质的水溶液中加入一定量亲水的有机溶剂，降低溶质的溶解度，使其沉淀析出的方法称为有机溶剂沉淀法。不同蛋白质沉淀所需的有机溶剂的浓度不同，因此调节有机溶剂的浓度，可以使混合蛋白质溶液中的蛋白质分段析出，达到分离纯化的目的。

有机溶剂沉淀法常用于蛋白质、酶、核酸、多糖等生物分子的分离纯化。该法的优点是：①分辨能力比盐析法高，即蛋白质或酶等生物分子只在一个比较窄的有机溶剂浓度下沉淀；②沉淀不用脱盐，过滤较为容易；③溶剂容易分离，并可回收利用，产品较洁净。其缺点是：①对具有生物活性的大分子容易引起变性失活，操作要求在低温下进行；②有机溶剂的成本较高，且一般易燃易爆，储存比较困难或麻烦。总体来说，蛋白质或酶等生物分子的有机溶剂沉淀法不如盐析法普遍。

（一）有机溶剂沉淀的基本原理

有机溶剂能使特定溶质成分产生沉淀作用的原理是：①降低了溶液的介电常数，使溶质之间的静电引力增加，从而出现聚集现象，导致沉淀。②破坏水化膜。有机溶剂与水互溶，它们在溶解于水的同时从蛋白质或酶等生物分子周围的水化层中夺走了水分子，破坏其水化膜，因而发生沉淀作用。

（二）有机溶剂的选择

选择沉淀用有机溶剂时，主要应考虑以下几个方面的因素：①介电常数小，沉淀作用强；②对生物分子的变性作用小；③毒性小，挥发性适中；④沉淀用有机溶剂一般应能与水无限混溶。

常用于生物分子沉淀的有机溶剂有乙醇、甲醇、丙酮和异丙醇，还有二甲基甲酰胺、二甲基亚砜、乙腈和2-甲基-2,4-戊二醇（MPD）等。其中乙醇是最常用的有机沉淀剂。

1. 乙醇

乙醇具有极易溶于水、沉淀作用强、沸点适中、无毒等优点，被广泛应用于沉淀蛋白质、核酸、多糖等生物大分子及核苷酸、氨基酸等。工业上常用95%～96%（V/V）的乙醇按照实际需要稀释后加入蛋白质或酶等生物分子溶液中进行沉淀，达到分离沉淀蛋白质或酶等生物分子的目的。

2. 甲醇

甲醇的沉淀作用与乙醇相当，但对蛋白质或酶等生物分子的变性作用比乙醇、丙酮都小，由于口服具有强毒性，限制了它的使用范围。

3. 丙酮

丙酮的沉淀作用大于乙醇，用丙酮代替乙醇作沉淀剂一般可以减少用量1/4～1/3。但其沸点较低，挥发损失大，对肝脏具有一定的毒性，着火点低等缺点，使得它的应用不如乙醇广泛。

4. 异丙醇

异丙醇是一种无色、有强烈气味的可燃液体，是最简单的仲醇。异丙醇可代替乙醇进行沉淀分离，但因易与空气混合后发生爆炸，易在环境中形成烟雾现象，对人体具有潜在的危害作用而限制了它的使用。

5. 其他有机溶剂

其他有机溶剂，如二甲基甲酰胺、二甲基亚砜、乙腈和2-甲基-2,4-戊二醇等也可作沉淀剂使用，但远不如上述乙醇、甲醇、丙酮使用普遍。

（三）影响有机溶剂沉淀效果的因素

1. 温度

有机溶剂与水混合时会产生相当数量的热量，溶解热使体系的温度升高，增加了有机溶剂对蛋白质的变性作用。同时，大多数生物分子在有机溶剂中对温度特别敏感，温度稍高即发生变性。另外，大多数蛋白质在乙醇-水混合溶液中的溶解度随温度的下降而减少，低温对提高收率也是有利的。因此，在使用有机溶剂沉淀生物大分子时，一定要控制在低温条件下进行。有机溶剂沉淀一些小分子物质如核苷酸、氨基酸及糖类等，其温度要求没有生物大分子那样苛刻。但总体来说，低温对于提高沉淀效果仍是有利的。

有机溶剂沉淀时加入的有机溶剂都必须预先冷却至较低温度，并且操作最好在冰浴中进行。加入有机溶剂的速度也必须缓慢并不断搅拌，一方面可加速散热，另一方面可防止溶剂局部过浓过高引起的变性作用和分辨率下降现象的发生。

2. 有机溶剂的种类及用量

不同的有机溶剂对相同的溶质分子产生的沉淀作用大小有差异，其沉淀能力与介电常数相关。一般情况下，介电常数越低的有机溶剂，其沉淀能力就越强，部分溶剂的介电常数见表 3-5。同一种有机溶剂对不同溶质分子产生的作用大小也不一样。在溶液中加入有机溶剂后，随着有机溶剂用量的加大，溶液的介电常数逐渐下降，溶质的溶解度会在某个阶段出现急剧降低的现象，从而沉淀析出。不同溶质分子的溶解度发生急剧变化时所需的有机溶剂用量是不同的。所以，沉淀反应的操作过程中应该严格控制有机溶剂的用量，否则会造成有机溶剂浓度过低而无沉淀或沉淀不完全，或者有机溶剂浓度过高导致溶液中其他组分一起被沉淀出来。

表 3-5 部分溶剂的介电常数

溶剂名称	介电常数	溶剂名称	介电常数
水	78.0	丙酮	21.0
甲醇	31.0	乙醚	9.4
甘油	56.2	乙酸	6.3
乙醇	26.0	三氯乙酸	4.6

总之，通过选择有机溶剂且控制其用量可以使不同的溶质分子分别从溶液中沉淀析出，从而达到分离的目的。

3. 溶液 pH

溶液的 pH 对沉淀效果有很大的影响，适宜的 pH 可使沉淀效果增强，提高产品收率，同时还可提高分辨率。许多蛋白质在等电点附近有较好的沉淀效果，但不是所有的蛋白质都是这样，甚至有少数蛋白质在等电点附近不太稳定，在控制溶液 pH 时要特别注意。此外，在控制pH 时务必使溶液中大多数蛋白质分子带有相同电荷，而不要让目的物与主要杂质分子带相反电荷，以免出现严重的共沉作用。

4. 离子强度

较低的离子强度常常有利于生物分子的沉淀，甚至还具有保护蛋白质或酶等生物分子，防止其变性，减少水和溶剂互溶及稳定介质 pH 的作用。用溶剂沉淀蛋白质或酶等生物分子时，离子强度以 0.01～0.05mol/L 为宜，通常不超过 5% 的含量。常用的助沉剂多为低浓度的单价盐，如氯化钠、乙酸铵、乙酸钠等。但溶液中离子强度较高（0.2mol/L 以上）时，往往须增加溶剂的用量才能使沉淀析出。介质中离子强度很高时，沉淀物中会夹杂较多的盐，因此若要对盐析后的上清液进行溶媒沉淀，则必须先除去盐。

5. 样品浓度

与盐析相似，样品浓度低时，将增加溶剂的投入量和损耗，降低溶质的回收率，且易发生稀释变性，但浓度低的样品，其共沉作用小，分离效果相对较好。反之，样品浓度大时会增强共沉作用，降低分辨率，但可减少溶剂的用量，提高回收率，变性的概率也小于稀溶液。一般认为，蛋白质或酶等生物分子的初浓度以 0.5%～2% 为好，黏多糖以 1%～2% 较为合适。

6. 某些金属离子的助沉作用

一些金属离子如 Zn^{2+}、Ca^{2+} 等可与某些呈阴性离子状态的蛋白质或酶等形成复合物，这种复合物的溶解度会大大降低但不影响生物分子的活性，有利于沉淀的形成，并能降低溶剂的用量，如锌盐沉淀胰岛素（图 3-10）。采用阳离子辅助沉淀时须注意：①要考虑溶液及将要加入溶液中的各种缓冲液、酸碱溶液是否与选定的阳离子发生沉淀反应，若有沉淀反应则必须改变沉淀体系；②沉淀反应完成后，应该尽量去除这些阳离子。

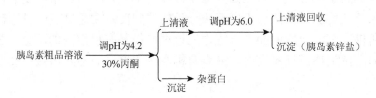

图 3-10　胰岛素精制工艺流程图

（四）有机溶剂沉淀操作方法

1. 有机溶剂用量的计算

进行有机溶剂沉淀时，欲使原溶液达到一定的有机溶剂浓度，需加入的有机溶剂浓度及体积可查表 3-6 或按以下公式计算：

$$V = \frac{V_0(S_2 - S_1)}{100\% - S_2}$$

式中，V 为需加入有机溶剂的体积，L；V_0 为原溶液的体积，L；S_1 为原溶液中有机溶剂的浓度；S_2 为所要求达到有机溶剂的浓度；100% 指加入的有机溶剂浓度为 100%，如果使用的有机溶剂浓度不是 100% 而是 95%，则式中的 100 应改为 95，依次类推。

上式的计算未考虑混溶后体积的变化和溶剂的挥发情况，实际上存在一定的误差。如果有机溶剂浓度要求不太精确时，可采用上式进行计算。有时侧重于沉淀而不考虑分离效果，也可用溶液体积的倍数如加入 1 倍、2 倍、3 倍原溶液体积的有机溶剂来进行有机溶剂的沉淀。

表 3-6 　制备 1L 较低浓度乙醇所需较高浓度乙醇及水的用量表（20℃）　（单位：mL）

较高含量乙醇的体积分数/%	溶剂	95	90	85	80	75	70	65	60	55	50	45	40	35	30	25	20	15	10	5
									混合液的体积分数/%											
100	醇水	950/62	990/119	850/174	800/228	750/282	700/334	650/385	600/436	500/487	500/537	450/585	400/633	350/681	300/727	250/772	200/817	150/862	100/908	50/953
95	醇水		947/61	895/119	842/176	789/233	737/288	684/344	632/397	579/451	526/504	474/556	421/608	368/658	316/708	263/756	211/805	158/852	105/901	53/950
90	醇水			994/62	889/122	833/182	778/241	722/299	667/357	611/414	556/471	500/526	444/580	389/635	333/687	278/739	222/791	167/842	111/894	56/947
85	醇水				941/65	882/128	824/190	765/252	706/313	647/374	588/434	529/493	471/552	412/609	353/665	294/721	235/776	176/832	118/887	59/943
80	醇水					938/67	875/134	813/200	750/265	688/330	625/394	563/457	500/520	438/581	375/641	313/701	250/760	188/819	125/879	63/939
75	醇水						933/71	867/141	800/211	733/280	667/349	600/417	533/483	467/550	400/614	333/678	267/742	200/806	133/870	76/929
70	醇水							929/76	857/150	786/225	714/298	643/371	571/443	500/514	429/584	357/653	286/722	214/790	143/860	77/929
65	醇水								923/81	846/160	769/240	692/319	615/396	538/473	462/548	385/624	308/698	231/773	154/848	77/923
60	醇水									917/87	833/173	750/258	667/343	583/426	500/509	417/591	333/672	250/753	167/835	83/917
55	醇水										909/94	817/187	727/279	636/370	545/461	455/551	364/640	273/730	182/819	91/909
50	醇水											900/103	800/204	700/305	600/405	500/504	400/603	300/701	200/800	100/900
45	醇水												889/113	778/225	667/336	556/447	444/557	333/667	222/778	111/889
40	醇水													875/126	750/252	625/376	500/500	375/625	250/750	125/875
35	醇水														857/144	714/286	571/429	429/571	286/714	143/857
30	醇水															833/167	667/333	500/500	333/667	167/833
25	醇水																800/200	600/400	400/600	200/800
20	醇水																	750/250	500/500	250/750
15	醇水																		667/333	333/667
10	醇水																			500/500

2. 操作注意事项

（1）一般情况下，有机溶剂对身体具有一定的损害作用，在使用时应采取防护措施，如佩戴手套、口罩，在通风橱中进行操作，应避免身体部位与有机溶剂的直接接触。

（2）高浓度有机溶剂易引起蛋白质变性失活，操作必须在低温条件下进行，并在加入有机溶剂时注意搅拌均匀以避免局部浓度过大。

（3）蛋白质沉淀完成后，最好立即分离，并用水或缓冲液溶解，以降低有机溶剂浓度，防止蛋白质变性。

（4）操作时的 pH 大多数控制在待沉淀生物分子的等电点（pI）附近，有机溶剂在中性盐存在时能增加蛋白质等生物分子的溶解度，减少变性，提高分离的效果。

（5）沉淀的条件一经确定，就必须严格控制，才能得到可重复的结果。

三、其他沉淀法

（一）等电点沉淀法

等电点沉淀法是利用两性电解质分子在电中性（pH = pI）时溶解度最低而沉淀析出的分离方法。

等电点沉淀法操作简单，试剂消耗量少，引入的杂质少，是一种常用的分离纯化方法。但由于两性溶质在等电点及等电点附近仍有相当的溶解度（有时甚至比较大），因此等电点沉淀往往不完全，并且许多生物分子的等电点又比较接近，故等电点沉淀很少单独使用，往往常与盐析法、有机溶剂沉淀法等联合使用。

1. 基本原理

两性电解质如蛋白质或酶等生物分子在溶液 pH 处于等电点（pI）时，其分子表面净电荷为零，导致赖以稳定的双电层及水化膜削弱或破坏，分子间引力增加，溶解度降低。

2. 操作时的注意事项

（1）等电点的改变。若两性物质结合了较多的阳离子（如 Ca^{2+}、Mg^{2+}、Zn^{2+} 等），其等电点会升高；而结合较多的阴离子（如 Cl^-、SO_4^{2-}、HPO_4^{2-} 等）时，其等电点会降低。

（2）目的产物的稳定性。有些蛋白质或酶等生物分子在等电点附近不稳定。例如，α-糜蛋白酶（pI 为 8.1～8.6）、胰蛋白酶（pI 为 10.1），它们在中性或偏碱的环境中由于自身或其他蛋白水解酶的作用而发生部分降解失活，因此在实际操作中应避免溶液 pH 超过 5.0。

（3）等电点附近的盐溶作用。生物分子在等电点附近的盐溶作用相当明显，所以无论是单独使用或与有机溶剂沉淀法联合使用，都必须控制溶液的离子强度。

（4）pH 的调节。在进行等电点 pH 调节时，若采用盐酸、氢氧化钠等强酸或强碱，应注意由于溶液局部过酸或过碱引起蛋白质或酶变性失活。调节 pH 所用酸、碱应同原溶液中的盐或即将加入的盐相适应。如溶液中含硫酸铵时，调 pH 时可用硫酸或氨水，如原溶液中含的是氯化钠，调 pH 时可用盐酸或氢氧化钠。总之，应尽量以原溶液不增加新物质为原则。

（二）水溶性非离子型聚合物沉淀法

水溶性非离子型聚合物是 20 世纪 60 年代发展起来的一类沉淀剂，最早被用来沉淀分离血纤维蛋白原和免疫球蛋白及一些细菌与病毒，近年来被广泛应用于核酸和酶的分离纯化，这类非离子型聚合物包括不同分子量的聚乙二醇（PEG）、壬基酚聚氧乙烯醚（NPEO）、葡聚糖、聚乙烯吡咯烷酮等，其中应用最多的是 PEG。

PEG 的亲水性强，能溶于水和许多有机溶剂，对热稳定，分子量范围广。在生物大分子制备中，采用较多的是分子量为 6000～20 000 的 PEG。分子量超过 20 000 的 PEG，因为黏性较大，很少使用。

近年来，水溶性非离子型聚合物沉淀法在生物分离方面发展迅速，其主要优点在于：体系的温度只需控制在室温条件下；沉淀的颗粒往往比较大，同其他方法相比，产物比较容易收集；

PEG 不容易破坏蛋白质活性，对成品的影响小。但 PEG 沉淀分离蛋白质也有缺点：所得的沉淀中含有大量的 PEG。

1. 基本原理

关于 PEG 的沉淀机制，目前还不是很清楚，其可能的原因有：①认为沉淀作用是聚合物与生物大分子发生共沉淀作用。②由于聚合物有较强的亲水性，生物大分子脱水而发生沉淀。③聚合物与生物大分子之间以氢键相互作用形成复合物，在重力作用下形成沉淀。④通过空间位置排斥，使液体中的生物大分子被迫挤聚在一起而引起沉淀。

2. 操作方法

用水溶性非离子型聚合物分离生物大分子和微粒，一般有两种方法：①选用两种水溶性非离子型聚合物组成液-液两相体系，使生物大分子或微粒在两相体系中不等量分配，从而造成分离。此方法基于不同生物分子表面结构不同，有不同的分配系数，并外加离子强度、pH 和温度等影响，从而扩大分离效果。②选用一种水溶性非离子型聚合物，使生物大分子或微粒在同一液相中，由于被排斥而相互凝聚沉淀析出。该方法操作时先离心除去粗大悬浮颗粒，调整溶液 pH 和温度至适度，然后加入中性盐和聚合物至一定浓度，冷贮一段时间，即形成沉淀。所得的沉淀中含有大量的 PEG。除去的方法有吸附法、乙醇沉淀法及盐析法等。吸附法是将沉淀物溶于磷酸盐缓冲液，然后用 DEAE-纤维素离子交换剂吸附蛋白质，PEG 不被吸附而除去，蛋白质再用 0.1mol/L 氯化钾溶液洗脱，最后经透析脱盐制得成品。乙醇沉淀法是将沉淀物溶于磷酸盐缓冲液后，用 20% 的醇沉淀蛋白质，离心后可将 PEG 除去（留在上清液中）。盐析法是将沉淀物溶于磷酸盐缓冲液后，用 35% 的硫酸铵沉淀蛋白质，PEG 则留在上清液中。

3. 影响因素

PEG 的沉淀效果主要与其本身的浓度和分子量有关，同时还受离子强度、蛋白质分子量、溶液 pH 和温度等因素的影响。

用 PEG 沉淀蛋白质，首先，使用 PEG 的浓度与溶液中盐的浓度常呈反比关系，在固定的 pH 下，盐浓度越高，所需的 PEG 浓度越低。溶液 pH 越接近蛋白质的等电点，沉淀蛋白质所需的 PEG 浓度越低。其次，使用 PEG 的分子量大小也与沉淀效果有直接关系。在一定范围内，高分子量的 PEG 沉淀的效力较高。此外，如使用的 PEG 分子量和浓度相同，沉淀效果与被沉淀微粒的分子大小、形状有关，随着蛋白质分子量的提高，沉淀所需加入的 PEG 用量减少。一般来说，PEG 浓度常为 20%，浓度过高会使溶液黏度增大，加大沉淀物分离的困难。

（三）成盐沉淀法

生物大分子和小分子都可以生成盐类复合物沉淀，这种方法称为成盐沉淀法。此法一般可分为：①与生物分子的酸性基团相互作用形成沉淀的金属复合盐法（如铜盐、锌盐、钙盐、铅盐等）；②与生物分子的碱性基团相互作用形成沉淀的有机酸复合盐法（如苦味酸盐、苦酮酸盐、鞣酸盐等）；③无机复合盐法（如磷钼酸盐、磷钨酸盐等）。以上复合物盐类都具有很低的溶解度，极易沉淀析出。值得注意的是，成盐沉淀法所形成的复合盐沉淀常使蛋白质发生不可逆的沉淀，应用时必须谨慎。

1. 金属复合盐法

许多生物分子（如蛋白质等）在碱性溶液中带负电荷，能与金属离子形成复合盐沉淀。根据它们与生物分子作用的机制可分为三类：①包括 Zn^{2+}、Mn^{2+}、Fe^{2+}、Co^{2+}、Cu^{2+}、Cd^{2+}、Ni^{2+}，它们主要作用于羧酸、胺及杂环等含氮化合物。②包括 Ca^{2+}、Ba^{2+}、Mg^{2+}、Pb^{2+}，这些金属离子也能与羧酸作用，但对含氮物质的配基亲和力很低。③包括 Hg^{2+}、Ag^+、Pb^{2+}，这类金属离子对含有巯基的化合物具有特殊的亲和力。蛋白质或酶等生物分子中含有羧基、氨基、咪唑基和巯基等，均可以和上述金属离子作用形成盐复合物，但复合物的形式和种类则依各类金属离子和蛋白质或酶等生物分子的性质、溶液离子强度和配基的位置等而有所不同。

蛋白质-金属离子复合物的重要性质是其溶解度对溶液介电常数非常敏感，调整水溶液的介电常数（如加入有机溶剂），用 Zn^{2+}、Ba^{2+} 等金属离子即可沉淀多种蛋白质，所用金属离子浓度为 0.02mol/L 左右。金属复合盐法也适用于核酸或其他小分子（氨基酸、多肽及有机酸等）。但有时复合物的分解比较困难，并容易促使蛋白质或酶等生物分子发生变性，应注意选择适当的操作条件。

用金属复合盐法分离出沉淀物后，可通以 H_2S 使金属变成硫化物而除去，也可采用离子交换法或金属螯合剂 EDTA 等将金属离子除去。

金属复合盐法已有广泛的应用，除提取生化物质外，还能用于沉淀除去杂质。例如，锌盐用于沉淀制备胰岛素；锰盐选择性地沉淀以除去发酵液中的核酸，降低发酵液黏度，以利于后续纯化操作；锌盐除去红霉素发酵液中的杂蛋白以提高过滤速度。

2. 有机酸复合盐法

某些有机酸如苦味酸、苦酮酸、鞣酸和三氯乙酸等，能与生物分子的碱性功能团形成复合物而沉淀析出。但这些有机酸与蛋白质形成盐复合物沉淀时，常常发生不可逆的沉淀反应。因此，应用此法制备生化物质特别是蛋白质和酶时，需采用较温和的条件，有时还加入一定的稳定剂，以防止蛋白质变性。

鞣酸又称单宁，广泛存在于植物界中，为多元酚类化合物，分子上有羧基和多个羟基。由于蛋白质分子中有许多氨基、亚氨基和羧基等，因此可与单宁分子形成为数众多的氢键而结合在一起，从而生成巨大的复合颗粒而沉淀下来。

单宁沉淀蛋白质的能力与蛋白质种类、环境 pH 及单宁本身的来源（种类）和浓度有关。由于单宁与蛋白质的结合相对比较牢固，用一般方法不易将它们分开，故多采用竞争结合法，即选用比蛋白质更强的结合剂与单宁结合，使蛋白质游离释放出来。这类竞争性结合剂有乙烯氮戊环酮（PVP），它与单宁形成氢键的能力很强。此外，聚乙二醇、聚氧化乙烯及山梨糖醇甘油酸酯也可用来从单宁复合物中分离蛋白质。

三氯乙酸（TCA）沉淀蛋白质迅速而完全，一般会引起变性。但在低温下短时间作用可使有些较稳定的蛋白质或酶保持原有的活力。例如，用 2.5% 的 TCA 处理细胞色素 c 提取液，可以除去大量杂蛋白而对酶活性没有影响。此法多用于目的物比较稳定且分离杂蛋白相对困难的场合。

近年来应用的一种吖啶染料雷凡诺（2-乙氧基-6, 9-二氨基吖啶乳酸盐），虽然其沉淀机制比一般有机酸盐复杂，但其与蛋白质作用主要也是通过形成盐的复合物沉淀。此种染料据报道用来提纯血浆中 γ-球蛋白有较好的效果。实际应用时以 0.4% 的雷凡诺溶液加到血浆中，调 pH 至 7.6～7.8，除 γ-球蛋白外，可将血浆中其他蛋白质沉淀下来。然后将沉淀物溶解，再以 5% NaCl 将雷凡诺沉淀除去。溶液中的 γ-球蛋白可用 25% 乙醇或加等体积饱和硫酸铵沉淀回收。使用雷凡诺沉淀蛋白质，不影响蛋白质活性，并可通过调整 pH，分段沉淀一系列蛋白质组分。但蛋白质的等电点在 pH3.5 以下或 pH9.0 以上，不被雷凡诺沉淀。核酸大分子也可在较低 pH 时（pH 为 2.4 左右）被雷凡诺沉淀。

3. 无机复合盐法

某些无机酸如磷钨酸、磷钼酸等能与阳离子形式的蛋白质形成溶解度极低的复合盐，从而使蛋白质沉淀析出。用此法得到沉淀物后，可在沉淀物中加入无机酸并用乙醚萃取，把磷钨酸、磷钼酸等移入乙醚中除去；或用离子交换法除去。

（四）选择性变性沉淀法

这一特殊方法主要是破坏杂质，保存目的物。其原理是利用蛋白质、酶和核酸等生物大分子对某些物理或化学因素的敏感性不同，而有选择地使之变性沉淀，达到分离提纯的目的。此方法可分为以下三种。

1. 使用选择性变性剂

利用蛋白质或其他杂质对某些试剂敏感的特点，在溶液中加入这些试剂（如表面活性剂、有机溶剂、重金属盐等），使蛋白质或其他杂质发生变性，从而达到与目的产物分离的目的。例如，制备核酸时，加入含苯酚、氯仿、十二烷基磺酸钠等有选择地使蛋白质变性沉淀，从而与核酸分离。

2. 选择性热变性

利用蛋白质等生物大分子对热的稳定性不同，加热破坏某些组分，而保留另一些组分。例如，脱氧核糖核酸酶的热稳定性比核糖核酸酶差，加热处理可使混杂在核糖核酸酶中的脱氧核糖核酸酶变性沉淀。又如，用黑曲霉发酵制备脂肪酶时，常混杂有大量淀粉酶，当把混合粗酶液在 40℃水溶液中保温 2.5h（pH 3.4）时，90%以上的淀粉酶将受热变性而除去。热变性方法简单易行，在制备一些对热稳定的小分子物质过程中，除去一些大分子蛋白质和核酸特别有用。

3. 选择性酸、碱变性

利用酸、碱变性有选择地除去杂蛋白在生物分离中的例子也很多。例如，用 2.5%浓度的三氯乙酸处理胰蛋白酶、抑肽酶或细胞色素 c 粗提取液，均可除去大量杂蛋白，而对所提取的酶活性没有影响。有时还把酸、碱变性与热变性结合起来使用，效果更为显著。但应用前必须对目的物的热稳定性及酸、碱稳定性有足够的了解，切勿盲目使用。例如，胰蛋白酶在 pH 2.0 的酸性溶液中可耐极高的温度，而且热变性后所产生的沉淀是可逆的，冷却后沉淀溶解即可恢复活性。还有些酶与底物或竞争性抑制剂结合后，对 pH 或热的稳定性显著增加，则可以采用较为强烈的酸、碱变性和热变性除去杂蛋白。

四、结晶法

结晶是化工、生化等工业生产中常用的制备纯物质的有效方法。溶液中的溶质在一定条件下，由于分子有规则地排列而结合成晶体的过程称为结晶。晶体的化学成分均一，具有各种对称的结构，其特征为原子、离子或分子在空间晶格的结合点上有规则地排列。将晶体溶于溶剂或熔体以后，又重新从溶液或熔体中析出晶体的过程称为重结晶。重结晶可以使不纯净的物质获得进一步的纯化，或使混合在一起的盐类彼此分离。

当溶质从液相中析出时，在不同环境条件和控制条件下，可以得到不同形状的晶体，甚至无定形物质。晶体构成单元的排列需要一定的时间，所以在条件缓慢时有利于晶体的形成；相反，条件变化剧烈时，溶质分子来不及排列，则固体析出时形成无定形状态沉淀。沉淀和结晶在本质上是一致的，都是新相形成的过程。

由于只有同类分子或离子才能排列形成晶体，因此结晶过程具有良好的选择性。通过结晶或重结晶，溶液中大部分杂质留在母液中，而后利用过滤、洗涤等方法就可得到纯度较高的晶体。另外，结晶过程成本低，所需设备简单，操作方便。因此，结晶在氨基酸、有机酸、抗生素、维生素等产品的精制中得到广泛应用。但不是所有的生化物质都能从溶液中形成晶体，如核酸，由于其分子高度不对称，呈麻花形的螺旋结构，即使已达到很高的纯度，也只能获得絮状或雪花状的固体。

（一）结晶的基本过程

将一种溶质放入溶剂中，由于分子的热运动，必然发生两个过程：固体的溶解，即溶质分子扩散进入液体内部；溶质的沉积，即溶质分子从液体中扩散到固体表面进行沉积。如果溶液浓度未达到饱和，则固体的溶解速度大于沉积速度；如果溶液的浓度达到饱和，则固体的溶解速度等于沉积速度，溶液处于一种平衡的状态，尚不能析出晶体。当溶液浓度超过饱和浓度，达到一定的过饱和度时，上述平衡状态才会被打破，固体的溶解速度小于沉积速度，这时才有可能有晶体析出。因此，必须将待结晶的溶液由不饱和过渡到过饱和状态，才可能有晶体析出，过饱和度是结晶的推动力。最先析出的微小颗粒是以后结晶的中心，称为晶核。微小晶核与正常晶体相比具有较大的溶解度，在饱和溶液中会溶解，只有达到一定的过饱和度时晶核才能存在。晶核形成以后，并不是结晶的结束，还需要靠扩散继续成长为晶体。因此，结晶的过程包括过饱和溶液的形成、晶核的形成及晶体的生长三个过程。

1. 过饱和溶液的形成

结晶的前提条件是过饱和溶液的形成。工业生产上制备过饱和溶液共有以下 5 种方法。

1）饱和溶液冷却法　　饱和溶液冷却法是使饱和溶液冷却降温成为过饱和溶液进而析出晶体的方法。该法适用于溶解度随温度的降低而显著下降的体系。与此相反，对溶解度随温度的升高而显著下降的场合，则应采用加温结晶法。

2）部分溶剂蒸发法　　部分溶剂蒸发法是借蒸发除去部分溶剂，使溶液达到过饱和状态进行结晶的方法。该法主要适用于溶解度随温度的降低变化不大的体系或随温度的升高溶解度降低的体系。由于部分溶剂蒸发法结晶的能耗较高，并且加热面结垢问题使操作变得更加困难，故一般不采用。

3）真空蒸发冷却法　　真空蒸发冷却法是使溶剂在真空条件下通过迅速蒸发而绝热冷却达到过饱和状态的一种方法，实质上是以冷却及除去部分溶剂的两种效应达到过饱和度。该法具有设备简单、操作稳定、器内无换热面、不存在晶垢的优点，故被广泛应用于工业生产中。

4）化学反应结晶法　　化学反应结晶法是通过加入反应剂或调节 pH，使体系发生化学反应生成溶解度更低的物质，当其浓度超过其饱和溶解度时便析出晶体的一种方法。例如，在头孢菌素 C 的浓缩液中加入乙酸钾即析出头孢菌素 C 钾盐；在利福霉素 S 的乙酸丁酯萃取浓缩液中加入氢氧化钠，利福霉素 S 即转为其钠盐而析出。当将四环素、氨基酸等水溶液的 pH 调至等电点附近时就会析出结晶或沉淀。

5）解析法　　解析法是向溶液中加入某些物质，使溶质的溶解度降低，形成过饱和溶液而结晶析出。这些物质被称为拮抗剂或沉淀剂，它们可以是固体，也可以是液体或气体。解析法包括盐析结晶法、有机溶剂结晶法、水析结晶法等。

常用固体氯化钠作为抗溶剂使溶液中的溶质尽可能地结晶出来，这种结晶方法称为盐析结晶法。例如，普鲁卡因青霉素结晶时加入一定量的食盐，可以使晶体容易析出。还常采用向水溶液中加入一定量亲水性的有机溶剂如甲醇、乙醇、丙酮等，降低溶质的溶解度，使溶质结晶析出的方法，这种结晶方法称为有机溶剂结晶法。例如，利用卡那霉素易溶于水而不溶于乙醇的性质，在卡那霉素脱色液中加入 95%的乙醇至微浑，加晶种并保温，即可得到卡那霉素的粗晶体。一些易溶于有机溶剂的物质，向其溶液中加入适量水即可析出晶体，这种方法称为水析结晶法。另外，还可将氨气直接通入无机盐水溶液中降低其溶解度使无机盐结晶析出。

解析法的优点是：可与冷却法结合，提高溶质从母液中的析出率；结晶过程可将温度保持在较低的水平，有利于热敏性物质的结晶。但解析法的最大缺点是常需处理母液，分离溶剂和抗溶剂等的回收设备。

工业生产上，除了单独使用上述各法外，还常将几种方法合并使用。例如，制霉菌素结晶就是合并用饱和溶液冷却法和部分溶剂蒸发法两种方法。先将制霉菌素的乙醇提取液真空浓缩 10 倍，再冷至 5℃放置 2h 即可得到制霉菌素结晶。维生素的结晶是合并用饱和溶液冷却法和解析法两种方法，在维生素 B_{12} 的结晶原液中，加入 5～8 倍用量的丙酮，使结晶原液呈混浊为止，在冷库中放置 3 天，就可得到紫红色的维生素 B_{12} 晶体。

2. 晶核的形成

晶核是在过饱和溶液中最先析出的微小颗粒，是以后结晶的中心。单位时间内在单位体积溶液中生成的新晶核数目称为成核速度。成核速度是决定结晶产品粒度分布的首要动力学因素。工业结晶过程中要求有一定的成核速度，但成核速度过大易导致晶体细小，影响晶体质量。影响成核速度的因素主要有溶液的过饱和度、温度、溶质的种类等。

在一定的温度下，当过饱和度超过某一值时，成核速度则随过饱和度的增加而加快（图 3-11 中的实线所示）。但实际上成核速度并不按理论曲线进行，因为过饱和度太高时，溶液的黏度就会显著增大，分子运动减慢，成核速度反而减少（图 3-11 中虚线所示）。由此可见，要加快成核速度，需要适当增加过饱和度，但过饱和度过高时，溶液黏度增加对成核速度并不利。实际生产中常从晶体生长速度及所需晶体大小两方面来选择适当的过饱和度。

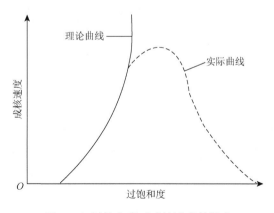

图 3-11　过饱和度对成核速度的影响

在过饱和度不变的情况下，温度升高，成核速度也会加快，但温度又对过饱和度有影响，一般当温度升高时，过饱和度降低。所以温度对成核速度的影响由温度与过饱和度相互消长速度来决定。根据经验，一般成核速度开始随温度的升高而上升，当达到最大值后，温度再升高，成核速度反而降低，见图 3-12。

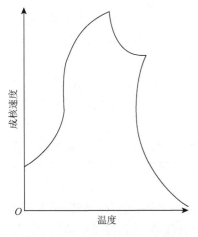

图 3-12　温度对成核速度的影响

成核速度与溶质种类也有关。对于无机盐类，有下列经验规则：阳离子或阴离子的化合价越高，就越不易成核；而在相同化合价下，含结晶水越多，就越不易成核。对于有机物质，一般结构越复杂、越大，成核速度就越慢。

只有溶质分子自身定向聚集形成的晶核称为"同相结晶化"，这在低度过饱和的溶液中难以发生，故常常需要较高过饱和度或放置较长时间处理才能产生晶核。在工业生产及实验常规结晶时，通常待溶液到稍过饱和状态后，加入同种晶核，或某些异种固体颗粒，促使诱导晶核的形成，这称为"异相结晶化"。此法可以大大缩短结晶时间，而且所得晶体较大且均匀整齐。

当溶液达到过饱和度时，一般真正自动成核的机会很少，都得靠外力如机械振动、摩擦器壁、搅拌、添加晶种促使晶核形成。添加晶种诱导晶核形成的常用方法有以下两种。

（1）如有现成晶体，可取少量现成晶体研碎后，加入少量溶剂，稀释至一定浓度（稍稍过饱和），使悬浮液中有很多小的晶核，然后倒进待结晶的溶液中，用玻璃棒轻轻搅拌，放置一段时间后即有结晶析出。

（2）如果没有现成晶体，可取 1～2 滴待结晶溶液置于表面皿上，缓慢蒸发除去溶剂，可获得少量晶体。或取少量待结晶溶液置于一试管中，旋转试管使溶剂蒸发至一定程度后，冷却试管，管壁上即可形成一层结晶。用玻璃棒刮下玻璃皿或试管壁上所得晶体，蘸取少量接种到待结晶的溶液中，用玻璃棒轻轻搅拌，放置一段时间后即有结晶析出。

此外，有些蛋白质和酶结晶时，常要求加入某种金属离子才能形成晶核。例如，锌胰岛素和镉铁蛋白的结晶，它们结合的金属离子便是形成晶核时必不可少的成分。

有时用玻璃棒摩擦器壁也能促进晶体析出，刮擦产生的玻璃微粒可作为异种晶核。另外，玻璃棒沾有溶液后暴露于空气的部分，很易蒸发形成一层薄薄的结晶，再浸入溶液中便成为同种晶核。同时用玻璃棒边刮擦边缓慢地搅动也可以帮助溶质分子在晶核上定向排列，促进晶体的生长。

3. 晶体的生长

在过饱和溶液中已有晶核形成或加入晶种后，以过饱和度为推动力，晶核或晶种将长大，称为晶体的生长。

晶体的生长速度也是影响产品粒度大小的一个重要因素。如果成核速度大大超过晶体生长速度，得到的晶体细小，甚至呈无定形。反之，成核速度小于晶体生长速度，则得到粗大而均匀的晶体。实际生产中，一般希望得到粗大的晶体，因为这样的晶体便于后续的过滤、洗涤、干燥等操作，且产品质量也较高。

影响晶体生长速度的因素有杂质、搅拌、温度、过饱和度等。

杂质的存在对晶体生长有很大的影响，有的杂质能完全制止晶体的生长；有的则能促进生长；还有的能对同一种晶体的不同晶面产生选择性的影响，从而改变晶体外形。有的杂质能在极低的浓度下产生影响，有的却需要在相当高的浓度下才能起作用。

杂质影响晶体生长速度的途径也各不相同。有的是通过改变晶体与溶液之间的界面上液层的特性而影响溶质长入晶面，有的是通过杂质本身在晶面上的吸附，发生阻挡作用；如果杂质和晶体的晶格有相似之处，杂质能长入晶体内而产生影响。

搅拌能促进扩散，加速晶体生长，但同时也能加速晶核形成，一般应以试验为基础，确定适宜的搅拌速度，获得需要的晶体，防止晶簇形成。

温度升高有利于扩散，因而使结晶速度增快。

过饱和度增高一般会使结晶速度增大，但同时会引起黏度增加，结晶速度受阻。

（二）影响晶体析出的因素

1. 温度

一般而言，温度升高时，溶质的溶解度就升高；温度降低时，溶质的溶解度也随之减少，但也有例外。生化活性物质一般在低温下结晶，因为低温有利于溶质的饱和，不容易使物质变性失活，还可以避免细菌繁殖。但冷却的温度太低，则溶液黏度增加，这会干扰分子定向排列，不利于结晶的形成。通过降温促使结晶时，如果降温快，则结晶颗粒细小；降温慢，则结晶颗粒大。

2. 时间

结晶的形成和生长需要一定的时间，这个过程需要静置，若在适合的条件下，小分子物质在很短的时间内就可析出结晶。但对于蛋白质或酶等生物大分子，由于其分子量大、立体结构复杂，其结晶的过程要比小分子物质困难得多。

当结晶速度一定时，单位时间内总结晶量与结晶总表面积成正比。一定质量的结晶所含晶体数目越多，总表面积越大，单位时间内总的结晶量也就越大，但颗粒较小，且常含有杂质。欲得到纯净、整齐的大结晶体，其结晶时间就必然相对长些。

3. 浓度

结晶是溶质分子在溶液中处于过饱和状态时分子按规则排列后析出的过程，所以目的物的浓度是结晶的首要条件。一般情况下，结晶液具有较高的浓度，有利于溶液中溶质分子间的相互碰撞聚合，以得到较高的结晶收率。但浓度过高时，相应杂质浓度及溶液黏度也会增大，这不利于结晶析出，或生成纯度较差的粉末结晶，甚至形成无定形沉淀。因此，多大浓度合适，应根据工艺和具体情况确定或调整，才能得到较好、较多的晶品。通常认为，对于生物大分子而言，3%～5%的浓度是比较适宜的，而小分子物质如氨基酸则需要更高的浓度。

4. 纯度

各种物质在溶液中均需达到一定的纯度才能析出结晶，杂质分子的存在将影响结晶物质分子的规则排列。一般来说，纯度越高越易结晶，结晶母液中目的物的纯度一般不应低于50%。

5. pH

pH的变化可以改变溶质分子的带电荷性质。一般情况下，结晶溶液所选用的pH与沉淀大致相同。蛋白质或酶等生物大分子结晶的pH多选在其等电点附近。如果结晶时间较长并要得到较大结晶时，pH可选择距离等电点远一些，但必须保证这些分子的生物活性不受到伤害。由于不同蛋白质或酶等生物大分子结晶时所要求的pH范围不一样，因此，在结晶沉淀时应视具体情况而定。

6. 晶种

对于不易结晶的物质常常需要在结晶母液中加入晶种，以加速结晶，提高晶体的质量。有时用玻璃棒摩擦器壁也能促进晶体析出。

7. 搅拌

搅拌主要是使晶体与母液均匀地接触，搅拌的快慢对晶体大小和均匀度有一定的影响。搅拌太快会损坏晶体并影响晶体的生长；搅拌的速度太慢，不能保持整个结晶器皿中低过饱和度的恒定，甚至使大部分晶体颗粒都沉积在容器底部，晶体生长不均匀。一般工业生产中所设计的搅拌结晶装置，其搅拌转速多为 5～15r/min。

8. 溶剂

溶剂对于晶体能否形成和晶体质量的影响十分显著，故找出合适的溶剂是结晶实验首先考虑的问题，一个物质的结晶究竟选用什么溶剂合适？需要对此物质某些性质如溶解度、稳定性及温度系数等进行预实验才能确定。对于大多数生化小分子来说，较多使用水、乙醇、甲醇、丙酮、氯仿、乙酸乙酯、异丙醇、丁醇、乙醚、N-甲基甲酰胺等溶剂。尤其是乙醇，既具亲水性，又具亲脂性，而且价格便宜、安全无毒，所以应用较广。对于蛋白质、酶和核酸等大分子使用较多的是硫酸铵溶液、氯化钠溶液、磷酸盐缓冲液、Tris 缓冲液和丙酮、乙醇等。有时某单一溶剂不能促使样品进行结晶，则需要考虑使用混合溶剂（但这两种溶剂应能相互混合）。操作时先将样品用溶解度较大的溶剂溶解，再缓慢地分次少量加入对样品溶解度小的溶剂，直至产生混浊为止，然后放置或冷却即可获得结晶。也可选用在低沸点溶剂中易溶解，在高沸点溶剂中难溶解的高低沸点两种混合溶剂。当结晶液放置一段时间后，低沸点溶剂慢慢蒸发掉而使结晶形成。许多生物小分子结晶使用的混合溶剂有水-乙醇、醇-醚、水-丙酮、石油醚-丙酮等。

选择结晶溶剂常注意如下几个条件：①所用溶剂不能和结晶物质发生任何化学反应。②选用的溶剂应对结晶物质有较高的温度系数，以便利用温度的变化达到结晶的目的。③选用的溶剂应对杂质有较大的溶解度，或在不同的温度下结晶物质与杂质在溶剂中应有溶解度的差别。④所有溶剂如为易挥发的有机溶剂时，应考虑操作方便、安全。工业生产上还应考虑成本高低，是否容易回收等。

（三）提高晶体质量的方法

晶体的质量主要是指晶体的大小、形状与纯度三个方面。工业上一般希望得到粗大而均匀的晶体。粗大而均匀的晶体较细小不规则的晶体便于过滤与洗涤，在贮存过程中不易结块。但是某些药品有其特殊要求。非水溶性抗生素一般为了使人体容易吸收，粒度要求较细。例如，普鲁卡因青霉素是一种混悬剂，细度规定为 5μm 以下占 65%以上，最大颗粒不得超过 50μm，超过此规定，不仅不利于吸收，而且注射时易阻塞针头，或注射后产生局部红肿疼痛，甚至发热等症状。但晶体过分细小，有时粒子会带静电，由于其相互排斥，四处跳散，并且会使比容过大，给成品的分装带来不便。

为此，可以从以下几个方面来提高晶体的质量。

1. 晶体大小

前面已分别讨论了影响晶核形成及晶体生长的因素，但实际上成核及其生长是同时进行的，因此，必须同时考虑这些因素对两者的影响。过饱和度增加能使成核速度和晶体生长速度增快，但成核速度增加更快，因而得到细小的晶体。过饱和度很高时影响更为显著。例如，生产上常用的青霉素钾盐结晶方法，形成的青霉素钾盐难溶于乙酸丁酯而造成过饱和度过高，因而形成较小的晶体。采用共沸蒸馏结晶法时，在结晶过程中始终维持较低的过饱和度，因而得到较大的晶体。

当溶液快速冷却时，能达到较高的饱和度而得到较细小的晶体，反之缓慢冷却常得到较大的晶体。例如，土霉素的水溶液以氨水调 pH 至 5，温度从 20℃降低到 5℃，使土霉素碱结晶析出，温度降低速度越快，得到的晶体比表面积就越大，即晶体越细。

当溶液的温度升高时，使成核速度和晶体生长速度皆加快，但对后者影响显著，因此低温得到较细的晶体。例如，普鲁卡因青霉素结晶时所需用的晶种，其粒度要求在 2μm 左右，所以制备这种晶种时温度要保持在−10℃左右。

搅拌能促进成核加快扩散，提高晶体长大的速度。但当搅拌强度到达一定程度后，再加快搅拌速度的效果就不显著，相反，晶体还会被打碎。经验表明，搅拌越快，晶体越细。例如，普鲁卡因青霉素微粒结晶的搅拌转速为 1000r/min，制备晶种时，则采用 3000r/min 的转速。

2. 晶体形状

同种物质用不同的方法结晶时，虽然它们属于同一种晶系，但得到的晶体形状可以完全不一样。外形的变化是由在一个方向生长受阻，或在另一方向生长加速所致的。快速冷却常导致针状结晶。其他影响晶型的因素有过饱和度、搅拌、温度、pH 等。从不同溶剂中结晶常得到不同的外形。例如，普鲁卡因青霉素在水溶液中结晶得到方形晶体，而从乙酸丁酯中结晶则得到长棒状晶体。

杂质的存在也会影响晶型，杂质可吸附在晶体的某些表面上而使其生长速度受阻。例如，普鲁卡因青霉素结晶中，作为消沫剂的丁醇的存在也会影响晶型，乙酸丁酯的存在会使晶体变得细长。

3. 晶体纯度

从溶液中结晶析出的晶体并不是十分纯粹的。晶体常会包含母液、尘埃和气泡等，所以结晶器需要非常清洁，结晶液也应仔细过滤以防止夹带灰尘、铁锈等。要防止夹带气泡，可不用强烈搅拌和避免激烈翻腾。

晶体表面有一定的物理吸附能力，因此表面上有很多母液和杂质。晶体越细小，表面积越大，吸附的杂质也就越多。表面吸附的杂质可通过晶体的洗涤除去。对于非水溶性晶体，常可用水洗涤，如红霉素、制霉菌素等。有时用溶液洗涤能除去表面吸附的色素，对提高成品质量起很大作用。例如，灰黄霉素晶体本来带黄色，用丁醇洗涤后就显白色。又如，青霉素钾盐的发黄变质主要是成品中含有青霉烯酸和噻唑酸，而这些杂质都很容易溶于醇中，故用丁醇洗涤时可除去。用一种或多种溶剂洗涤后，为便于干燥最后常用易挥发的溶剂如乙醇、乙醚、乙酯等洗涤。为加强洗涤效果，最好是将溶液加到晶体中，搅拌后再过滤。边洗涤边过滤的效果较差，因为易形成沟流使有些晶体不能洗到。

当结晶速度过大时（如过饱和度较高，冷却速度很快时），常易形成晶簇，而包含母液等杂质，或晶体对溶液有特殊的亲和力，晶格中常会包含溶剂，对于这种杂质，用洗涤的方法不能除去，只能通过重结晶来除去。例如，红霉素从有机溶剂中结晶时，每分子碱可含 1～3 分子丙酮，只有在水中结晶才能除去。

4. 晶体结块

晶体的结块给使用带来很多不便。影响晶体结块的因素有大气湿度、温度、压力及贮存时间等。晶体结块的主要原因是母液没有洗净，另外吸湿性强的晶体也易结块。当空气中湿度较大时，会使结块严重。温度高易增大化学反应速度，使结块速度加快。晶体受压，一方面使晶粒紧密接触增加接触面，另一方面对其溶解度有影响，因此增加压力更易导致结块。贮存时间越长，结块现象越严重。均匀整齐的颗粒晶体结块倾向较小，即使发生结块，由于晶块结构疏松，单位体积的接触点少，结块易弄碎。粒度不均匀的晶体，由于大晶粒之间的空隙填充着较小晶粒，单位体积中接触点增多，结块倾向较大，而且不容易弄碎。晶粒均匀整齐，但为长柱形，能挤在一起而结块。

为避免结块，在结晶过程中应控制晶体粒度，保持较窄的粒度分布及良好的晶体外形，还应贮存在干燥、密闭的容器中。

5. 重结晶

重结晶是利用杂质和结晶物质在不同溶剂和不同温度下的溶解度不同，将晶体用合适的溶剂再次结晶，以获得高纯度的晶体的操作。重结晶利于消除晶簇中的有机溶剂，能使晶体纯度提高。重结晶的关键是选择合适的溶剂。如溶质在某种溶剂中加热时能溶解，冷却时能析出较多的晶体，则这种溶剂可以认为适用于重结晶。如果溶质易溶于某一溶剂而难溶于另一溶剂，且该两溶剂能互溶，则可以用两者的混合溶剂进行试验。其方法为将溶质溶于溶解度较大的一种溶剂中，然后将第二种溶剂加热后小心加入，一直到稍显混浊，结晶刚开始为止，接着冷却，放置一段时间使结晶完全。

（四）结晶的操作方法

结晶的操作方法在原理上常可分为两大类：第一类是除去部分溶剂，如蒸发浓缩使溶液产生过饱和状态而析出结晶。第二类是不除去溶剂，而用直接加入沉淀剂及降低温度等方法，使溶液达到饱和状态而析出结晶。实际上常是两者结合使用较多。

1. 盐析结晶法

盐析结晶法是通过向结晶溶液中引入中性盐，逐渐降低溶质的溶解度使其达到过饱和，经过一定时间后晶体形成并长大。这是生化制药中最常用的结晶方法，主要用于大分子如蛋白质、酶、多肽等物质的结晶。因为这些大分子不耐热，对 pH 变化及许多有机溶剂的使用均十分敏感，而使用中性盐作为沉淀剂，降低这些物质的溶解度而产生结晶，不仅安全，而且操作简便。

2. 透析结晶法

透析结晶法主要适用于对结晶条件要求比较苛刻的蛋白质或酶等生物分子。另外也适用于使盐浓度缓慢降低的场合。

3. 有机溶剂结晶法

有机溶剂结晶法是向待结晶溶液中加入某种有机溶剂，降低溶质的溶解度进行结晶。此法较常用于一些小分子物质的结晶。某些蛋白质也可以在稀有机溶剂中进行结晶，但常保持比较低的温度以防止蛋白质变性。

4. 等电点结晶法

等电点结晶法多用于一些两性物质。通过调整溶液的 pH 到达溶质的 pI 附近，降低其溶解度，使其结晶析出。

5. 温度诱导法

大多生物分子的溶解度都受温度的影响，故可先将其制备成溶液，然后通过升高或降低温度，使溶液达到过饱和状态，即可慢慢析出晶体。

6. 微量扩散法

具体做法是将少量结晶样品溶液与相应的沉淀剂一起置于密封的空间环境中，通过气相扩散使样品中溶质达到过饱和，缓慢长成晶体。该法的优点是：①样品的需要量甚微，只要 $10\mu L$ 即可进行操作；②在气相扩散的条件下，结晶的形成与发展十分缓慢且具有连续性，对生成颗粒大的单晶比较有利；③用样少，条件易控，可对该溶质的结晶条件进行广泛的探索与筛选。

实践活动

任务1　牛奶中酪蛋白的制备

实训背景

酪蛋白又称干酪素、乳酪素、奶酪素、酪素、酪朊、酪胶等，是牛、羊等哺乳动物和人乳汁中的主要蛋白质。纯净酪蛋白为非结晶、非吸潮性物质，常温下在水中可溶解 0.8%～1.2%，溶于稀碱和浓酸中，微溶于 25℃的水和有机溶剂，浸入水中能吸收水分迅速膨胀，但分子不结合，等电点为 4.7。

酪蛋白中含有人体必需的 8 种氨基酸，能够为生物体生长发育提供必需的氨基酸，除了营养功能外，酪蛋白可用作食品添加剂、酪素胶、化妆品，也用于皮革化工、油漆、塑料等行业，还可用于医药和生化试剂中。

本实训以牛乳作为材料，利用酪蛋白的性质，采用沉淀法分离酪蛋白，然后用水和有机溶剂洗涤共沉的杂蛋白、乳糖和脂类物质等杂质，得到较纯的酪蛋白产品。

实训目的

1. 理解盐析法和等电点沉淀法的原理。
2. 掌握盐析法和等电点沉淀法的操作技术。

实训原理

牛乳中含有半乳糖、蛋白质、脂肪等成分，其中蛋白质主要是酪蛋白，含量为 35g/L，酪蛋白的等电点为 4.7。利用酪蛋白的性质，将牛乳的 pH 调至 4.7，或是在加热至 40℃的牛奶中加硫酸钠，将酪蛋白沉淀出来，酪蛋白不溶于水和有机溶剂，用蒸馏水和有机溶剂洗涤沉淀中的杂蛋白和脂类等其他物质，便可得到较为纯净的酪蛋白。

实训器材

1. 实训材料：牛奶（脱脂或低脂）。
2. 实训试剂：无水硫酸钠；95%乙醇；无水乙醚；0.2mol/L pH4.7 乙酸-乙酸钠缓冲液：先配 A 液（0.2mol/L 乙酸钠溶液，称取 NaAc·3H$_2$O 54.44g，定容至 2000mL）与 B 液（0.2mol/L 乙酸溶液，称取纯乙酸（优级，含量大于 99.8%）12.0g 定容至 1000mL），然后取 A 液 1770mL，B 液 1230mL 混合即得 pH 4.7 的乙酸-乙酸钠缓冲液 3000mL；乙醇-乙醚混合液（V/V = 1∶1）；等等。
3. 实训设备：烧杯（250mL）、玻璃棒、量筒（100mL）、表面皿、水浴锅、布氏漏斗、抽滤瓶、滤纸、循环水式真空泵、离心机、恒温干燥箱、电子天平等。

实训步骤

（一）盐析法制备酪蛋白

1. 盐析法沉淀酪蛋白

将 100mL 牛奶倒入 250mL 烧杯中，于 40℃水浴锅中隔水加热并搅拌 5min，向烧杯中缓慢加入（约 10min 内分次加入）20g 无水硫酸钠，之后再继续搅拌 5min。将上述悬浮液离心 15min（5000r/min）（操作使用方法见视频 3-1）或减压过滤分离，将清液弃去，剩下的沉淀即酪蛋白粗制品。

2. 沉淀的洗涤及脱脂

得到的沉淀用少量 25℃温水进行洗涤，用玻璃棒对沉淀物进行充分搅拌捣碎，使其不含任何团块，然后离心 10min（5000r/min）或减压过滤（操作使用方法见视频 3-2）分离，共洗涤三次，弃去清液。

在沉淀中加入 30mL 95%乙醇，搅拌片刻，将全部悬浊液转移至布氏漏斗中抽滤。用乙醇-乙醚混合液（1∶1）洗涤沉淀两次（每次约 20mL）。最后用乙醚洗沉淀两次（每次约 10mL），抽滤至干。

3. 沉淀的干燥及称量

将沉淀从布氏漏斗中移出，在表面皿上摊开以除去溶剂，低温干燥后得到较纯净的酪蛋白。准确称重，计算每 100mL 牛乳中酪蛋白的产量。

（二）等电点沉淀法制备酪蛋白

1. 酪蛋白沉淀

取 100mL 新鲜牛奶放入小烧杯中，然后放置在水浴锅加热至 40℃，在搅拌下慢慢加入预热至 40℃、pH 4.7 的乙酸-乙酸钠缓冲液 100mL，用精密 pH 试纸或 pH 计调节 pH 至 4.7，静置 10min。将上述悬浮液离心 15min（5000r/min），将上清液弃去，剩下的沉淀即酪蛋白粗制品。

2. 水洗沉淀

得到的沉淀用少量 25℃温水进行洗涤，用玻璃棒对沉淀物进行充分搅拌捣碎，使其不含任何团块，然后离心 10min（5000r/min），共洗涤和离心三次。弃去上清液，以尽量除去乳清蛋白和乳糖等。

3. 脱脂处理

在沉淀中加入 30mL 95%乙醇，搅拌片刻，将全部悬浊液转移至布氏漏斗中抽滤。用乙醇-乙醚混合液（1∶1）洗涤沉淀两次（每次约 20mL）。最后用乙醚洗沉淀两次（每次约 10mL），抽滤至干。

4. 烘干称重

将脱脂后的酪蛋白摊开在表面皿上，然后在恒温干燥箱（50℃）中烘干，即可获得纯净度较高的酪蛋白。称重并计算牛奶中酪蛋白的产量。

注意事项

1. 应用等电点沉淀法来制备酪蛋白，调节牛奶液的等电点一定要准确。最好用精密 pH 计测定。

2. 用乙醇和乙醚清洗酪蛋白沉淀时，应将酪蛋白捣碎，并在溶剂中搅拌、浸泡，充分洗净脂肪。纯净的酪蛋白应为白色，若发黄显明脂肪未洗干净。

3. 乙醚是具有挥发性、有毒的有机溶剂，最好在通风橱内操作。

4. 目前市售的牛奶是经加工的奶制品，计算得率时应按产品的相应指标计算。

结果讨论

1. 准确称重，并计算酪蛋白产量和得率。

$$酪蛋白产量（g/100mL）＝酪蛋白质量/100mL 牛奶$$

$$得率＝\frac{测得含量}{理论含量}×100\%$$

式中，理论含量为 3.5g/100mL 牛乳。

2. 用乙醇、乙醇-乙醚混合液和乙醚洗涤蛋白质的顺序是否可以变换？为什么？

3. 讨论影响得率的因素。

任务2　蛋清中溶菌酶的提取与结晶

实训背景

溶菌酶（lysozyme）是由 Alexander Fleming 在 1922 年发现的一种有效的抗菌剂，因能选择性地溶解微生物细胞壁而得名。其全称为 1,4-β-N-溶菌酶，又称胞壁质酶、N-乙酰胞壁质聚糖水解酶、球蛋白 G。它能水解细菌细胞壁 N-乙酰胞壁酸和 N-乙酰氨基葡萄糖之间的 β-1,4-糖苷键，破坏肽聚糖支架，引起细菌裂解。人和动物细胞无细胞壁结构也无肽聚糖，故溶菌酶对人体细胞无毒性作用。在实际应用中，由于它具有溶解细菌细胞壁的能力，起到抗菌消炎、消肿、镇痛、加快组织修复的作用，被广泛应用于医疗行业；由于溶菌酶本身是一种无毒、无害、安全性很高的蛋白质，作为天然防腐剂的溶菌酶在食品工业中有广阔的应用价值；此外，其还被用于饲料工业、提取微生物细胞内各类物质和制备原生质体及融合育种等科学研究领域。

溶菌酶是一种碱性球蛋白，为由 129 个氨基酸残基排列构成的单一肽链，有 4 对二硫键，分子量为 14 300～14 700，是一扁长椭球体，结晶形状随结晶条件而异，有菱形八面体、正方形六面体及棒状结晶等。溶菌酶的最适 pH 为 6.6，等电点为 10.7～11.0。在酸性条件下稳定存在，在 pH 3.0 时加热到 96℃，持续 15min 活力仍保存 87%，其最适 pH 为 5～9。它是一种化学性质稳定的酶，在干燥条件下可长期在室温下存放。

溶菌酶广泛存在于鸟类和家禽的蛋清里，其中以蛋清中含量最为丰富（约含 0.3%），蛋壳膜上也有存在。所以，鸡蛋清是提取溶菌酶最好的原料，用蛋壳膜也可以提取，但产量较低。用鸡蛋清或蛋壳膜提取溶菌酶的方法较多，主要有食盐直接结晶法、亲和层析法、聚丙烯酸沉淀法、离子交换树脂提取法和超滤法等几种。

本实训以鸡蛋清为原料，主要依据溶菌酶为碱性蛋白（pI＝10.7～11.0）的性质，采用结晶的方法分离溶菌酶，干燥得到溶菌酶产品。

实训目的

1. 熟悉结晶的过程和常用的操作方法。

2. 理解晶体析出的影响因素。

3. 掌握盐析法结晶的操作技术。

实训原理

溶菌酶是一种较为稳定的蛋白质，具有较强的耐热、耐酸特性，在盐溶液中也具有较好的稳定性。通过向蛋清溶液中加入氯化钠作为沉淀剂，调节 pH 至溶菌酶的等电点 10.8，让溶液达到过饱和，溶菌酶就会以结晶形式慢慢析出，而大多数蛋白质仍然存留在溶液中，从而将溶菌酶从蛋清中分离出来。采用直接结晶法分离出来的溶菌酶纯度较低，可采用重结晶的方法对分离出的溶菌酶粗品进行提纯。

实训器材

1. 实训材料：新鲜鸡蛋。

2. 实训试剂：氯化钠、氢氧化钠、乙酸、溶菌酶、丙酮等。

3. 实训设备：细纱布、烧杯（500mL）、玻璃棒、表面皿、布氏漏斗、抽滤瓶、循环水式真空泵、真空干燥箱、电子天平、胶头滴管、滤纸等。

实训步骤

1. 蛋清预处理

取新鲜鸡蛋 5 枚，收集蛋清，按其体积的两倍量加入蒸馏水，轻轻搅拌 5min，使蛋清与水混匀，最后用三层细纱布过滤，除去蛋清溶液中的脐带块及碎蛋壳等杂质。

2. 溶菌酶粗提

按每 100mL 蛋清溶液加入 5g 氯化钠的比例，向预处理好的蛋清溶液中慢慢加入氯化钠细粉，边加边搅拌，使氯化钠细粉充分溶解，避免局部盐浓度过高而引起蛋白质沉淀。

用 1mol/L 氢氧化钠溶液将上述蛋清溶液的 pH 调节到 10.8。在 4℃低温条件下静置，溶菌酶晶体将慢慢析出，为加速溶菌酶的结晶过程，可加入适量的溶菌酶结晶体作为晶种，约 4 天后收集晶体。待结晶完后，倾去上清液并用布氏漏斗滤出结晶，即得粗制的溶菌酶晶体。

3. 溶菌酶精制

将上述制得的粗结晶用 pH 4.6 乙酸溶液（用氢氧化钠溶液调节乙酸的 pH）溶解，让溶液静置 2h，过滤除去不溶物，收集滤液，按每 100mL 滤液加入 5g 氯化钠的比例加入（加入方法同步骤 2），然后用 1mol/L 氢氧化钠溶液将其 pH 调节至 10.8 后，在 4℃低温条件下静置结晶，为加速结晶过程可向酶液中加入溶菌酶晶种。待结晶完全，倾去上清液并用布氏漏斗过滤，可得精制的溶菌酶晶体，如纯度不高，可重复精制溶菌酶提纯过程，直至达到所需要的纯度为止。

4. 晶体收集及干燥

采用布氏漏斗过滤，滤饼用丙酮洗涤，抽干后，摊开在表面皿上挥发去丙酮，在真空干燥箱中 30~40℃条件下干燥，即得溶菌酶。

注意事项

1. 蛋清预处理过程中，搅拌不宜过快，搅拌的玻璃棒应光滑，搅拌过程中不能起泡，以防蛋白质变性而影响溶菌酶产品的得率及质量。

2. 加入氯化钠过程中要及时搅拌，避免出现不溶解现象。

3. 在滴加氢氧化钠溶液的过程中应注意缓慢逐滴滴加并不断搅拌，避免局部过碱而导致蛋白质变性，从而影响溶菌酶的产出和质量。

4. 操作过程中的温度和 pH 对分离的影响较大，提取过程中最好在低温下进行（10℃以下），防止酶变性失活。pH 最好用精密 pH 计测定，并进行调节。

5. 加入溶菌酶晶种的具体操作是将溶菌酶晶体均匀地悬浮于少量的 pH 为 10.8、浓度为 5%的氯化钠溶液中，再取几滴此悬浮液加入到调好 pH 和氯化钠浓度的蛋清液内，再置低温处结晶。

结果讨论

1. 干燥后准确称重，计算溶菌酶得率。
2. 讨论影响溶菌酶得率的因素。

课后思考

一、名词解释

盐析法　　有机溶剂沉淀法　　等电点沉淀法　　结晶法

二、单项选择题

1. 盐析法沉淀蛋白质的原理是（　　）。
   A. 降低蛋白质溶液的介电常数　　　　B. 中和电荷，破坏水膜
   C. 与蛋白质结合成不溶性蛋白质　　　D. 调节蛋白质溶液 pH 到等电点
2. 当向蛋白质纯溶液中加入中性盐时，蛋白质溶解度（　　）。
   A. 增大　　　　B. 减小　　　　C. 先增大，后减小　　D. 先减小，后增大
3. 盐析法中应用最广泛的盐类是（　　）。
   A. 硫酸铵　　　　B. 硫酸钠　　　　C. 氯化钠　　　　D. 磷酸钠
4. 关于蛋白质盐析的说法，不正确的是（　　）。
   A. 不同蛋白质，盐析沉淀所需的盐饱和度不同
   B. 同一蛋白质浓度不同，沉淀所需的盐的饱和度不同
   C. 温度升高，盐析作用强，故盐析最好在高温下操作
   D. 采用固体盐法调整饱和度时，要注意防止局部浓度过高
5. 盐析法与有机溶剂沉淀法比较，其优点是（　　）。
   A. 分辨率高　　　B. 变性作用小　　C. 杂质易除　　　D. 沉淀易分离
6. 下列溶剂中能用于有机溶剂沉淀法的是（　　）。
   A. 乙酸乙酯　　　B. 正丁醇　　　　C. 苯　　　　　　D. 丙酮
7. 亲水性有机溶剂能够沉淀蛋白质的主要原因是（　　）。
   A. 介电常数大　　B. 介电常数小　　C. 中和电荷　　　D. 与蛋白质相互反应

8. 有机溶剂沉淀中目前最常用的有机溶剂是（　　　）。

  A. 甲醇   B. 乙醇   C. 丙酮   D. 异丙醇

9. 有机溶剂沉淀法中，对蛋白质的变性作用比其他有机溶剂小的是（　　　）。

  A. 甲醇   B. 乙醇   C. 丙酮   D. 异丙醇

10. 单宁沉淀法制备菠萝蛋白酶时，加入 1% 的单宁于鲜菠萝汁中产生沉淀，属于（　　　）。

  A. 盐析法 B. 有机溶剂沉淀法 C. 等电点沉淀法 D. 有机酸沉淀法

11. 结晶过程中，溶质过饱和度大小（　　　）。

  A. 不仅会影响晶核的形成速度，而且会影响晶体的长大速度

  B. 只会影响晶核的形成速度，但不会影响晶体的长大速度

  C. 不会影响晶核的形成速度，但会影响晶体的长大速度

  D. 不会影响晶核的形成速度，也不会影响晶体的长大速度

12. 将四环素粗品溶于 pH 为 2 的水中，用氨水调 pH 至 4.5～4.6，于 28～30℃ 保温，即有四环素沉淀结晶析出，此方法称为（　　　）。

  A. 有机溶剂结晶法 B. 等电点结晶法 C. 透析结晶法 D. 盐析结晶法

13. 氨基酸的结晶纯化一般是根据氨基酸的（　　　）。

  A. 溶解度和等电点 B. 分子量大小 C. 酸碱性   D. 生产方式

14. 在青霉素乙酸丁酯提取液中加入乙醇-乙酸钾溶液后，有晶体析出，这种方法为（　　　）。

  A. 等电点结晶 B. 化学反应结晶 C. 盐析结晶   D. 浓缩结晶

三、多项选择题

1. 关于盐析效果的影响因素说法正确的是（　　　）。

  A. 半径小的高价离子盐析作用较强

  B. 半径大的低价离子盐析作用较强

  C. 蛋白质浓度高时，盐析作用强且盐用量少

  D. 蛋白质浓度低时，盐析作用强且盐用量少

  E. 一般 pH = pI 时，盐析的效果较好

2. 盐析后溶液应进行脱盐处理，常用的脱盐方法有（　　　）。

  A. 萃取   B. 透析   C. 凝胶过滤   D. 超滤   E. 蒸馏

3. 关于有机溶剂沉淀的说法，正确的是（　　　）。

  A. 所使用的有机溶剂要求与水互溶

  B. 所使用的有机溶剂沸点越低越好，可减少溶剂回收的能耗

  C. 所使用的有机溶剂使用前最好进行预冷

  D. 一般 pH = pI 时，有利于有机溶剂沉淀

  E. 中性盐的存在有利于沉淀，所以有机溶剂沉淀时中性盐越多越好

4. 结晶的关键是过饱和溶液的形成，工业生产上制备过饱和溶液的方法有（　　　）。

  A. 冷却法 B. 蒸发法 C. 真空冷却蒸发法 D. 化学反应结晶法 E. 盐析法

5. 下列关于结晶的说法，正确的是（　　　）。

　　A. 溶质分子量越大，结构越复杂，结晶需要的时间越长

　　B. 目标产物浓度越高越利于结晶

　　C. 纯度越高越易结晶，结晶母液中目标产物的纯度一般不应低于 50%

　　D. 对不易结晶的物质可在结晶母液中添加晶种，以加速结晶，提高晶体质量

　　E. 适度的搅拌利于结晶

四、简答题

1. 盐析法的基本原理是什么？一般用于生物分离纯化的哪个阶段？

2. 简述有机溶剂沉淀法的基本原理。有机溶剂沉淀法操作时应注意哪些问题？

3. 简述等电点沉淀法的原理。

4. 简述成盐沉淀法的原理及分类。

5. 简述结晶的基本原理及过程。

6. 结晶的首要条件是什么？制备过饱和溶液一般有哪些方法？

7. 影响结晶的因素有哪些？怎样提高晶体的质量？

五、开放性思考题

鸡蛋清中除了含有溶菌酶，还有哪些蛋白质存在？如何对鸡蛋清（或鸡蛋）进行综合利用，请谈谈你的看法。

参考文献

陈来同，唐运. 2004. 生物化学产品制备技术. 2 版. 北京：科学技术文献出版社：270-275

付晓玲. 2012. 生物分离与纯化技术. 北京：科学出版社：23-31

金喜新，王海燕. 2014. 蛋清中溶菌酶的提取及其体外抑菌试验. 中国畜牧兽医文摘，（2）：39-40

李从军，郭丽娜. 2018. 生物分离与纯化技术. 成都：四川大学出版社：89-106

李登亮，伊淑帅，郭衍冰，等. 2018. 免疫球蛋白 G 提纯方法的研究进展. 中国兽医杂志，54（12）：65-67

欧阳平凯，胡永红，姚忠. 2017. 生物分离与纯化技术. 北京：化学工业出版社：181-193

吴旭亚，游庆红，尹秀莲. 2012. 蛋清溶菌酶的提取分离与酶活研究. 广州化工，40（19）：51-53

辛秀兰. 2008. 生物分离与纯化技术. 北京：科学出版社：72-80

杨勇，徐志霞，黄循吟，等. 2016. 等电点法提取酪蛋白的方法改进. 海南师范大学学报（自然科学版），29（1）：109-111

周夏衍，夏春兰，楚延锋，等. 2006. 牛奶中酪蛋白和乳糖的分离及纯度测定. 大学化学，21（3）：50-52

项目四

电子课件

植物活性成分的吸附分离

案例导入

  植物活性成分是指由植物次生代谢所产生的对机体具有一定生理活性的成分，如黄酮类、生物碱类、皂苷类、萜类和蒽醌类等化合物。绝大多数植物活性成分具有显著的生理活性，是很多中草药和药用植物的有效成分，是人类防治疾病的主要物质来源，对于新药的开发具有重要的先导意义。长春花碱、青蒿素、紫杉醇等植物活性成分的开发成功，为植物新药研究展示了光明的前景，因此从植物中寻找新的活性分子已成为当前世界上大制药公司竞争的新目标，而高效的提取分离技术则是获取新的植物活性成分的基础和根本。植物活性成分的提取分离主要采用溶剂萃取、吸附分离及超临界 CO_2 萃取等技术，其中吸附分离技术已被成功应用于植物活性成分的提取，以大孔吸附树脂分离技术为基础制定的质量标准已有很多。此外，新品种的大孔吸附树脂不断面世，对现有大孔吸附树脂的定向修饰为提取分离植物活性成分提供了更多、更高效的选择。

项目概述

  原材料经过前期处理后，具有一定生理活性的目标物与其他大量的生化组分混合在一起，可采用吸附分离技术进行一步提取分离。在待分离的料液中通入适当的吸附剂，吸附剂可选择性吸附、富集活性成分，然后除去不吸附或较不容易吸附的杂质，最后再用适当的洗脱剂将吸附的目标组分从吸附剂上解吸下来。此外，若目标活性成分较难被吸附剂吸附时，也可以选择将杂质吸附除去。吸附分离技术具有操作简便、设备简单，条件温和，较少引起生物活性物质的变性、失活等特点，因此该技术在酶、蛋白质、核苷酸、抗生素、氨基酸的分离纯化中被广泛使用，在生物药物的生产中，还常利用吸附分离技术去除杂质，如脱色、去热原和去组胺。本项目主要学习内容见图4-1。

  本项目的知识链接部分，主要介绍了吸附分离技术的基本概念和类型，然后对活性炭、硅胶、氧化铝和羟基磷灰石等传统吸附剂的种类、特点、操作及其活化方法进行了概述。随后，重点介绍了吸附分离技术中广泛使用的新型吸附剂——大孔吸附树脂，主要包括其结构、类型、吸附机制、操作方法和步骤、影响因素与应用等内容。

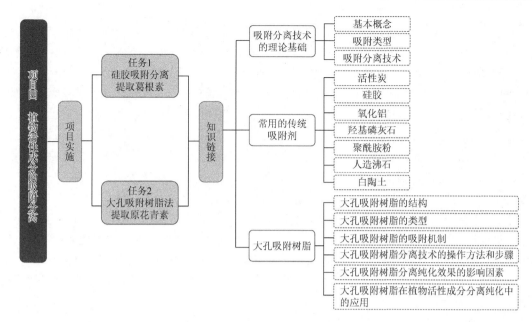

图4-1　项目四主要学习内容介绍

　　本项目以"硅胶吸附分离提取葛根素"和"大孔吸附树脂法提取原花青素"两个典型的实训任务为主线，分别对传统吸附剂和新型吸附剂的装柱、上样、洗脱与鉴定等关键操作进行了详细阐述，从实训任务的背景、目的、原理、器材、操作步骤、注意事项、结果讨论等方面设计了完整的实训环节，旨在培养学生实践动手能力，从而进一步巩固学生对吸附分离技术基本理论和知识的理解，使学生能熟练掌握植物活性成分的吸附分离操作。

教学目标

知识目标

1. 了解吸附的基本概念和类型；了解吸附分离技术的应用范围。
2. 熟悉常用的传统吸附剂的种类、特点、操作及其活化方法。
3. 掌握大孔吸附树脂的特点、分类、选择方法和操作过程。

能力目标

1. 能够使用传统吸附剂，采用干法装柱和上样的方法提取植物活性成分。
2. 能够使用大孔吸附树脂，采用湿法装柱和上样的方法提取植物活性成分。

素质目标

1. 通过引导学生正确处理有机溶剂等实验废弃物，提高学生环保意识。
2. 通过不断规范装柱和上样等操作，培养学生精益求精的工匠精神。
3. 利用屠呦呦发现青蒿素的先进事例，培养学生坚持不懈的科学精神和无私合作的团队精神。

屠呦呦与青蒿素的发现

20世纪60年代，在氯喹抗疟失效、人类饱受疟疾之害的情况下，39岁的屠呦呦，接到一项秘密任务：以课题组组长的身份，研发抗疟疾的中草药。接受任务后，屠呦呦带领团队大量搜集抗疟疾的中草药信息，在收集和解析2000余个内服、外用方药的基础上，编写了以640种中药为主的《疟疾单秘验方集》。到1971年9月初，课题组筛选了100余种中药的水提物和醇提物样品200余个，但结果令人失望。然而屠呦呦并没有放弃，她继续在医书中埋头苦寻解决方案。终于，受东晋名医葛洪《肘后备急方》中"青蒿一握。以水二升渍，绞取汁。尽服之"的启发，屠呦呦认识到加热可能破坏了青蒿里的有效成分，于是她决定用沸点只有34.6℃的乙醚来提取青蒿。

屠呦呦团队在艰苦的科研条件下，使用大量对身体有毒害作用的有机溶剂，在历经190次实验，190次失败后，终于发现191号青蒿乙醚中性提取物对疟原虫的抑制率达到了100%。据世界卫生组织不完全统计，作为一线抗疟药物，青蒿素在全世界每年治疗患者数亿人，挽救了数百万人的生命。2015年，屠呦呦因发现抗疟药物青蒿素而被授予诺贝尔生理学或医学奖。

数学家华罗庚认为："科学是老老实实的学问，搞科学研究工作就要采取老老实实、实事求是的态度，不能有半点虚假浮夸。"屠呦呦团队发现青蒿素的过程很好地诠释了这一观点，同时也说明专注、执着和坚持不懈的科学精神，为人类健康而不惜牺牲自己的奉献精神，以及不计名利且无私合作的团队精神，是他们取得举世瞩目成就的关键所在，这些也都是中国年轻学子所应该具备的品质。此外，青蒿素的发现也折射出我国的传统中医药博大精深，中医药的精髓值得科研工作者去发现、探索和研究。

● 知识链接 ●

一、吸附分离技术的理论基础

（一）基本概念

吸附是指物质从流体相（气体或液体）浓缩到固体表面从而实现分离的过程。在表面能发生吸附作用的固体称为吸附剂，而被吸附的物质称为吸附物（图4-2）。固体可分为多孔和非多孔两类。非多孔性固体只具有很小的比表面积，固体通过粉碎，可增加其比表面积。多孔性固体由于颗粒内微孔的存在，比表面积很大，可达每克几百平方米。因为非多孔性固体

彩图

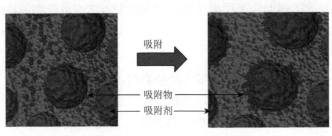

图4-2　吸附、吸附剂和吸附物

的比表面积仅取决于可见的外表面积，而多孔性固体的比表面积是由外表面积和内表面积组成的，内表面积可比外表面积大几百倍，并具有较大的吸附力，所以一般选用多孔性固体物质为吸附剂。

为什么多孔性固体物质具有吸附能力呢？从图4-3可看出，固体表面分子（或原子）与固体内部分子（或原子）所处的状态不同。固体内部分子（或原子）受邻近四周分子的作用力是对称的，作用力总和为零，即彼此互相抵消，故分子处于平衡状态，但界面上的分子同时受到不相等的两相分子的作用力，因此界面分子所受力是不对称的，作用力的总和不等于零，合力方向指向固体内部。因此，多孔性固体物质存在着一种固体的表面力，能从外界吸附分子、原子或离子，并在吸附剂表面附近形成多分子层或单分子层。

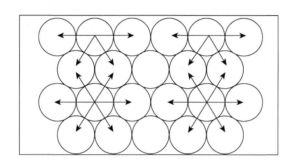

图4-3　界面上分子和内部分子所受的力

（二）吸附类型

按照吸附剂和吸附物之间作用力的不同，吸附可分为以下三种类型。

1. 物理吸附

吸附剂和吸附物通过分子力（范德瓦耳斯力）产生的吸附称为物理吸附。这是一种最常见的吸附现象。由于分子力的普遍存在，一种吸附剂可吸附多种物质，没有严格的选择性，但由于吸附物的性质不同，吸附的量相差很大。物理吸附所放的热量较少，一般为$(2.09 \sim 4.18) \times 10^4$J/mol。物理吸附时，吸附物分子的状态变化不大，需要的活化能很小，所以物理吸附多数可在较低的温度下进行。由于物理吸附时，吸附剂除表面状态外，其他性质都未改变，因此物理吸附的吸附速率和解吸（在吸附的同时，被吸附的分子由于热运动离开固体表面的现象）速度都较快，易达到平衡状态。

2. 化学吸附

化学吸附是由于吸附剂与吸附物之间发生电子转移，生成化学键而产生的，因此化学吸附需要较高的活化能，需要在较高温度下进行。化学吸附放出的热量很大。因为化学吸附生成了化学键，因而吸附慢、不易解吸、平衡慢。但化学吸附的选择性较强，即一种吸附剂只对某种或特定几种物质有吸附作用。

3. 交换吸附

吸附剂表面如为极性分子或离子所组成，则会吸引溶液中带相反电荷的离子形成双电层，同时放出等当量的离子于溶液中，发生离子交换，这种吸附称为交换吸附，又称极性吸附。离子的电荷是交换吸附的决定因素，离子所带电荷越多，它在吸附剂表面的相反电荷点上的吸附力就越强，电荷相同的离子，其水合半径越小，越易被吸附。

（三）吸附分离技术

吸附分离技术是指在一定的条件下，将待分离的料液（或气体）通入适当的吸附剂中，利用吸附剂对料液（或气体）中某一组分具有选择吸附的能力，使该组分富集在吸附剂表面，然后再用适当的洗脱剂将吸附的组分从吸附剂上解吸下来的一种分离纯化技术。

吸附法被广泛应用于各种生物行业。例如，在酶、蛋白质、核苷酸、抗生素、氨基酸的分离纯化中，可应用选择性吸附的方法；发酵行业中净化空气和除菌离不开吸附过程；在生物药物的生产中，还常利用吸附法来去除杂质，如脱色、去热原和去组胺。

吸附法一般具有以下特点：①操作简便，设备简单、价廉、安全；②常被用于从大体积料液（稀溶液）中提取含量较少的目的物，由于受固体吸附剂的影响，处理能力较低；③不用或少用有机溶剂，吸附和洗脱过程中 pH 变化小，较少引起生物活性物质的变性失活；④选择性差，收率低，特别是一些无机吸附剂的吸附性能不稳定，不能连续操作，劳动强度大（人工合成的大孔网状聚合物吸附剂性能有很大改进）。

吸附分离技术的应用可分为两种方式：如果需要的组分较易（或较牢固地）被吸附，可在吸附后除去不吸附或较不易吸附的杂质，然后再将样品洗脱；反之，当需要的成分较难吸附时，则可将杂质吸附除去。由于吸附剂具有选择性较差、分辨率不高等特点，因此吸附法常用来去除杂质。

二、常用的传统吸附剂

吸附剂按其化学结构可分为两大类：一类是有机吸附剂，如活性炭、纤维素、大孔吸附树脂、聚酰胺等；另一类是无机吸附剂，如氧化铝、硅胶、人造沸石、磷酸钙、氢氧化铝等。下面介绍生物分离过程中常用的几种吸附剂。

（一）活性炭

活性炭具有吸附力强、来源比较容易、价格便宜等优点，常被用于生物产物的脱色和除臭，还被应用于糖、氨基酸、多肽及脂肪酸等的分离提取。但活性炭的生产原料和制备方法不同，吸附力不同，因此很难控制其标准。在生产上常因采用不同来源或不同批号的活性炭而得到不同的结果。另外，活性炭色黑质轻，污染环境。

1. 活性炭的种类

活性炭的种类很多，按外观形状分类，一般分为以下三种（图 4-4）。

1）粉末活性炭　　该类活性炭颗粒极细，一般 90%以上能通过 80 目标准筛或粒度小于 0.175mm，呈粉末状。粉末活性炭的总表面积大，是活性炭中吸附能力（吸附力、吸附量）最强的一类。但因其颗粒太细，静态使用时不易与溶液分离，层析时流速太慢，需要加压或减压操作，手续麻烦。随着分离技术的进步和某些应用要求的出现，粉末活性炭的粒度有越来越细化的倾向，有的场合已达到微米甚至纳米级。

2）颗粒活性炭　　通常把粒度大于 0.175mm 的活性炭称作颗料活性炭。该类活性炭因颗粒较粉末活性炭大，故其总表面积相应减少，吸附能力次于粉末活性炭。但静态使用时易与溶液分离，层析流速易于控制，不需加压或减压操作。

3）圆柱形活性炭　　圆柱形活性炭又称柱状活性炭，外观呈黑色圆柱形，一般由粉状原料和黏结剂经混捏、挤压成型再经炭化、活化等工序制成。也可以用粉末活性炭加黏结剂挤压成型。柱状活性炭又有实心和中空之分，中空柱状活性炭是柱状活性炭内有人造的一个或若干个有规则的小孔。

A 粉末活性炭　　　　　　　　B 颗粒活性炭　　　　　　　　C 柱状活性炭

图 4-4　活性炭的主要种类

2. 活性炭的选择

在提取分离过程中，根据所分离物质的特性，选择适当吸附力的活性炭是成功的关键。当欲分离的物质不易被活性炭吸附时，则要选用吸附力强的活性炭。当欲分离的物质很易被活性炭吸附时，则要选择吸附力弱的活性炭。在首次分离料液或样品时，一般先选用颗粒活性炭。如待分离的物质不能被吸附，则改用粉末活性炭。柱状活性炭则被广泛用于有害气体的净化、废气处理、工业和生活用水净化处理、溶剂回收等方面。

3. 影响活性炭吸附能力的因素

活性炭的吸附能力与其所处的溶液和待吸附物质的性质有关。一般来说，活性炭的吸附作用在水溶液中最强，在有机溶液中较弱，所以水的洗脱能力最弱，而有机溶剂则较强，吸附能力的顺序如下：水＞乙醇＞甲醇＞乙酸乙酯＞丙酮＞氯仿。活性炭对不同物质的吸附能力有所不同，一般遵循以下规律：对具有极性基团的化合物的吸附力较大；对芳香族化合物的吸附力大于脂肪族化合物；对分子量大的化合物的吸附力大于分子量小的化合物。

4. 活性炭的活化

由于活性炭是一种强吸附剂，对气体的吸附能力很大，气体分子占据了活性炭的吸附表面，会造成活性炭"中毒"，使其活力降低，因此使用前可加热烘干，以除去大部分气体。对于一般的活性炭可在 160℃加热干燥 4～5h。

（二）硅胶

硅胶是应用最广泛的一种极性吸附剂，层析用硅胶可用 $SiO_2 \cdot nH_2O$ 表示，具有多孔性网状结构。它的主要优点是化学惰性，具有较大的吸附量，易制备不同类型、孔径、表面积的多孔性硅胶。其可用于萜类、固醇类、生物碱、酸性化合物、磷脂类、脂肪类、氨基酸类等的吸附分离。

1. 影响硅胶吸附能力的因素

硅胶的吸附能力与吸附物的性质有关，硅胶能吸附非极性化合物，也能吸附极性化合物，对极性化合物的吸附力更大（因为硅胶是一种亲水性吸附剂）。

硅胶的吸附能力更与其本身的含水量密切相关。硅胶吸附活性随含水量的增加而降低（含水量与吸附活性的关系见表 4-1），当含水量小于 1%时活性最高，而当含水量大于 20%时，硅胶的吸附活性最低。

表 4-1 硅胶、氧化铝的吸附活性与含水量的关系

吸附活性	硅胶（水%）	氧化铝（水%）
Ⅰ级	0	0
Ⅱ级	5	3
Ⅲ级	15	6
Ⅳ级	25	10
Ⅴ级	35	15

2. 硅胶的活化

硅胶表面带有大量的羟基,有很强的亲水性,能吸附多量水分,因此硅胶一般于 105～110℃活化 1～2h 后使用。活化后的硅胶应马上使用,如当时不用,则要储存在干燥器或密闭的瓶中,但时间不宜过长。

3. 硅胶的再生

用过的硅胶用 5～10 倍量的 1%NaOH 水溶液回流 30min,热过滤,然后用蒸馏水洗三次,再用 3～6 倍量的 5%乙酸回流 30min,过滤,用蒸馏水洗至中性,再用甲醇洗、水洗两次,然后在 120℃烘干活化 12h,即可重新使用。

（三）氧化铝

氧化铝也是一种常用的亲水性吸附剂,它具有较高的吸附容量,分离效果好,特别适用于亲脂性成分的分离,被广泛应用在醇、酚、生物碱、染料、苷类、氨基酸、蛋白质及维生素、抗生素等物质的分离中。活性氧化铝价廉,再生容易,活性易控制;但操作不便,手续烦琐,处理量有限,因此也限制了其在工业生产上大规模应用。

1. 氧化铝的分类

氧化铝通常可按制备方法的不同,分为以下三种。

1）碱性氧化铝   直接由氢氧化铝高温脱水而得,柱层析时一般用 100～150 目。一般水洗脱液的 pH 为 9～10,经活化即可使用。碱性氧化铝主要用于碳氢化合物的分离,如甾体化合物、醇、生物碱、中性色素等对碱稳定的中性、碱性成分。

2）中性氧化铝   在碱性氧化铝中加入蒸馏水,在不断搅拌下煮沸 10min,倾去上清液。反复处理至水洗液的 pH 为 7.5 左右,滤干活化后即可使用。中性氧化铝的使用范围最广,常用于脂溶性生物碱、脂类、大分子有机酸及酸碱溶液中不稳定的化合物（如酯、内酯）的分离。

3）酸性氧化铝   氧化铝用水调成糊状,加入 2mol/L 盐酸,使混合物对刚果红呈酸性反应。倾去上清液,用热水洗至溶液对刚果红呈弱紫色,滤干活化备用。酸性氧化铝适用于天然和合成的酸性色素、某些醛和酸、酸性氨基酸和多肽的分离。水洗液的 pH 为 4.0～4.5。

2. 氧化铝的吸附活性和活化

氧化铝的吸附活性也与含水量的关系很大（氧化铝活性与含水量的关系见表 4-1）,吸附能力随含水量的增加而降低。和硅胶相似,氧化铝在使用前也需在一定条件下（150℃条件下 2h）除去水分以使其活化。

（四）羟基磷灰石

羟基磷灰石本是人体骨骼和牙齿等硬组织中的主要无机成分,简称 HAP,理论组成为

$Ca_{10}(PO_4)_6(OH)_2$。羟基磷灰石具有机械强度高、选择性高、化学和热稳定性高、生物安全性好等优点，在温度小于 85℃，pH 5.5～10.0 均可使用，是唯一适用于生物活性高分子物质（如蛋白质、核酸）分离的无机吸附剂。

1. 羟基磷灰石的分离机制

一般认为羟基磷灰石可同时实现钙金属亲和与阳离子交换两种分离机制。其中钙金属亲和分离机制主要是羟基磷灰石中的 Ca^{2+} 与生物分子上的羧基簇合物、磷基簇合物等负电基团结合，而阳离子交换分离机制则主要依赖羟基磷灰石上带负电荷的 PO_4^{3-} 与生物分子表面的正电基团相互反应。由于这些独特的分离机制，羟基磷灰石能精确地分离和纯化结构上只有微小差别的生物大分子，有时有些样品如 RNA、双链 DNA、单链 DNA 和杂型双链 DNA-RNA 等经过一次羟基磷灰石柱层析，就能达到有效的分离。因此，羟基磷灰石是目前生物制药下游工艺中不可或缺的吸附分离介质，在制备及纯化蛋白质、酶、抗体、疫苗和核酸等生命物质方面发挥重要作用。

2. 羟基磷灰石的预处理和再生

1）预处理　　羟基磷灰石为干粉时，要先在蒸馏水中浸泡，使其膨胀度（水化后所占有的体积）达到 2～3mL/g 后，再按 1:6 体积比加入缓冲液（如 0.01mol/L 磷酸钠缓冲溶液，pH6.8）悬浮，以除去细小颗粒。

2）再生　　用过的羟基磷灰石层析柱再生时，要先挖去顶部的一层羟基磷灰石，然后用一倍床体积的 1mol/L NaCl 溶液洗涤，接着用 4 倍床体积的平衡液洗涤平衡，如此处理后即可使用。

3. 羟基磷灰石的使用注意事项

（1）羟基磷灰石悬浮液须用旋涡振荡器混合，若用磁棒或玻璃棒搅拌时，羟基磷灰石的晶体结构会被破坏。

（2）忌用柠檬酸缓冲溶液和 pH 小于 5.5 的缓冲溶液。

（3）就操作容量来说，一般细颗粒羟基磷灰石比粗的大。而就分辨率比较，粗颗粒羟基磷灰石也没细的好，但用细颗粒羟基磷灰石层析时，柱子直径大些才能达到满意的流速。

（五）聚酰胺粉

聚酰胺是一类化学纤维的原料，国外称为尼龙，我国称为锦纶。由己二酸与己二胺聚合而成的叫锦纶 66，由己内酰胺聚合而成的叫锦纶 6，因为这两类分子都含有大量的酰胺基团，故统称聚酰胺。其适于分离含酚羟基、醌基的成分，如黄酮、酚类、鞣质、蒽醌类和芳香族酸类等。

聚酰胺通过与被分离物质形成氢键而产生吸附作用。各种物质由于与聚酰胺形成氢键的能力不同，聚酰胺对它们的吸附力也不同。一般来说，形成氢键的基团（如酚羟基）多，吸附力大，难洗脱；具对、间位取代基团的化合物比具邻位取代基团的化合物吸附力大；芳核及共轭双键多者吸附力大；能形成分子内氢键的化合物吸附力小。

聚酰胺和各类化合物形成氢键的能力与溶剂的性质有密切关系。通常在碱性溶液中，聚酰胺和其他化合物形成氢键的能力最弱，在有机溶剂中其次，在水中最强。因此，聚酰胺在水中的吸附能力最强，在碱液中的吸附能力最弱。

（六）人造沸石

人造沸石是人工合成的一种无机阳离子交换剂，其分子式为 $Na_2Al_2O_4 \cdot xSiO_2 \cdot yH_2O$，人造

沸石在溶液中呈 $Na_2Al_2O_4 \rightleftharpoons 2Na^+ + Al_2O_4^{2-}$，而偏铝酸根与 $xSiO_2 \cdot yH_2O$ 紧密结合成为不溶于水的骨架。以 Na_2Z 代表沸石，M^+ 表示溶液中的阳离子，则

$$Na_2Z + 2M^+ \rightleftharpoons M_2Z + 2Na^+$$

使用过的沸石可以用以下方法再生：先用自来水洗去硫酸铵，再用 $0.2\sim0.3mol/L$ 氢氧化钠和 $1mol/L$ 氯化钠混合液洗涤至沸石成白色，最后用水反复洗至 pH 为 $7\sim8$，即可重新使用。

（七）白陶土（白土、陶土、高岭土）

白陶土可分为天然白陶土和酸性白陶土两种。在生物制药工艺中常作为某些活性物质的纯化分离吸附剂，也可作为助滤剂与去除热原质的吸附剂。天然白陶土的主要成分是含水的硅酸铝，其组成与 $Al_2O_3 \cdot 2SiO_2 \cdot 2H_2O$ 相当。新采出的白陶土含水 $50\%\sim60\%$，经干燥压碎后，加热至 420℃活化，冷却后再压碎过滤即可使用。经如此处理，白陶土具有大量微孔和大的比表面积（一般为 $120\sim140m^2/g$，可称活性白土），能吸附大量的有机杂质。将白陶土浸于水中，pH 为 $6.5\sim7.5$，即中性，但由于它能吸附氢离子，因此可起中和强酸的作用。

我国产的白陶土质量较好，色白而杂质少。白陶土作为药物可用于吸附毒物，如有毒的胺类物质、食物分解产生的有机酸等，并可能吸附细菌。在生化制药中，白陶土能吸附一些分子量较大的杂质，包括能导致过敏的物质，也常用它脱色。应该注意，天然白陶土的差别可能很大，所含杂质也会不同。商品药用白陶土或供吸附用的白陶土虽已经处理，但如果产地不同，在吸附性能上也有差别。所以在生产上白陶土产地和规格更换时，要经过试验。临用前，用稀盐酸洗一下并用水冲洗至近中性后烘干，效果较好。

酸性白陶土（也可称酸性白土）的原料是某些斑土，经浓盐酸加热处理后烘干即得。其化学成分与天然白陶土相似，但具有较好的吸附能力，如其脱色效率比天然白陶土高许多倍。

三、大孔吸附树脂

大孔吸附树脂是 20 世纪 60 年代产生的一类不含交换基团且有大孔网状结构的新型高分子吸附材料。与活性炭等传统吸附剂相比，大孔吸附树脂具有选择性好、解吸容易、机械强度好、可反复使用和流体阻力小等优点。特别是其孔隙大小、骨架结构和极性，可按照需要，选择不同的原料和合成条件而改变，因此可适用于各种有机化合物，在天然产物提取纯化方面的应用越来越广泛。

（一）大孔吸附树脂的结构

大孔吸附树脂一般为白色球形颗粒，是一种有机高聚物，其内部具有与大孔离子交换树脂相同的三维立体网状结构（图 4-5）。其"孔隙"是在利用聚合反应制备大孔吸附树脂时，加入了一些不能参加反应的致孔剂，聚合结束后又将其除去，因而留下永久性孔隙。孔径可达到 100nm 甚至 1000nm 以上，故称为"大孔"。与大孔离子交换树脂不同的是，大孔吸附树脂的骨架上没引入可进行离子交换的酸性或碱性功能基团，它借助的是范德瓦耳斯力从溶液中吸附各种有机物质。因此，无机盐类对大孔吸附树脂的吸附没有影响，使用大孔吸附树脂时不需要考虑盐类的存在。另外，对于一些属于弱电解质或非离子型的抗生素，过去不能用离子交换法提取的，现在可考虑使用大孔吸附树脂。

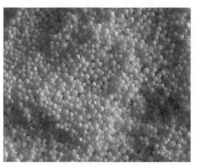

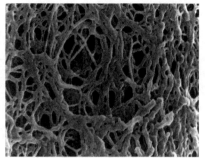

彩图

| A 大孔吸附树脂的外观 | B 大孔吸附树脂内部的网状结构 |

图 4-5 大孔吸附树脂的外观和内部结构

影响大孔吸附树脂结构的因素很多，其中以致孔剂的种类、数量和交联剂的用量等影响最为显著。一般情况下，交联剂用量增大和致孔剂对聚合物的溶胀性能较差时，制得的吸附剂具有较高的多孔程度。而影响永久孔隙度的最重要因素是致孔剂的分子量。例如，以聚苯乙烯作为致孔剂时，当分子量在 25 000 以下时，仅能提高溶胀孔隙度；当分子量在 50 000 以上时，才能得到永久孔隙度。如果所采用的致孔剂（甲苯、乙苯、二氯乙烷和四氯化碳等）只能溶胀聚合物，那只有当交联度高、致孔剂加量多时，才产生永久孔隙度。

（二）大孔吸附树脂的类型

大孔吸附树脂按所选用的单体结构和极性强弱不同，可以分为非极性、中等极性和极性大孔吸附树脂三类（表 4-2）。非极性大孔吸附树脂是以苯乙烯为单体、二乙烯苯为交联剂聚合而成的不带有任何功能基团的吸附剂，故也称为芳香族大孔吸附树脂（图 4-6）。中等极性大孔吸附树脂由含有酯基的单体聚合而成（以多功能团的甲基丙烯酸作为交联剂），也称为脂肪族大孔吸附树脂（图 4-7）。极性大孔吸附树脂则由含有酰胺基、氰基、酚羟基等极性功能基团的单体聚合而成（图 4-8）。

表 4-2 大孔吸附树脂性能表

吸附剂名称	树脂结构	极性	比表面积/(m^2/g)	孔径/$(10^{-10}m)$	孔隙度/%	骨架密度/(g/mL)	交联剂
Amberlite 系列							
XAD-1*			100	200	37	1.07	
XAD-2	苯乙烯	非极性	300	90	42	1.07	二乙烯苯
XAD-3			526	44	38		
XAD-4			750	50	51	1.08	
XAD-5			415	68	43		
Amberlite 系列							
XAD-6	丙烯酸酯	中等极性	63	498	49		
XAD-7	α-甲基丙烯酸酯	中等极性	450	80	55	1.24	双 α-甲基丙烯酸二乙醇酯
XAD-8	α-甲基丙烯酸酯	中等极性	140	250	52	1.25	
Amberlite 系列							
XAD-9	亚砜	极性	250	80	45	1.26	

续表

吸附剂名称	树脂结构	极性	比表面积/(m²/g)	孔径/（10⁻¹⁰m）	孔隙度/%	骨架密度/(g/mL)	交联剂
XAD-10	丙烯酰胺	极性	69	352			
XAD-11	氧化氮类	强极性	170	210	41	1.18	
XAD-12	氧化氮类	强极性	25	1300	45	1.17	
Diaion 系列							
HP-10			400	300	小	0.64	
HP-20			600	460	大	1.16	
HP-30	丙乙烯	非极性	500~600	250	大	0.87	二乙烯苯
HP-40			600~700	250	小	0.63	
HP-50			400~500	900		0.81	

* XAD-1 到 XAD-5 的化学组成相接近，故性质相似，但对分子量大小不同的被吸附物，表现了不同的吸附量；Amberlite 系列为美国 Rohm-Hass 产品；Diaion 系列为日本三菱化成公司的产品；表中孔隙度是指吸附剂中孔隙所占的体积百分比；骨架密度是指吸附剂骨架的密度，即每毫升骨架（不包括孔隙）的质量（克）

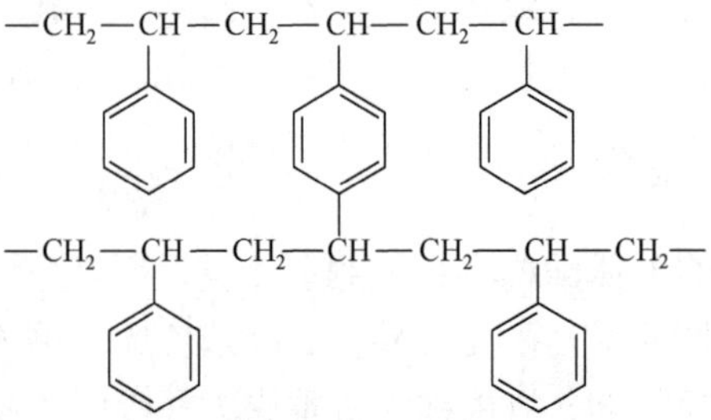

图 4-6 Amberlite XAD-2 的结构

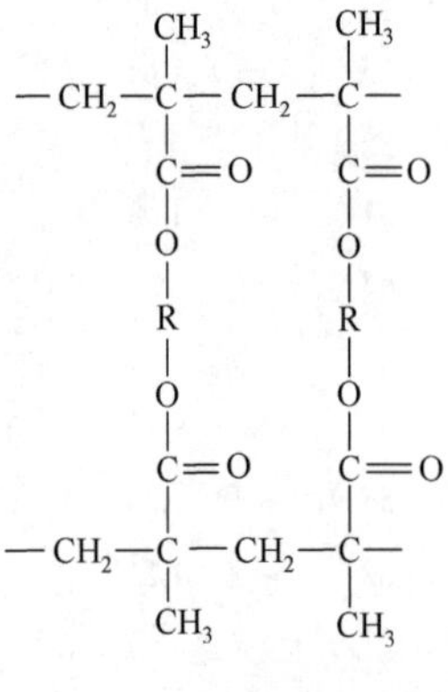

图 4-7 Amberlite XAD-7 的结构

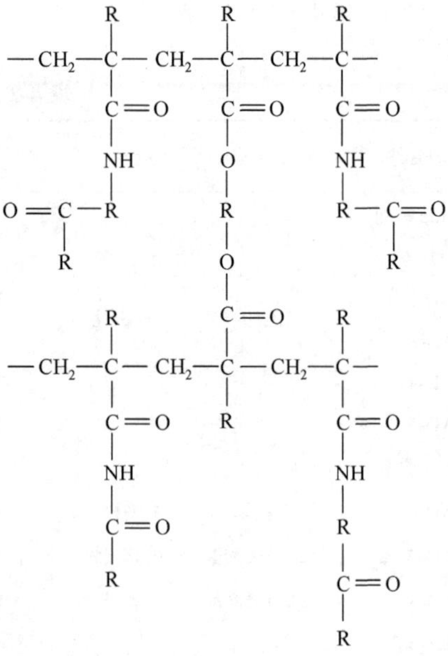

图 4-8 Amberlite XAD-11 的结构

（三）大孔吸附树脂的吸附机制

大孔吸附树脂是一种非离子型共聚物，它能够借助范德瓦耳斯力从溶液中吸附各种有机物质。大孔吸附树脂的吸附能力不但与树脂的化学结构和物理性能有关，而且与溶质及溶剂的性质有关。根据"相似相溶"的原则，一般非极性大孔吸附树脂适宜从极性溶剂（如水）中吸附溶质分子的疏水性部分，见图 4-9A。相反，强极性大孔吸附树脂适宜于从非极性溶剂中吸附溶质分子的亲水性部分，见图 4-9C。而中等极性的大孔吸附树脂则对上述两种情况都具有吸附能力，当它从极性溶剂中吸附溶质时，可同时吸附溶质分子的亲水性部分和疏水性部分，见图 4-9B。

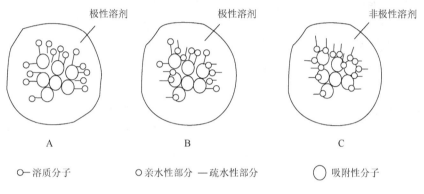

图 4-9　大孔吸附树脂的吸附机制

（四）大孔吸附树脂分离技术的操作方法和步骤

大孔吸附树脂分离技术的操作方法可分为静态吸附法和动态吸附法两种类型。静态吸附法是一种最简单、最原始的方法，吸附效率较差。该方法是将一定数量的大孔吸附树脂与被处理的药液混合并搅拌，采用过滤、倾泻、离心沉降等方法将含药树脂与溶液分离。然后将含药树脂用合适的溶剂进行静态洗脱，洗脱液经浓缩干燥即得半成品。静态吸附法的吸附率和脱吸附率与操作次数和时间有很大关系，一般来说，必须经过长时间的多次重复操作，才能将被吸附成分吸附和脱吸附完全。所以静态吸附法一般用于实验室研究，主要探讨影响吸附分离的因素，并进行工艺条件的优化，如测定吸附平衡常数、吸附动力学的研究、操作参数优选等方面。动态吸附法，即管柱法（图 4-10），与柱层析法相似，是将待处理液通过装有大孔吸附树脂的柱。在此过程中，药液首先与柱的上部树脂接触，并首先达到吸附饱和状态，然后这种吸附饱和状态逐渐向下推移，构成色谱带，当全部树脂吸附到一定程度，待分离有效成分开始渗漏时，停止吸附，用合适的溶剂将有效成分洗脱下来，洗脱液经浓缩干燥即得半成品。

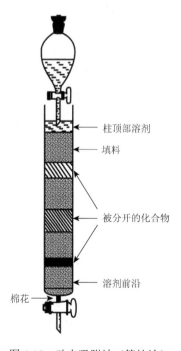

图 4-10　动态吸附法（管柱法）

在运用大孔吸附树脂柱色谱进行分离精制时，其操作步骤为：树脂的筛选和药液的制备→新树脂的预处理→树脂装柱→药液上柱吸附→树脂的解吸→树脂的清洗、再生。

1. 大孔吸附树脂的筛选和药液的制备

根据欲分离提纯的有效成分或有效部位的结构、理化性质，以及共存杂质的理化性质，通过理论分析和预试验选择大孔吸附树脂的种类和型号。根据经验、文献和预试验结果，确定中药提取液的提取和预处理方法，调节药液至合适的浓度、pH。

2. 新树脂的预处理

由于商品吸附树脂在出厂前没有经过彻底清洗，常会残留一些致孔剂、小分子聚合物、原料单体、分散剂及防腐剂等有机残留物。因此树脂使用之前，必须进行预处理，以除去树脂中混有的这些杂质，保证生产过程中使用了大孔吸附树脂的药品的安全性。此外，商品吸附树脂都是含水的，在储存过程中可能因失水而缩孔，使吸附树脂的性能下降，通过合理的预处理方法可使树脂的孔隙得到最大程度的恢复。

预处理时，可将新购的大孔吸附树脂用 95%乙醇浸泡 24h，充分溶胀后，取一定量树脂湿法装柱。加入 95%乙醇在柱上以适当的流速清洗，洗至流出液与等体积水混合不呈白色混浊为止，然后改用大量去离子水洗至流出液无醇味且澄清后即可使用。注意少量乙醇的存在将会大大降低树脂的吸附效果，因此必须洗净乙醇。通过乙醇与水交替反复洗脱，可除去树脂中的残留物，一般洗脱溶剂用量为树脂体积的 2～3 倍，洗脱流速一般为每小时两个柱体积。必要时用一定浓度的酸、碱溶液洗脱，最后用蒸馏水洗至中性，备用。

3. 装柱

通常以水为溶剂进行湿法装柱，先在柱下端放一些玻璃丝或脱脂棉，厚度为 1～2cm 即可，用玻璃棒压平。在树脂中加少量水，搅拌后慢慢灌入垂直的、下口打开的色谱柱中，使树脂自然沉降，让水流出，当水刚好覆盖树脂顶端平面时，关闭柱下口。装柱操作要慢，尽可能均匀连续地将树脂一次性倒入，避免柱内树脂产生明显的分界线，从而影响分离效果。此外，操作时要始终保持柱内树脂表面有一定高度的水覆盖，以免气泡进入色谱柱，同样影响分离效果。最后在树脂柱的顶部加一层干净的玻璃丝或脱脂棉，避免加液时将树脂冲散。实际上柱树脂经过预处理或再生处理后，色谱柱已经装好，无须再装。

4. 上样

上样有湿法上样和干法上样两种方法。湿法上样时，把被分离的物质溶在少量色谱最初使用的洗脱剂中，小心加在吸附剂上层，注意保持吸附剂上表面仍为一水平面，打开下口，待溶液面正好流至与吸附剂上表面一致时，关紧柱塞，在吸附剂上面撒一层细砂。然而多数情况下，被分离物质难溶于最初使用的洗脱溶剂，这时可采用干法上样的方式，选一种对其溶解度大且沸点低的溶剂，取尽可能少的溶剂将其溶解。在溶液中加入少量吸附剂，拌匀、挥干溶剂，研磨使之成松散均匀的粉末，轻轻撒在色谱柱吸附剂上面，再撒一层细砂。

在成分分析性研究时，常将药液浓缩后，使其与柱顶端一小部分树脂混合，再用溶剂洗脱。若样品为固态时，可溶于少量水中再加到柱的上端。若样品不能在水中全部溶解，也可以将样品先溶于少量甲醇或乙醇中，拌入适量树脂，挥去甲醇或乙醇后，再将拌有样品的树脂加到柱的顶端。

在大生产时，常将药液的稀溶液直接上样吸附，以简化工艺，减少有效成分的损失，降低成本。方法如下。

1）药液的处理　将药物提取液适当浓缩至合适浓度，调节合适的 pH，并用过滤或离心法除去沉淀或悬浮物，以免阻塞大孔吸附树脂。如果是固态样品，可用合适的溶剂配成溶液，备用。

2）药液上柱　　将药液流经柱子，控制温度和流速，根据流出液检测结果（渗漏）或预实验结果，控制药液上样量。上样时，流速的控制十分重要：流速太慢，浪费时间；流速太快，不利于树脂对样品的吸附，易造成谱带扩散，影响分离效果和上样量。流速的选择应保证吸附完全，但应结合产品质量要求和生产效率，尽可能寻求最大流速。流速一般需要经过实验确定。在实验室条件下，流速往往控制在 1～2mL/min。

5. 洗脱

由于大孔吸附树脂的吸附作用是分子吸附，因此洗脱比较容易，常用下列方法。

（1）最常用的是以低级醇、酮或其水溶液洗脱。所选用的溶剂应符合两种要求：一种要求是溶剂应能使大孔吸附树脂溶胀，这样可减弱溶质与树脂之间的吸附力；另一种要求是所选用的溶剂应容易溶解吸附物，因为洗脱时不仅必须克服吸附力，而且当溶剂分子扩散到吸附中心后，还应能使溶质很快溶解。

（2）对弱酸性溶质可用碱来洗脱。例如，XAD-4 吸附酚后，可用氢氧化钠溶液洗脱，此时由于酚转变为酚钠，亲水性较强，因而吸附较差。氢氧化钠的最适浓度为 0.2%～0.4%，如超过此浓度，由于盐析作用，对洗脱反而不利。

（3）对弱碱性物质可用酸来洗脱。

（4）如吸附是在高浓度盐类溶液中进行时，则常用水洗就能洗脱下来。和离子交换不同，无机盐类对大孔吸附树脂的吸附不仅没有影响，反而会使吸附量增大。因此用大孔吸附树脂提取有机物时，不必考虑盐类的存在，这也是大孔吸附树脂的优点之一。

洗脱可分为杂质洗脱和有效成分洗脱。在进行有效成分洗脱之前，一般用水洗去水溶性杂质，如糖类、无机盐等。事实上，通常采用水醇体系，逐步提高乙醇的比例，采用动态监测和分部收集法，收集含有有效成分的洗脱液。方法如下。

（1）根据预实验结果，采用合适的溶剂洗涤柱床，根据流出液检测结果，控制流速和洗脱量。

（2）收集洗脱液。

（3）将洗脱液进一步精制，或直接回收溶剂，浓缩干燥即得所需产品，供制剂和分析用。

6. 树脂的再生

采用一定的方法，将使用过的暂时失去吸附性能的大孔吸附树脂恢复其原来性能的操作称为再生。树脂再生可采用动态再生法，也可采用静态再生法。静态再生法是指将树脂倾入容器内再生。动态再生法是在柱上通过淋洗再生。动态再生法简便实用，效率也高。这里仅介绍动态再生法。一般情况下，经过洗脱操作后，大孔吸附树脂还吸附有许多非极性杂质，因此用95%乙醇洗脱至无色，树脂即可获得再生，再用大量水洗去乙醇后，即可用于相同有效成分的吸附分离操作。如果树脂颜色变深，95%乙醇难以洗脱，则可使用稀酸、稀碱或其他有机溶剂，最后用水洗至中性和无残留溶剂。有时树脂颜色稍加深对其吸附性能的影响不大。如果柱内存在气泡和孔隙，或柱上端沉积悬浮物，也会影响流速，可用水或乙醇从柱下进行反洗，可将悬浮物顶出，同时使树脂松动，排出气泡。树脂经多次使用后（长的可达数十次），若柱床挤压过紧，或部分树脂破碎而影响流速，可将柱中树脂取出，盛于合适的容器中用水漂洗除去过细的树脂颗粒和悬浮杂质，再重新装柱使用。再生时，流速比操作流速要低。大孔吸附树脂再生后可多次重复使用，再生后如树脂柱放置时间较长，可使柱床充满70%乙醇，再次使用时用水洗净柱中乙醇即可。

（五）大孔吸附树脂分离纯化效果的影响因素

大孔吸附树脂对被分离物质的分离纯化效果受很多因素的影响，主要包括树脂本身的化学结构和物理性能及被分离物质的性质，样品预处理方法，洗脱剂的种类、浓度、pH，洗脱时的温度和流速等工艺条件。应用大孔吸附树脂分离前，应充分考虑到以上影响因素，设计考察不同因素的作用，并进行条件优化和重复验证，以获得最佳的分离纯化效果。

1. 大孔吸附树脂性质的影响

大孔吸附树脂的吸附能力受其极性、比表面积（每克树脂所具有的表面积）、孔容、孔径，以及能否与被分离物质形成氢键等因素的影响。因此，大孔吸附树脂使用前，应对其型号进行筛选，以使吸附效果达到最佳。

1）大孔吸附树脂极性的影响　　一般来说，非极性吸附剂易从极性溶剂（如水）中吸附非极性物质；极性吸附剂易从非极性溶剂中吸附极性物质；中等极性的吸附剂则对上述两种情况都具有吸附能力。所以选择大孔吸附树脂时，应考虑吸附物的极性。由于树脂选择的得当与否将直接影响分离效果，通常树脂的极性和被分离物质的极性既不能太接近，也不能相差过大。极性太相似会造成吸附力过强，致使被分离物质不能被洗脱下来；极性相差过大，会造成树脂对被分离物质的吸附力太小，无法达到分离的目的。

2）大孔吸附树脂颗粒度、孔径和比表面积的影响　　吸附树脂是多孔性物质，其孔径特性可用比表面积（S）、孔体积（V）和计算所得的平均孔半径（r）来表征。颗粒度和孔径分布主要影响吸附速率，颗粒度越小，吸附速度就越快，孔径适当，有利于吸附物向孔隙中扩散，加快吸附速率。比表面积主要与吸附容量有关，在树脂具有适当的孔径以确保被分离物质良好扩散的条件下，比表面积越大，孔隙度越高，吸附容量越大。在相同条件下，应选择比表面积较大的同类树脂。经验表明，以孔径 6 倍于吸附物的分子直径为宜。孔径太大浪费空间，比表面积必然较小，不利于吸附；孔径太小，尽管比表面积较大，但溶质扩散受阻，也不利于吸附。所以要吸附分子量大的物质时，就应该选择孔径大的树脂，要吸附分子量小的物质，则需选择比表面积高及孔径较小的树脂。比如有一种弱极性的黄酮类化合物，其分子直径为 0.77nm，现有 Amberlite XAD-4（比表面积为 750m^2/g，平均孔径为 5nm）与 Amberlite XAD-2（比表面积为 300m^2/g，平均孔径为 9nm）两种非极性大孔吸附树脂可供选择，根据其比表面积和孔径应选择 XAD-4 更合适，因为这个吸附剂既有高的比表面积，又有足够大的孔径。

2. 被分离物质性质的影响

大孔吸附树脂的吸附效果，与被分离物质的分子量大小和极性强弱有直接关系。

1）被分离物质极性强弱的影响　　根据相似吸附原理，被分离物质分子极性的强弱直接影响分离效果。在实际分离工作中，既不能让大孔吸附树脂对被分离物质的吸附过强，又不能让大孔吸附树脂对被分离物质的吸附过弱，致使被分离物质无法得到分离。因此，极性较大的分子一般适于在中等极性的树脂上分离，极性较小的分子适于在非极性树脂上分离。需要注意的是，极性大小是一个相对概念，应根据分子中等极性基团（如羧基、羟基、羰基等）与非极性基团（如烷基等）的数目和大小来综合判断极性大小。对于未知化合物，可通过一定的预试验，如薄层色谱或纸色谱的色谱行为来判断其极性大小。

2）被分离物质分子量大小的影响　　被分离物质通过树脂的网孔扩散到树脂网孔内表面而被吸附，因此树脂吸附能力的大小与被分离物质分子的大小密切相关。分子体积较大的化合物应选择大孔径的树脂，因为溶质分子要通过孔道才能达到吸附剂内部表面，但孔径增大，吸附表面积就要减少。

3. 上样条件的影响

1）上样溶剂性质的影响　　溶质从较易溶解的溶剂中被吸附时，吸附量较少。上样溶液中加入适量氯化钠、硫酸钠等无机盐可使树脂的吸附量加大。例如，用 D101 型树脂分离人参皂苷时，若在提取液中加入 3%～5% 的无机盐，不仅能加快树脂对人参皂苷的吸附速度，而且吸附容量明显增大。这是由于加入无机盐降低了人参皂苷在水中的溶解度，使人参皂苷更易被树脂吸附。但盐类对吸附作用的影响比较复杂，有些情况下盐会阻止吸附。但在另一些情况下盐又能促进吸附，甚至有的吸附剂一定要在盐的存在下，才能对某种吸附物进行吸附。正是因为盐对不同物质的吸附有不同的影响，盐的浓度对于选择性吸附很重要，在生产工艺中也要靠实验来确定合适的盐浓度。

2）上样溶剂 pH 的影响　　溶液的 pH 往往会影响吸附物和吸附剂的解离情况，进而影响吸附量，所以溶液的酸碱性强对于分离效果具有很大的影响。通常酸性化合物在酸性溶液中被吸附，碱性化合物在碱性溶液中被吸附较为合适。中性化合物最好在中性溶液中进行吸附，以免酸碱性破坏化合物的结构。各种化合物吸附的最佳 pH 需通过实验来确定。

3）样品浓度的影响　　根据弗罗因德利希（Freundlich）和朗缪尔（Langmuir）经典吸附方程可知，被吸附物浓度增加，其吸附量也随之增加，但上样溶液浓度的增加不能超过树脂的吸附容量。如果上样溶液浓度太高，则吸附量会显著减少。另外，若上样溶液混浊不清也会影响树脂对被分离物质的吸附，其中存在的混悬颗粒易吸附于树脂的表面从而影响吸附。因此，在进行上样吸附前，必须对样品溶液采取过滤等预处理以除去杂质。

4）上样温度的影响　　吸附一般是放热的，所以只要达到了吸附平衡，升高温度会使吸附量降低。经实践证明，室温对实验几乎无影响，超过 50℃ 时，吸附量明显下降，故应注意上样温度。但在低温时，有些吸附过程往往在短时间内达不到平衡，而升高温度会使吸附速率加快，并出现吸附量增加的情况。选择生化物质的吸附温度时，还要考虑它的热稳定性。对酶来说，如果是热不稳定的，一般在 0℃ 左右进行吸附；如果比较稳定，则可在室温操作。

5）上样流速的影响　　采用动态吸附法分离物质时，药液通过树脂床的流速也会影响其吸附。同一浓度的上样溶液，上样流速过大，被吸附物质来不及被树脂吸附就提早发生泄漏，使树脂的吸附量下降。但上样流速过小，吸附时间就会相应增加。因此，在实际操作中，应通过试验来确定最佳上样流速，以同时保证树脂良好的吸附效果和较高的工作效率。

4. 洗脱条件的影响

1）洗脱剂种类的影响　　所选的洗脱剂应易溶解被吸附物质，这样可减弱被吸附物质和吸附树脂之间的吸附力。此外，所选的洗脱剂应能使大孔吸附树脂溶胀，打开大孔吸附树脂的孔隙，扩大树脂的孔容积。通常使用极性小的洗脱剂对非极性和弱极性大孔吸附树脂进行洗脱，用极性较大的洗脱剂对中等极性或极性较大的大孔吸附树脂进行洗脱。常见的洗脱剂有甲醇、乙醇、丙酮等，通常乙醇应用较多。实际工作中，可根据吸附力不同选择合适的洗脱剂及浓度。

2）洗脱速率的影响　　洗脱速率也是影响树脂吸附分离效果的一个重要因素。一般来说，洗脱速率慢比快的分辨率要好，但流速过慢，又会导致样品扩散，谱峰变宽，而且生产周期会延长，生产成本会提高。洗脱速率通常控制在 0.5～5mL/min 为宜。

（六）大孔吸附树脂在植物活性成分分离纯化中的应用

大孔吸附树脂在植物活性成分分离纯化中应用广泛。与离子交换树脂相比较，它不仅适用于离子型化合物如生物碱的分离和纯化,而且适用于非离子型化合物的分离和富集,如皂苷类、萜类等。

1. 黄酮类

黄酮类化合物存在于许多植物中,品种结构繁多。其中最有代表性的是银杏叶提取物。银杏叶提取物药效确切、显著,已成为世界上著名的单味药物。目前国外的银杏叶标准提取物规定黄酮苷的含量应大于或等于 24%,如萜类内酯应大于或等于 6%,并且水杨酸衍生物的含量应在 0.1%以下。以前一般用丙酮提取法、乙醇提取法和酮类提取-氢氧化铅沉淀法等方法制备银杏叶提取物,但往往难以达到上述要求。而日本学者采用大孔吸附树脂分离技术得到的银杏叶提取物则达到了上述规定指标。

2. 生物碱类

生物碱又名有机碱,是很多中草药和药用植物的有效成分,绝大多数具有显著的生理活性。生物碱的种类很多,有亲酯性生物碱,也有亲水性生物碱,但都具有一定的碱性,可与酸成盐。生物碱的分离可用阳离子交换树脂,但洗脱时需用酸、碱或盐类洗脱剂,这会给后面的分离带来困难。大孔吸附树脂分离技术通常采用乙醇洗脱,方式简单,毒性小,可避免引入杂质,是提取生物碱较理想的方法。

3. 皂苷类和其他苷类

在苷类成分的提取物中,往往伴随着诸如糖类、鞣质等亲水性较强的植物成分,给苷类成分的分离纯化增加了难度。大孔吸附树脂近年来在苷类成分的分离纯化中得到了广泛的应用。在苷类成分的分离纯化中,利用弱极性的大孔树脂吸附后,很容易用水将糖等亲水性成分洗脱下来,然后再用不同浓度的乙醇洗下被大孔树脂吸附的苷类,达到纯化的目的。例如,从甜叶菊干中提取甜菊苷,从绞股蓝中提取绞股蓝皂苷,从刺人参叶中提取刺人参苷,从丝瓜中提取丝瓜皂苷等。

• **实践活动** •

任务1 硅胶吸附分离提取葛根素

实训背景

葛根为豆科植物野葛的根,是常用的中药,其含多种黄酮类成分,主要活性成分为大豆素、大豆苷和葛根素等。葛根素具有扩张冠脉和脑血管、降低心肌耗氧量、改善心肌收缩功能、促进血液循环等作用,适用于冠心病、心绞痛、心肌梗死、视网膜动脉静脉阻塞、突发性耳聋等疾病的治疗,效果显著。

实训目的

1. 理解硅胶吸附柱层析和薄层层析的分离原理。
2. 掌握硅胶吸附柱层析的基本操作技术。
3. 掌握硅胶吸附薄层层析的基本操作技术。

本实验采用硅胶吸附柱层析（柱色谱）的方式提取葛根素。将固体吸附剂硅胶（固定相）装于色谱柱内，样品从柱顶加入，在顶部被硅胶吸附，然后从柱顶部加入作为洗脱剂（流动相）的有机溶剂，由于硅胶对葛根中各组分的吸附能力不同，各组分以不同速率下移，吸附能力较弱的组分在流动相里的百分含量比吸附能力较强的组分要高，以较快的速率向下移动，而吸附能力较强的组分则下移速率较慢。这样，葛根样品中各组分经过反复多次的吸附-洗脱而随洗脱剂以不同的时间从色谱柱下端流出，从而达到分离的目的。

本实验采用硅胶吸附薄层层析（薄层色谱）的方式鉴定葛根素。吸附薄层层析（图4-11）是将吸附剂均匀地铺在玻璃板上作为固定相，经干燥、活化后点上待分离样品并用合适的溶剂作为展开剂（即流动相），最后使样品中各组分得到分离的一种实验技术。在吸附薄层层析过程中，吸附能力弱的组分随流动相向前移动的速度较快，吸附能力强的组分则移动得较慢。利用各组分随展开剂移动速度的不同，最终将各组分彼此分开（见动画4-1）。如果各组分本身有颜色，则薄层板干燥后会出现一系列高低不同的斑点，如果本身无色，则可用各种显色方法使之显色，以确定斑点位置。在薄板上混合物的每个组分上升的高度（X）与展开剂上升的前沿（Y）之比称为该化合物的 R_f 值，又称比移值。如图4-12所示，R_f 值 $= X/Y$。对于相同的化合物，当实验条件相同时，其 R_f 值是一样的。

动画 4-1

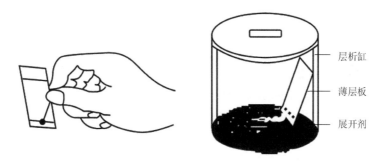

图 4-11 吸附薄层层析示意图

1. 实训材料：葛根、葛根素（8-β-D-葡萄吡喃糖-4,7-二羟基异黄酮）标准品。

2. 实训试剂：95%乙醇、无水乙醇、氯仿、甲醇、冰醋酸、硅胶（100～200目柱层析用）等。

3. 实训设备：粉碎机、标准筛（10目）、加热回流装置、过滤装置、层析柱、铁架台、旋转蒸发器、烘箱、天平、紫外分光光度计等。

1. 葛根素的提取

称取适量葛根，用粉碎机粉碎，过10目筛。将50g葛根粉装入提取瓶中，加入4倍量的95%乙醇，回流提取1h，倒出上清液，

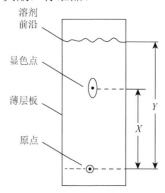

图 4-12 R_f 值计算示意图

再回流提取一次，合并提取液，减压浓缩至原体积的 1/3，放置过夜，过滤除去沉淀物，将滤液继续减压浓缩至无醇味，置于蒸发皿中，于水浴上挥干溶剂，研细，100℃烘烤 2h 得葛根素粗品。

视频 4-1

2. 葛根素的分离和精制（具体操作方法见视频 4-1）

（1）干法装柱：用洗脱剂浸泡柱子下口 24h 后，放掉洗脱剂，将柱子固定在铁架台上。称取 100～200 目柱层析用硅胶 30g，打开下口，然后用漏斗将硅胶缓缓加入柱中，同时用吸耳球轻轻敲动层析柱，使硅胶填充均匀。硅胶顶部平面放一圆形滤纸片并保持水平，然后沿柱壁缓慢加入洗脱剂氯仿-甲醇（5∶1），至洗脱剂从层析柱下口均匀流出后，停止加入洗脱剂。当洗脱剂液面下降到刚好覆盖硅胶顶端平面时，关闭层析柱的下口。

（2）上样：上样有干法上样和湿法上样两种方法。干法上样时，称取 200mg 葛根素粗品，加入 1～2mL 无水乙醇溶解后，在溶液中加入 500mg 100～200 目硅胶，拌匀并挥干乙醇，随后研磨使之成松散均匀的粉末，轻轻撒在层析柱硅胶顶部平面，再撒一层细砂或放一圆形滤纸片，即可完成上样操作。湿法上样时，把被分离的物质溶解在少量氯仿-甲醇（5∶1）中，用滴管吸取样品小心沿柱壁加载到硅胶顶端平面，打开层析柱的下口塞，当样品溶液下降到刚好覆盖吸附剂顶端平面时，关闭层析柱的下口塞，在上面放一圆形滤纸片。

3. 洗脱和结晶

用氯仿-甲醇（5∶1）为洗脱剂进行柱层析。每 10mL 为 1 个流分。所用洗脱剂总体积约为 350mL，用硅胶薄层层析进行检测（具体条件见鉴定部分），将含葛根素单一色点的流分合并，回收溶剂至干，加入少量无水乙醇溶解，然后加入等量冰醋酸，放置析晶，过滤得葛根素纯品，在 60℃条件下真空干燥。

视频 4-2

4. 葛根素的鉴定

采用硅胶 GF_{254} 薄层层析进行鉴定，操作过程见视频 4-2。

（1）展开剂：氯仿-甲醇（5∶1）。

（2）样品：葛根素标准品、纯品及粗品。

（3）观察方法：在 365nm 紫外灯下观察。

▌ 注意事项 ▐

1. 干法装柱时，注意将硅胶通过漏斗装入柱内，中间不应间断，形成一细流慢慢加入柱内。
2. 上样时注意保持硅胶上端表面平整。

▌ 结果讨论 ▐

1. 精密称取葛根素标准品 10mg，置于 50mL 容量瓶中，加 30%乙醇定容，即配制成质量浓度为 0.2mg/mL 的葛根素标准品溶液。分别精密吸取 0.2mL、0.4mL、0.6mL、0.8mL、1.0mL、1.2mL 葛根素标准品溶液置于 25mL 容量瓶中，加 30%乙醇定容。以 30%乙醇为空白对照，读取波长 250nm 处的吸光度值。以吸光度值为横坐标、质量浓度为纵坐标，绘制葛根素标准曲线并得到线性回归方程。

2. 将所得的葛根素纯品用 30%乙醇溶解并定容至适量体积，得到样品溶液。以 30%乙醇为空白对照，读取样品溶液在 250nm 处的吸光度值，利用葛根素标准曲线计算样品溶液浓度，然后根据下面的公式计算葛根素得率。

$$葛根素得率（\%）=\frac{稀释倍数×样品溶液浓度×样品溶液体积}{葛根质量}×100$$

3. 分析讨论影响葛根素得率的主要因素。

任务2　大孔吸附树脂法提取原花青素

实训背景

原花青素是植物中广泛存在的一大类天然多酚化合物的总称，具有较强的清除自由基和抑制氧化损伤的功效，因此原花青素被广泛用于保健品、食品、医药和化妆品等领域。葡萄籽中原花青素含量丰富，是公认的提取原花青素的较好来源。目前多数酿酒和果汁加工厂家将葡萄籽作为废弃物，造成了资源的浪费。因此，利用葡萄籽提取原花青素，可以变废为宝，助力国家经济绿色发展。

实训目的

1. 理解大孔吸附树脂的分离原理。
2. 掌握大孔吸附树脂分离操作的基本步骤。

实训原理

大孔吸附树脂是一种多孔立体结构的聚合物吸附剂，借助的是范德瓦耳斯力从溶液中吸附各种有机物质。它具有选择性高、易解吸、再生简单、不易老化、可反复使用等优点。

把原花青素提取液通过大孔吸附树脂时，原花青素被吸附，而大量水溶性杂质随水流出，从而使原花青素与水溶性杂质分离（见动画4-2）。

动画4-2

实训器材

1. 实训材料：葡萄籽。
2. 实训试剂：70%乙醇、95%乙醇、无水乙醇、AB-8 大孔吸附树脂、原花青素标准品、香草醛、盐酸等。
3. 实训设备：粉碎机、60 目筛、恒温水浴锅、过滤装置、层析柱（10mm×300mm）、旋转蒸发仪、蠕动泵、铁架台、烘箱、天平、紫外-可见分光光度计等。

实训步骤

1. 原花青素提取液的制备

将葡萄籽在50℃条件下烘干3h，用粉碎机粉碎，过60目筛。称取适量葡萄籽粉末，按料液比1∶12（g/mL），加入70%乙醇溶液，置于恒温水浴锅中，在50℃条件下提取1.5h，过滤，收集滤液。从滤液减压回收乙醇至原体积的1/3，过滤除去固形物质，得到原花青素提取液。

2. 树脂的预处理

（1）用95%乙醇溶液浸泡树脂24h，充分溶胀后，湿法装柱，柱高约200mm。

（2）用 95%乙醇以 2BV/h（BV 为柱体积）的流速冲洗装好的树脂柱，至流出液与水混合（比例为 1∶5）不呈白色混浊为止，再用蒸馏水洗至无醇味，备用。

3. 上样

（1）取一定量原花青素提取液（约为吸附剂用量的 1/8）以 2BV/h 的流速加到处理好的大孔吸附树脂柱顶端。穿透液重复吸附 3 次后，静置吸附 30min。

（2）用蒸馏水冲洗树脂柱，洗去树脂表面的糖、蛋白质等水溶性杂质，待流出液透明清亮表明杂质去除干净。

4. 洗脱

用 70%乙醇洗脱吸附在树脂上的原花青素，流速 1BV/h，收集洗脱液。因为原花青素在紫外线 280nm 波长处有最大吸收，因此，流出液在 280nm 波长下无吸收时，可停止洗脱。

5. 浓缩

洗脱液在 50℃进行减压浓缩至干，即得初步提纯的原花青素。

▌ **注意事项** ▌

1. 层析柱底部若没有石英砂，应放置少量玻璃丝或棉花；要求它们不漏不堵、不吸附样品，且能保持一定的流速。

2. 树脂一定要充分溶胀后才能装柱。预处理好的树脂，保持湿润，不能脱水。

3. 开始装柱前，柱中应先加入约 1/5 柱高的溶剂，然后打开柱底端阀门，并保持一定的流速。

4. 灌注树脂时，需连续、均匀，不要中断，使树脂颗粒均匀沉降，以免发生分层。

5. 装柱之后，用溶剂充分洗涤树脂，把树脂中的微粒、尘埃除去，同时去除树脂层的气泡，使树脂颗粒填充均匀。

▌ **结果讨论** ▌

1. 用原花青素标准品配制浓度为 20μg/mL、40μg/mL、60μg/mL、80μg/mL 和 100μg/mL 的系列标准溶液。各吸取 1mL 不同浓度的标准溶液，分别加入 5mL 显色剂（1%香草醛溶液∶8%盐酸溶液 = 1∶1，现用现配），放入水浴锅中，水浴温度为 30℃，避光反应 30min。以 5mL 显色剂和 1mL 蒸馏水作为空白对照，在 500nm 处测定吸光度值。以原花青素标准溶液浓度为横坐标、测得的吸光度值为纵坐标，绘制标准曲线。

2. 根据标准曲线计算出样品中的原花青素浓度，然后利用下面的方程式计算出样品中原花青素的提取率。

$$E = \lambda \times V \times C / m \times 100\%$$

式中，E 为样品中原花青素提取率；λ 为样品溶液稀释倍数；V 为提取液的体积，mL；C 为样品中原花青素浓度，μg/mL；m 为称取葡萄籽质量，g。

3. 分析讨论影响原花青素提取率的主要因素。

● **课后思考** ●

一、名词解释

吸附　吸附剂　大孔吸附树脂

二、填空题

1. 吸附剂按其化学结构可分为两类，一类是无机吸附剂，如_____、_____、_____和_____，另一类是有机吸附剂，如_____、_____和_____。

2. 常用的传统吸附剂有_____、_____和_____。

3. 大孔吸附树脂与大网格离子交换树脂不同，_____对大孔吸附树脂的吸附不仅没有影响，反而可增大吸附量。

4. 由于吸附质与吸附剂的分子之间形成_____而引起的吸附称为化学吸附。

5. 硅胶是一种亲水性吸附剂，非极性和极性化合物都能吸附，但对_____的吸附力更大。

三、选择题

1. 极性吸附剂适于从下列哪种溶剂中吸附极性物质？（　　　）

A. 水　　　　　　　B. 乙醇　　　　　　C. 极性溶剂　　　　D. 非极性溶剂

2. 活性炭在下列哪种溶剂中吸附能力最强？（　　　）

A. 水　　　　　　　B. 乙醇　　　　　　C. 甲醇　　　　　　D. 三氯甲烷

3. 哪种吸附剂适用于生物活性高分子物质（如蛋白质、核酸）的分离？（　　　）

A. 活性炭　　　　　B. 羟基磷灰石　　　C. 硅胶　　　　　　D. 氧化铝

4. 哪种吸附剂的吸附活性与含水量的关系很大，吸附能力随含水量的增高而降低？（　　　）

A. 大孔吸附树脂　　B. 白陶土　　　　　C. 硅胶　　　　　　D. 氧化铝

5. 下列哪项不是影响吸附的因素？（　　　）

A. 吸附剂的比表面积　　　　　　　　　B. pH

C. 吸附时间　　　　　　　　　　　　　D. 吸附温度

四、开放性思考题

请下载专业文献"黄晓亮，李姝，黄燕军，等. 2019. D101 大孔树脂纯化匙羹藤乙醇提取物中总皂苷的研究. 时珍国医国药，30（2）：292-294"，阅读并回答以下问题：

1. 该文献采取了什么程序对大孔吸附树脂进行预处理？

2. 该文献探究了影响大孔吸附树脂吸附率的哪些因素，并取得了什么结果？

3. 该文献探究了影响大孔吸附树脂解吸率的哪些因素，并取得了什么结果？

4. 该文献为什么要测定泄漏曲线？

● 参考文献 ●

丁玉峰，郭书贤，张弘弛，等. 2019. 葡萄籽中原花青素水浴提取工艺. 食品工业，40（8）：32-36

葛喜珍，李映，韩永萍，等.2020.科学与思政视角的屠呦呦与青蒿素.教育教学论坛，（16）：59-62

顾觉奋.2002.分离纯化工艺原理.北京：中国医药科技出版社：140-153

胡迎丽，夏璐，雷福厚.2021.大孔吸附树脂在天然产物的分离纯化中的应用进展.化工技术与开发，50（11）：29-34

黄晓亮，李姝，黄燕军，等.2019.D101大孔树脂纯化匙羹藤乙醇提取物中总皂苷的研究.时珍国医国药，30（2）：292-294

赵平，张月萍，任鹏.2013.AB-8大孔树脂对葡萄籽原花青素的吸附过程.化工学报，64（3）：980-985

周北君，陈蕙芳.2000.建立植物活性成分数据库——为新药研究服务、为中药现代化服务.药学实践杂志，（5）：351-352

项目五

药物有效成分的离子交换分离纯化

电子课件

案例导入

　　氨基酸是组成蛋白质的基本单元，具有极其重要的生理功能，被广泛应用于医药、食品、饲料和化妆品等多个领域。因此，有效的氨基酸分离纯化方法已成为工业生产氨基酸的重要制约因素。目前许多氨基酸的工业生产中都用到了离子交换分离技术。例如，味精厂采用离子交换分离技术中的强酸性阳离子交换树脂对氨基酸进行选择性吸附，分离出影响谷氨酸结晶的杂质，从而提高产物味精的纯度。还有人们以离子交换分离技术为原理，设计了氨基酸自动色谱仪，对多种氨基酸成分进行分离。其现早已发展成为生物医药、食品、饲料等行业氨基酸分析必不可少的自动化常规检测设备。离子交换分离技术是怎样的一个技术呢？本章将给大家全面、详细地展现离子交换分离技术。

项目概述

　　离子交换分离技术是应用离子交换剂作为吸附剂，通过静电引力将溶液中带相反电荷的物质吸附在离子交换剂上，然后用合适的洗脱剂将吸附物从离子交换剂上洗脱下来，从而达到分离、浓缩、纯化的目的。离子交换分离技术由于所用介质无毒性且可反复再生使用，少用或不用有机溶剂，因而具有设备简单、操作方便、劳动条件较好的优点，现已被广泛应用于生物分离过程，在原料液脱色、除臭，目标产物的提取、浓缩和粗分离等方面发挥着重要作用。本项目主要学习内容见图5-1。

　　本项目的知识链接部分首先介绍了离子交换树脂的基本概念和结构、离子交换树脂的分离原理、常用的离子交换树脂的分类和理化性质等基础知识，接着从影响离子交换树脂选择性的因素、离子交换过程及影响离子交换速度的因素逐步介绍离子交换过程的理论基础，然后从离子交换树脂和操作条件的选择方法，树脂的处理、转型、再生与保存详细介绍了离子交换树脂的操作方法，最后概述了离子交换分离技术在水处理、生物工程、药物分离与纯化等方面的应用。

　　本项目以"离子交换法分离纯化氨基酸"和"离子交换法进行青霉素钾盐-钠盐的转化"两个典型的实践活动为主线对离子交换分离技术进行介绍，从实训任务的背景、目的、器材、操作步骤、注意事项、结果讨论等方面设计了完整的实训环节，旨在培养学生实践动手能力，进一步巩固了学生对离子交换分离技术的基本理论和知识的理解，使学生能更好地掌握药物有效成分的离子交换分离纯化技能。

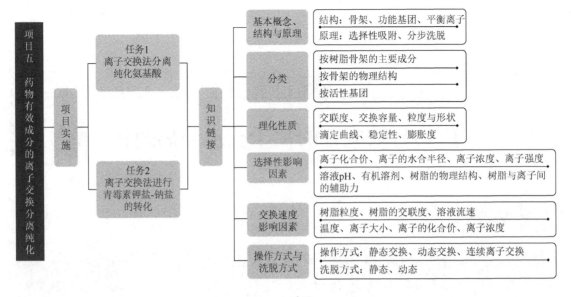

图 5-1　项目五主要学习内容介绍

教学目标

知识目标

1. 掌握离子交换树脂的基本概念、结构和分类，理解离子交换树脂分离的主要过程及原理，重点掌握按活性基团的分类方法。

2. 掌握影响离子交换树脂选择性的因素，了解影响离子交换过程及离子交换速度的因素。

3. 掌握离子交换树脂的操作方法，以及离子交换树脂和操作条件的选择依据，熟悉离子交换树脂的处理、转型、再生和保存。

4. 掌握离子交换法分离氨基酸的原理及基本操作技术，以及离子交换法进行青霉素盐转换的原理及操作过程。

能力目标

1. 能够针对不同的待分离物质选择合适的离子交换树脂进行分离。

2. 能够规范完成离子交换树脂的预处理、上样、装柱和洗脱、再生等操作过程，实现用离子交换树脂分离纯化物质的目标。

3. 能够建立分离纯化的工程概念，会利用离子交换树脂分离纯化氨基酸等有效成分。

素质目标

1. 通过实操离子交换法进行青霉素钾盐-钠盐转化的实训任务，建立安全责任意识，严格遵守实验操作的安全规范。

2. 通过学习离子交换分离技术的应用，培养学生自我学习的能力，立足学科与行业领域，不断学习和关注新技术的应用与发展。

陈薇——不是在实验室，就是在去实验室的路上

　　2020年9月8日，全国抗击新冠肺炎疫情表彰大会上，当习近平主席授予陈薇院士"人民英雄"的国家荣誉称号时，会场中响起了热烈的掌声，线上同步观看的全国观众亦为之鼓掌祝贺。

　　陈薇是中国工程院院士、生物安全专家，长期从事生物新药和生物防御新型疫苗研究。2020年新冠肺炎疫情突然发生后，陈薇是最美逆行者之一，在武汉关闭离汉通道的第四天，她就率领团队紧急奔赴武汉，迅速开展应急科研攻关，建立起联防、联控、联治、联研工作机制。在陈薇的指挥下，短短24h内，一座负压帐篷式移动实验室在中部战区总医院药剂楼旁迅速搭建起来，形成日检1000人份的核酸检测能力，大大缩短了核酸检测时间。

　　陈薇率领团队争分夺秒开展重组新冠病毒疫苗的研究。她不是在实验室，就是在去实验室的路上。2020年3月16日，陈薇领衔团队攻坚克难，研制的新冠疫苗获批正式进入临床试验。但新研究出的腺病毒载体重组新冠疫苗充满未知，虽然腺病毒载体已是成熟的技术平台，且疫苗已通过了动物试验，但无论有多少理论保障和信心支撑，谁都难以保证绝对安全。她冲锋在前，于危难之际再次挺身担当，率先试打。"我先试打，半小时后如果我没事，你们再打。"陈薇面色如常，语气如常说道。而今，陈薇团队研发的"重组新冠疫苗（腺病毒载体）"是国内批准的第一个采用基因工程技术制备的新冠疫苗，对加紧建立国内群体免疫屏障发挥了重要作用。

　　她一次次与致命病毒短兵相接，一次次在"无形的战场"拼死搏杀，陈薇从来没有动摇过、退缩过，总是能以关键性的原创科研成果向祖国和人民交上合格答卷。她是我们青年一代学习的榜样，作为时代的接班人，我们应用责任与担当赋予青春靓丽的底色，以时不我待的使命感，为实现中华民族伟大复兴的中国梦贡献自己的力量！

● 知识链接 ●

　　离子交换法要使用离子交换剂，常见的离子交换剂有两种：一种是使用人工高聚物作载体的离子交换树脂，另一种是使用多糖作载体的多糖基离子交换剂。本项目将重点以离子交换树脂为例讲解离子交换分离技术的基础理论、操作方法和应用。

一、离子交换树脂的基本概念和结构

动画 5-1

　　离子交换树脂是一种不溶于酸、碱和有机溶剂的固态高分子聚合物。它具有网状立体结构并含有活性基团，能与溶剂中其他带电粒子进行离子交换或吸着（见动画 5-1）。

　　离子交换树脂由三部分构成（图 5-2）：①惰性、不溶的具有三维空间立体结构的网络骨架，称为载体或骨架；②与载体连成一体的、不能移动的活性基团，又称功能基团；③与功能基团带相反电荷的可移动的活性离子，又称平衡离子或可交换离子，当树脂处在溶液中时，活性离子可在树脂的骨架中进进出出，与溶液中的同性离子发生交换过程。

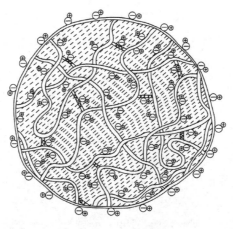

⊖ 固定阴离子交换基　　XXXXX 二乙烯苯交联

⊕ 可交换离子　　░ 水合水　　〜 苯乙烯链

图 5-2　聚苯乙烯型离子交换树脂结构示意图

离子交换现象可用下面的方程式表示：

$$R^-X^+ + Y^+ \rightleftharpoons R^-Y^+ + X^+$$

式中，R^- 表示阳离子交换剂的功能基团和载体；X^+ 为平衡离子；Y^+ 为交换离子。

离子交换反应是可逆的，符合质量作用定律。向树脂中添加 Y^+，反应平衡向右移动，交换离子全部或大部分被交换而吸附到树脂上。向树脂中添加 X^+，反应平衡向左移动，交换离子全部或大部分从树脂上释放出来。例如，用 Na^+ 置换磺酸树脂上的可交换离子 H^+，当溶液中的钠离子浓度较大时，就可把磺酸树脂上的氢离子交换下来。当全部的氢离子被钠离子交换后，这时就称树脂为钠离子饱和。然后，如果把溶液变为浓度较高的酸时，溶液中的氢离子又能把树脂上的钠离子置换下来，这时树脂就"再生"为 H^+ 型。

离子交换树脂的活性离子决定此树脂的主要性能，因此，树脂可以按照活性离子分类。如果树脂的活性离子带正电荷，则可和溶液中的阳离子发生交换，称为阳离子交换树脂；如果树脂的活性离子带负电荷，则可和溶液中的阴离子发生交换，称为阴离子交换树脂（图 5-3）。

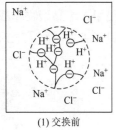
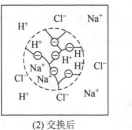
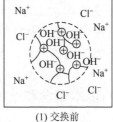
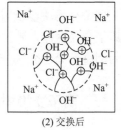

| (1) 交换前 | (2) 交换后 | (1) 交换前 | (2) 交换后 |

A 氢型阳离子交换树脂与 Na^+ 的交换　　　　B 羟型阴离子交换树脂与 Cl^- 的交换

图 5-3　离子交换树脂的交换过程示意图

二、离子交换树脂的分离原理

用离子交换法分离纯化物质主要通过选择性吸附和分步洗脱这两个过程来实现（见动画 5-2）。

动画 5-2

进行选择性吸附时，需使目的物粒子具有较强的结合力，而其他杂质粒子没有结合力或结合力较弱。具体做法是使目的物粒子带上相当数量的与活性离子相同的电荷（如两性物质可通过调节溶液的 pH 来实现），然后通过离子交换被离子交换树脂吸附，使主要杂质粒子带上与活性离子相反的或较少的相同电荷，从而不被离子交换树脂吸附或吸附力较弱。

从树脂上洗脱目的物时，主要可采用以下两种方法。

（1）调节洗脱液的 pH，使目的物粒子在此 pH 下失去电荷，甚至带相反电荷，从而丧失与原离子交换树脂的结合力而被洗脱下来。

（2）根据质量作用定律，用高浓度的同性离子将目的物离子取代下来。对阳离子交换树脂而言，目的物的解离常数 pK 值越大（解离常数 pK 表示酸碱本身在溶剂中的酸碱性，对于酸来说，pK 越大，其酸性越弱），所以将其洗脱下来所需溶液的 pH 也越高。对阴离子交换树脂而言，目的物的 pK 值越小（对于碱来说，pK 越小，其碱性越强），洗脱液的 pH 也越高。图 5-4 显示了离子交换吸附和洗脱的基本原理。

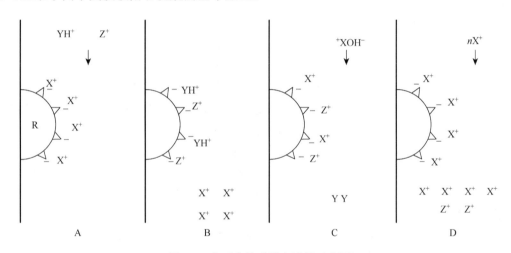

图 5-4 离子交换吸附和洗脱示意图

A. X^+为平衡离子，YH^+及 Z^+为待分离离子；B. YH^+和 Z^+取代 X^+而被吸附；
C. 加碱后 YH^+失去正电荷，被洗脱；D. 提高 X^+的浓度取代出 Z^+

以氨基酸的分离纯化为例，氨基酸分子上的静电荷取决于氨基酸的等电点和溶液的 pH，在溶液低 pH 时，氨基酸分子带正电荷，它将结合到强酸性的阳离子交换树脂上。如果通过树脂的缓冲溶液的 pH 逐渐增加，氨基酸将逐渐失去正电荷，结合力减弱，最后被洗脱下来。由于不同氨基酸的等电点不同，这些氨基酸将依次被洗脱。首先被洗脱的是酸性氨基酸，如天冬氨酸和谷氨酸（pH 3～4），然后是中性氨基酸，如甘氨酸和丙氨酸。而碱性氨基酸，如精氨酸和赖氨酸，在 pH 很高的缓冲液中带正电荷，因此这些氨基酸将在 pH 10～11 的缓冲液中最后出现。

另外，高价离子容易结合而不易洗脱，对于典型的强酸性阳离子交换树脂来说，洗脱顺序如下：$H^+ < Na^+ < Mg^{2+} < Al^{3+} < Th^{4+}$，所以在用一种高价离子取代结合离子时使用稀溶液即可，而如果要导入一种低价离子时则需用浓溶液。例如，含 Na^+型交换树脂，当通过含 Ca^{2+}的稀溶液时，很容易变成 Ca^{2+}型。反之，含 Na^+的稀溶液不能使 Ca^{2+}型交换树脂再生成 Na^+型。这是因为稀溶液中 Na^+和交换树脂的亲和力小于 Ca^{2+}。如果用浓的 NaCl 溶液通过 Ca^{2+}型交换树脂，Ca^{2+}可以被代替，这是质量作用定律的结果。

三、离子交换树脂的分类和理化性质

（一）离子交换树脂的分类

离子交换树脂有多种分类方法，主要有以下三种。

1. 按树脂骨架的主要成分分类

（1）聚苯乙烯型树脂，这是最重要的一类离子交换树脂，由苯乙烯（母体）和二乙烯苯（交联剂）的共聚物作为骨架，再引入所需要的活性基团。

（2）聚苯烯酸型树脂，主要由苯烯酸甲酯与二乙烯苯的共聚物作为骨架。

（3）多乙烯多氨-环氧氯苯烷树脂，由多乙烯氨与还氧氯苯烷的共聚物作为骨架。

（4）酚-醛型树脂，主要由水杨酸、苯酚和甲醛缩聚而成，水杨酸和甲醛形成线状结构，苯酚和甲醛作为交联剂。

2. 按骨架的物理结构分类

1）凝胶型树脂　　也称微孔树脂。这类树脂是以苯乙烯或丙烯酸与交联剂二乙烯苯聚合得到的具有交联网状结构的聚合体，一般呈透明状态。这种树脂的高分子骨架中没有毛细孔，而在吸水溶胀后能形成很细小的孔隙，这种孔隙的孔径很小，一般为2～4nm，失水后，孔隙闭合消失，由于是非长久性、不稳定的，因此称为"暂时孔"。因此，凝胶型树脂在干裂或非水介质中没有交换能力，这就限制了离子交换技术的应用。即使在水介质中，由于孔隙细小，凝胶型树脂吸附有机大分子比较困难，而且有的被吸附后也不容易洗脱，产生不可逆的"有机污染"使交换能力下降。降低交联度，使"空隙"增大，交换能力和抗有机污染有所改善，但交联度下降，机械强度相应降低，造成树脂破碎，严重的根本无法使用。

2）大网格树脂　　也称大孔型树脂。该树脂在制造时先在聚合物原料中加入一些不参加反应的填充剂（致孔剂，常用的致孔剂为高级醇类有机物）。聚合物成形后再将其除去，这样在树脂颗粒内部形成了相当大的孔隙，因此其较善于吸附大分子有机物，耐有机物的污染。

大孔型树脂的特征如下。

（1）载体骨架交联度高，有较好的化学和物理稳定性及机械强度。

（2）孔径大，且为不受环境条件影响的永久性孔隙，甚至可以在非水溶胀下使用。所以它的动力学性能好，抗污染能力强，交换速度快，尤其是对大分子物质的交换十分有利。

（3）表面积大，表面吸附强，对大分子物质的交换容量大。

（4）孔隙率大，相对密度小，对小离子的体积交换量比凝胶型树脂小。

常见的大孔型树脂的主要特征见表5-1。

表 5-1　大孔型树脂的主要特征

树脂	比表面积/(m²/g)	孔径半径/nm	孔隙率/(mL 孔隙/g 树脂)	总交换容量/(meq/g 树脂)	含水量/%
大孔型强酸树脂	54.8	6～30	0.363	4.8	49
大孔型强酸树脂	125.5	2～40	0.325	3.5	44
大孔型弱酸树脂	1.8	20～200	0.152	10.2	45

续表

树脂	比表面积/(m²/g)	孔径半径/nm	孔隙率/(mL 孔隙/g 树脂)	总交换容量/(meq/g 树脂)	含水量/%
大孔型强碱树脂 I 型	18.4	14～22	0.242	4.4	62
大孔型强碱树脂 I 型	46.9	21～120	0.906	2.6	60
大孔型强碱树脂 II 型	71.3	7～30	0.388	2.7	44
超大孔型强碱树脂	7.3	2 500～25 000	0.972	4.0	72
大孔型弱碱树脂	32.4	17～75	0.826	4.8	50
大孔非离子型树脂 I 型	100	10～200	0.470		36
大孔非离子型树脂 II 型	313	10～100	0.600		47

注：meq/g 树脂表示每 g 树脂所能交换的离子的毫克当量数

大孔型树脂与凝胶型树脂孔结构、物理性能的比较见表 5-2。

表 5-2　大孔型树脂与凝胶型树脂孔结构、物理性能的比较

指标	交联度/%	比表面积/(m²/g)	孔径/nm	孔隙率/(mL 孔隙/g 树脂)	外观	孔结构
大孔	15～25	25～150	10～1000*	0.15～0.55	不透明	大孔、凝胶孔
凝胶	2～10	<0.1	<4.0	0.01～0.02	透明（或半透明）	凝胶孔

*美国 IRA-938 孔径达到 2500～25 000nm

3）均孔树脂　　也称等孔树脂，主要是阴离子交换树脂。均孔树脂也是凝胶型树脂。与普通凝胶型树脂相比，其骨架的交联度比较均匀。该类树脂的代号为 IP 或 IR。普通凝胶型树脂在聚合时因二乙烯苯的聚合反应速度大于苯乙烯，故反应不易控制，往往造成凝胶不同部位的交联度相差很大，致使凝胶强度不好，抗污染能力差。

如果在聚合时不用二乙烯苯作交联剂，而采用氯甲基化反应进行交换，将氯甲基化后的珠体用不同的胺进行胺化，就可制成各种均孔型阴离子交换树脂，简称 IP 型树脂。这样制得的阴离子交换树脂的交联度均匀，孔径大小一致，质量和体积交换容量都较高，膨胀度、相对密度适中，机械强度好，抗污染和再生能力也强。例如，Amberlite IRA 型树脂即均孔型阴离子交换树脂。

另外，还有大孔均孔型离子交换树脂，它是二者特征的叠加，特别适用于分离大分子物质，在此不作专门介绍。

3. 按活性基团分类

1）阳离子交换树脂　　活性基团为酸性，对阳离子具有交换能力，根据其活性基团酸性的强弱又可分为以下两种。

（1）强酸性阳离子交换树脂：这类树脂的活性基团为磺酸基团（-SO₃H）和次甲酸磺酸基团（-CH₂SO₃H）。它们都是强酸性基团，能在溶液中解离出 H⁺，离解度基本不受 pH 的影响。反应简式为

$$R\text{-}SO_3H \rightleftharpoons R\text{-}SO_3^- + H^+$$

树脂中的 H^+ 与溶液中的其他阳离子如 Na^+ 交换，从而使溶液中的 Na^+ 被树脂中的活性基团 SO_3^- 吸附，反应式如下：

$$R\text{-}SO_3^-H^+ + Na^+ \rightleftharpoons R\text{-}SO_3Na + H^+$$

由于强酸性树脂的解离能力很强，因此在很宽的 pH 范围内都能保持良好的离子交换能力，使用时的 pH 没有限制，在 pH 1~14 内均可使用。

以磷酸基[-PO(OH)$_2$]和次磷酸基[-PHO(OH)]作为活性基团的树脂具有中等强度的酸性。

（2）弱酸性阳离子交换树脂：这类树脂的活性基团主要有羧基（-COOH）和酚羟基（-OH），它们都是弱酸性基团，解离度受溶液 pH 的影响很大，在酸性环境中的解离度受到抑制，故交换能力差，在碱性或中性环境中有较好的交换能力，羧基阳离子交换树脂须在 pH>7 的溶液中才能正常工作，对于酸性更弱的酚羟基，则应在 pH>9 的溶液中才能进行反应。弱酸性阳离子交换树脂可进行如下反应：

$$R\text{-}COOH + Na^+ \rightleftharpoons R\text{-}COONa + H^+$$

2）阴离子交换树脂　　活性基团为碱性，对阴离子具有交换能力，根据其活性基团碱性的强弱又可分为以下两种。

（1）强碱性阴离子交换树脂：这类树脂的活性基团多为季铵基团（-NR$_3$OH），能在水中解离出 OH$^-$ 而呈碱性，且离解度基本不受 pH 的影响。反应简式为

$$R\text{-}NR_3OH \rightleftharpoons R\text{-}NR_3^+ + OH^-$$

树脂中的 OH$^-$ 与溶液中的其他阴离子如 Cl$^-$ 交换，从而使溶液中的 Cl$^-$ 被树脂中的活性基团 NR$_3^+$ 吸附，反应式如下：

$$R\text{-}NR_3OH + Cl^- \rightleftharpoons R\text{-}NR_3Cl + OH^-$$

由于强碱性阴离子交换树脂的解离能力很强，因此在很宽的 pH 范围内都能保持良好的离子交换能力，使用时的 pH 没有限制，在 pH 1~14 内均可使用。

（2）弱碱性阴离子交换树脂：这类树脂含弱碱性基团，如伯胺基（-NH$_2$）、仲胺基（-NHR）或叔胺基（-NR$_2$），它们在水中能解离出 OH$^-$，但解离能力较弱，受 pH 的影响较大，在碱性环境中的解离度受到抑制，故交换能力差，只能在 pH<7 的溶液中使用。

以上 4 种树脂是树脂的基本类型，在使用时，常将树脂转变为其他离子型式。例如，将强酸性阳离子交换树脂与 NaCl 作用，转变为钠型树脂。在使用时，钠型树脂放出钠离子与溶液中的其他阳离子交换。由于交换反应中没有放出氢离子，避免了溶液 pH 下降和由此产生的副作用，如对设备的腐蚀。进行再生时，用盐水而不用强酸。弱酸性阳离子交换树脂生成的盐如 RCOONa 很易水解，呈碱性，所以用水洗不到中性，一般只能洗到 pH 9~10。但是弱酸性阳离子交换树脂和氢离子的结合能力很强，再生成氢型较容易，耗酸量少。强碱性阴离子交换树脂可先转变为氯型，工作时用氯离子交换其他阴离子，再生只需用食盐水。但弱碱性阴离子交换树脂生成的盐如 RNH$_3$Cl 同样易水解。这类树脂和 OH$^-$ 的结合能力较强，所以再生成羟型较容易，耗碱量少。

各种树脂的强弱最好用其活性基团的 pK 值来表示。对于酸性树脂，pK 值越小，酸性越强，而对于碱性树脂，pK 值越大，碱性越强。

以上 4 类树脂性能的比较见表 5-3，主要的离子交换功能基团见表 5-4。

表 5-3　4 类树脂性能的比较

性能	阳离子交换树脂		阴离子交换树脂	
	强酸性	弱酸性	强碱性	弱碱性
活性基团	磺酸	羧酸	季胺	伯胺、仲胺、叔胺
pH 对交换能力的影响	无	在酸性溶液中交换能力很小	无	在碱性溶液中交换能力很小
盐的稳定性	稳定	洗涤时水解	稳定	洗涤时水解
再生	用 3~5 倍再生剂	用 1.5~2 倍再生剂	用 3~5 倍再生剂	用 1.5~2 倍再生剂，可用碳酸钠或氨水
交换速度	快	慢（除非离子化）	快	慢（除非离子化）

注：再生剂用量指该树脂交换容量的倍数

表 5-4　主要的离子交换功能基团

类型	强酸性基	弱酸性基	强碱性基	弱碱性基
离子交换基	磺酸基 磺丙基（SP） 磷酸基（P）	羧甲基（CM） 羧基	三甲胺基 二甲基-β-羧基乙胺 二乙胺乙基（DEAE） 三乙胺乙基（TEAE）	氨基 二乙胺基

（二）离子交换树脂的命名

1977 年，我国石化部颁布了离子交换树脂的命名法，规定离子交换树脂的型号由三位阿拉伯数字组成。第一位数字代表产品的分类，第二位数字代表骨架，第三位数字代表顺序号。分类代号和骨架代号都分成 7 种，分别以 0~6 七个数字表示，其含义见表 5-5。

表 5-5　国产离子交换树脂命名法的分类代号及骨架代号

代号	分类名称	骨架名称
0	强酸性	苯乙烯系
1	弱酸性	丙烯酸系
2	强碱性	酚醛系
3	弱碱性	环氧系
4	螯合性	乙烯吡啶系
5	两性	脲醛系
6	氧化还原性	氯乙烯系

命名法还规定凝胶型离子交换树脂还须标明载体的交联度。交联度是合成载体骨架时交联剂用量的质量百分数，它与树脂的性能有密切关系。在书写交联度时将百分号除去，写在树脂编号后并用乘号"×"隔开。对大孔型离子交换树脂，须在型号前加字母"D"，以区别凝胶型离子交换树脂。

例如，"001×7"表示凝胶型苯乙烯系强酸性阳离子交换树脂，交联度为 7%；"D201"表示大孔型苯乙烯系季胺Ⅰ型强碱性阴离子交换树脂。

但国内的树脂商品命名并不规范。有一些命名方式一直沿用至今，如732（强酸001×7）、724（弱酸101×7）、717（强碱201×7）（表5-6）。

表5-6 一些国产离子交换树脂的规格

产品牌号	类别	交换基	产品名称	生产单位	交换容量/(mmol/g)	粒度	产品型号
强酸1*	强酸	-SO₃H	苯乙烯、苯二乙烯阳离子交换树脂	南开大学化工厂	≥4.5	0.3～1.2mm（16～50目）	Amberlite IR-120（美）Dowex-50（美）
732*（强酸001×7）	强酸	-SO₃H	苯乙烯型强酸性阳离子交换树脂	上海树脂厂	≥4.5	16～50目占95%以上	Amberlite IR-120（美）Zerolit 225（英）
强酸42*（华东）	强酸	-SO₃H -OH		华东化工学院	2.0～2.2		Amberlite IR-100（美）
724*（弱酸101×7）	弱酸	-COOH -OH	丙烯酸型弱酸性阳离子交换树脂	南开大学化工厂	≥9	20～50目占80%以上	Amberlite ICR-50（美）Zerolit 216（英）
强碱201*	强碱	-N(CH₃)₃	苯乙烯、二乙烯苯阴离子交换树脂	南开大学化工厂	2.7	0.3～1.0mm	Amberlite IRA-400（美）Dowex-Ⅰ（美）神胶801号（日）
711*（强碱201×4）	强碱	-N(CH₃)₃	苯乙烯、季铵Ⅰ型强碱性阴离子交换树脂	上海树脂厂	≥3.5	16～35目占90%以上	Amberlite IRA-401（美）
717*（强碱201×7）	强碱	-N(CH₃)₃	苯乙烯、强碱性阴离子交换树脂	上海树脂厂	≥3	16～50目占95%以上	Amberlite IRA-400（美）
701*（弱碱330）	弱碱	-N = -NH₂	环氧型弱碱性阴离子交换树脂	上海树脂厂	≥9	10～50目占90%以上	Doulite A-30B（美）
704*（弱碱311×2）	弱碱	—	苯乙烯型弱碱性阴离子交换树脂	上海树脂厂	≥5	16～50目占95%以上	Amberlite IR-45（美）

注：1. 国产树脂编号：强酸性树脂1～100，弱酸性树脂101～200；强碱性树脂201～300，弱碱性树脂301～400
2. 交联度表示：强酸1×7，1为编号，7为交联度7%；强碱201×4，201为编号，4为交联度4%

国外离子交换树脂命名因出产国、生产公司而异。多冠以公司名，接着是编号。在编号前注明大孔树脂（MR）、均孔树脂（IR）等缩写字母。

（三）离子交换树脂的理化性质

1. 交联度

交联度表示离子交换树脂中交联剂的含量，如聚苯乙烯型树脂中，交联度以二乙烯苯在树脂母体总质量中所占百分比表示。交联度的大小决定着树脂机械强度及网状结构的疏密。交联度大，树脂孔径小，结构紧密，树脂机械强度大，但不能用于大分子物质的分离，因为大分子不能进入网状颗粒内部；交联度小，则树脂孔径大，结构疏松，强度小。所以对分子量较大的物质，选择较低交联度的树脂。分离纯化性质相似的小分子物质，则选用较高交联度的树脂。在不影响分离时，选择高交联度的树脂为宜。

2. 交换容量

交换容量是每克干燥的离子交换树脂或每毫升完全溶胀的离子交换树脂所能吸附的一价离子的毫摩尔数，是表征树脂离子交换能力的主要参数，实际上是表示树脂活性基团数量多少的参数。一般选用交换容量大的树脂，可用较少的树脂交换较多的化合物，但交换容量太大，活性基团太多，树脂不稳定。

交换容量的测定方法如下：①对于阳离子交换树脂，先用盐酸将其处理成氢型后，加入过量已知浓度的 NaOH 溶液，发生下述离子交换反应：

$$R^-H^+ + NaOH \rightleftharpoons R^-Na^+ + H_2O$$

待反应达到平衡后（强酸性阳离子交换树脂需静置 24h，弱酸性阳离子交换树脂需静置数日），测定剩余的 NaOH 摩尔数，从消耗的碱量就可求得该阳离子交换树脂的交换容量。②对阴离子交换树脂，因羟型不太稳定，市售多为氯型。测定时取一定量的氯型阴离子交换树脂装入柱中，通入过量的 Na_2SO_4 溶液，柱内发生下述离子交换反应：

$$2R^+Cl^- + Na_2SO_4 \rightleftharpoons R_2^+SO_4^{2-} + 2NaCl$$

用铬酸钾为指示剂，用硝酸银溶液滴定流出液中的氯离子，根据洗脱下来的氯离子量，计算交换容量。

以上这样测定的仅是对无机小离子的交换容量，称作总交换容量。对于生物大分子如蛋白质，由于其分子量大，树脂孔道对其空间排阻作用大，不能与所有的活性基团接触，而且已吸附的蛋白质分子还会妨碍其他未吸附蛋白质分子与活性基团接触。另外，蛋白质分子带多价电荷，在离子交换中可与多个活性基团发生作用，因此蛋白质的实际交换容量要比总交换容量小得多。

3. 粒度和形状

粒度是树脂颗粒在溶胀后的大小，色谱用 50～100 目树脂，一般提取纯化用 20～60 目（0.25～0.84mm）树脂即可。粒度小的树脂因表面积大，效率高，但粒度过小、堆积密度大，容易产生阻塞。而粒度过大又会导致强度下降、装填量少、内扩散时间延长，不利于有机大分子的交换，所以粒度大小应根据具体需要选择。一般树脂为球形，这样可减少流体阻力。

4. 滴定曲线

滴定曲线是检验和测定离子交换树脂性能的重要数据，可参考如下方法测定。

分别在几个大试管中各放入 1g 氢型（或羟型）树脂，其中一个试管中放入 50mL 0.1mol/L 的 NaCl 溶液，其他试管中加入不同量的 0.1mol/L 的 NaOH（或 0.1mol/L 的 HCl），再稀释至 50mL，强酸（或强碱）性树脂静置一昼夜，弱酸（或弱碱）性树脂静置七昼夜。达到平衡后，测定各试管中溶液的 pH。以每克干树脂所加的 NaOH（或 HCl）的毫摩尔数为横坐标，以平衡 pH 为纵坐标作图，就可得到滴定曲线。图 5-5 为几种典型离子交换树脂的滴定曲线。可见，强酸或强碱性离子交换树脂的滴定曲线开始是水平的，到某一点突然升高（或降低），表明在该点树脂上的活性基团已被碱（或酸）完全饱和；弱酸（或弱碱）性离子交换树脂的滴定曲线逐渐上升（或下降），无水平部分。

根据滴定曲线的转折点，可估算离子交换树脂的交换容量；根据转折点的数目，可推算不同离子交换基团的数目。同时，滴定曲线还表示交换容量随 pH 的变化。因此，滴定曲线比较全面地表征了离子交换树脂的性质。

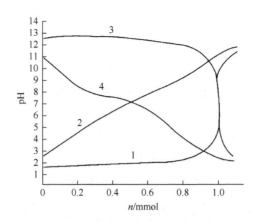

图 5-5　几种典型离子交换树脂的滴定曲线

n. 单位质量离子交换树脂所加入的 NaOH 或 HCl 的毫摩尔数；1. 强酸性（Amberlite IR-120）；2. 弱酸性（Amberlite IRC-84）；3. 强碱性（Amberlite IRA-400）；4. 弱碱性（Amberlite IR-45）

5. 稳定性

树脂应有较好的化学稳定性，不易分解破坏，不与酸、碱起作用。一般来说，阳离子交换树脂比阴离子交换树脂的稳定性好，交联度小的稳定性好。树脂一般可反复使用上千次，稳定性仅为次要的考虑因素。但含苯酚的磺酸型树脂及胺型树脂不宜与强碱长时间接触。

6. 膨胀性（膨胀度）

干树脂吸收水分或有机溶剂后体积增大的性能即树脂的膨胀性。树脂的膨胀性主要由树脂上活性基团强烈吸水或高分子骨架吸附有机溶剂所引起。当树脂浸入水或缓冲溶液中时，水分易进入树脂内部使其膨胀。膨胀后的树脂与乙醇等有机溶剂或高浓度的电解质溶液接触时，体积就会缩小。此外，树脂在转型或再生后用水洗涤时也有膨胀现象，因此，在确定树脂装量时应考虑其膨胀性能。一般情况下，凝胶型树脂的膨胀度随交联度的增大而减少，树脂上活性基团的亲水性越弱，活性离子的价态越高，水合程度越大，膨胀度越低。

四、离子交换过程的理论基础

（一）离子交换选择性

在实际应用中，溶液中常常同时存在着很多离子，离子交换树脂能否将所需离子从溶液中吸附出或将杂质离子全部（或大部分）吸附住，具有重要的实际意义。这就要研究离子交换树脂的选择吸附性，即选择性。离子和离子交换树脂的活性基团的亲和力越大，就越易被该树脂所吸附。

影响离子交换树脂选择性的因素很多，如离子化合价、离子的水合半径、离子浓度、离子强度、溶液环境的酸碱度、有机溶剂、树脂的交联度、树脂与离子间的辅助力等，下面分别加以讨论。

1. 离子化合价

离子交换树脂总是优先吸附高价离子，而低价离子被吸附时则较弱。例如，常见的阳离子的被吸附顺序为：$Fe^{3+} > Al^{3+} > Ca^{2+} > Mg^{2+} > Na^+$。阴离子的被吸附顺序为：柠檬酸根＞硫酸根＞硝酸根。

2. 离子的水合半径

离子在水溶液中都要和水分子发生水合作用形成水化离子，此时的半径表示离子在溶液中的大小。对无机离子而言，离子水合半径越小，离子对树脂活性基团的亲和力越大，越容易被吸附。离子的水合半径与原子系数有关，当原子系数增加时，离子半径也随之增加，离子表面电荷密度相对减少，吸附的水分子减少，水合半径也因之减少，离子对树脂活性基团的结合力则增大。按水合半径的大小，各种离子对树脂亲和力的大小次序为：一价阳离子，$Li^+ < Na^+ \approx NH_4^+ < Rb^+ < Cs^+ < Ag^+ < Ti^+$；二价阳离子，$Mg^{2+} \approx Zn^{2+} < Cu^{2+} \approx Ni^{2+} < Ca^{2+} < Sr^{2+} < Pb^{2+} < Ba^{2+}$；一价阴离子，$F^- < HCO_3^- < Cl^- < HSO_3^- < Br^- < NO_3^- < I^- < ClO_4^-$。

同价离子中水合半径小的能取代水合半径大的。

H^+ 和 OH^- 对树脂的亲和力，与树脂的性质有关。对强酸性树脂，H^+ 和树脂的结合力很弱，其地位相当于 Li^+。对弱酸性树脂，H^+ 具有很强的置换能力。同样，OH^- 的位置取决于树脂碱性的强弱。对于强碱性树脂，其位置落在 F^- 前面，而对于弱碱性树脂，其位置在 ClO_4^- 后面。强酸、强碱性树脂较弱酸、弱碱性树脂难再生，且酸碱用量大，原因就在于此。

3. 离子浓度

树脂对离子交换吸附的选择性，在稀溶液中比较大。在较稀的溶液中，树脂选择吸附高价离子。

4. 离子强度

高的离子浓度必与目的物离子进行竞争，减少有效交换容量。另外，离子的存在会增加蛋白质分子及树脂活性基团的水合作用，降低吸附选择性和交换速度。所以在保证目的物溶解度和溶液缓冲能力的前提下，应尽可能采用低离子强度。

5. 溶液的 pH

溶液的酸碱度直接决定树脂活性基团及交换离子的解离程度，不但影响树脂的交换容量，对交换的选择性影响也很大。对于强酸、强碱性树脂，溶液 pH 主要是左右交换离子的解离度，决定它带何种电荷及电荷量，从而可知它是否被树脂吸附或吸附的强弱。对于弱酸、弱碱性树脂，溶液的 pH 是影响树脂活性基团解离程度和吸附能力的重要因素。但过强的交换能力有时会影响到交换的选择性，同时增加洗脱的困难。对生物活性分子而言，过强的吸附及剧烈的洗脱条件会增加变性失活的机会。另外，树脂的解离程度与活性基团的水合度也有密切关系。水合度高的溶胀度大，选择吸附能力下降。这就是为什么在分离蛋白质或酶时较少选用强酸、强碱性树脂的原因。

6. 有机溶剂

当有机溶剂存在时，常会使离子交换树脂对有机离子的选择性降低，而容易吸附无机离子。这是因为有机溶剂使离子溶剂化程度降低，易水化的无机离子降低程度大于有机离子；有机溶剂会降低离子的电离度，有机离子的降低程度大于无机离子。这两种因素就使得在有机溶剂存在时，不利于有机离子的吸附。利用这个特性，常在洗脱剂中加适当有机溶剂来洗脱难洗脱的有机物质。

7. 树脂的交联度

通常，树脂的交联度增加，其交换选择性增加。但对于大分子的吸附，情况要复杂些，首先树脂应减小交联度，允许大分子进入树脂内部，否则树脂就不能吸附大分子。由于无机小离子不受空间因素的影响，因此可利用这个原理控制树脂的交联度，将大分子和无机小离子分开，这种方法称为分子筛法。

8. 树脂与离子间的辅助力

凡能与树脂间形成辅助力如氢键、范德瓦耳斯力等的离子，树脂对其吸附力就大。辅助力常存在于被交换离子是有机离子的情况下，有机离子的相对质量越大，形成的辅助力就越多，树脂对其吸附力就越大。反过来，能破坏这些辅助力的溶液就能容易地将离子从树脂上洗脱下来。例如，尿素是一种很容易形成氢键的物质，常用来破坏其他氢键，所以尿素溶液很容易将主要以氢键与树脂结合的青霉素从磺酸树脂上洗脱下来。

（二）离子交换过程和速度

1. 离子交换过程

假设一粒树脂在溶液中发生下列交换反应：

$$A^+ + RB \xrightleftharpoons{} RA + B^+$$

不论溶液的运动情况如何，在树脂表面始终存在着一层薄膜，A^+和B^+只能借扩散作用通过薄膜到达树脂的内部进行交换，如图 5-6 所示。实际的离子交换过程由如下 5 个步骤组成。

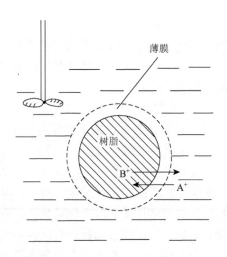

图 5-6　离子交换过程的机制

（1）A^+自溶液中通过液膜扩散到树脂表面。

（2）A^+穿过树脂表面向树脂孔内部扩散，到达有效的交换位置。

（3）A^+与树脂内部的活性离子 B^+进行离子交换。

（4）B^+从树脂内部的活性中心向树脂表面扩散。

（5）B^+穿过树脂表面的液膜进入溶液中。

上述 5 个步骤中，1 和 5、2 和 4 互为可逆过程，扩散速度相同，而扩散方向相反，将 1 和 5 称为外扩散，2 和 4 称为内扩散，3 称为交换反应。交换反应速度很快，而扩散速度很慢，离子交换过程的速度主要取决于扩散速度。

2. 离子交换速度的影响因素

影响离子交换速度的因素很多，综合起来主要有以下几个方面。

1）树脂粒度　　离子的外扩散速度与树脂颗粒大小成反比，而离子的内扩散速度与树脂颗粒半径的平方成反比。因此，树脂粒度大，交换速度慢。

2）树脂的交联度　　树脂的交联度大，树脂孔径小，离子运动的阻力大，交换速度慢。当内扩散控制反应速度时，降低树脂的交联度能提高交换速度。

3）溶液流速　　外扩散随溶液过柱流速（或静态搅拌速度）的增加而增加，内扩散基本不受流速或搅拌的影响。

4）温度　　溶液的温度提高，扩散速度加快，因而交换速度也增加。

5）离子大小　　小离子的交换速度比较快。大分子由于在扩散过程中受到空间的阻碍，在树脂内的扩散速度特别慢。

6）离子的化合价　　离子在树脂中扩散时，与树脂骨架间存在库仑引力。离子的化合价越高，这种引力越大，因此扩散速度就越小。

7）离子浓度　　若是溶液浓度低于 0.01mol/L，交换速度与离子浓度成正比，但达到一定浓度后，交换速度不再随浓度上升。

五、离子交换操作方法

（一）离子交换树脂和操作条件的选择

1. 离子交换树脂的选择

（1）对阴阳离子交换树脂的选择。根据被分离物质所带的电荷来决定选用哪种树脂，被分离物质带正电荷，应采用阳离子交换树脂；被分离物质带负电荷，应采用阴离子交换树脂。例如，酸性黏多糖易带负电荷，故一般采用阴离子交换树脂来分离。如果某些被分离物质为两性离子，则一般应考虑在它稳定的 pH 范围带有何种电荷来选择树脂。例如，细胞色素 c 的等电点为 pH 10.2，在酸性溶液中较稳定且带正电荷，故一般采用阳离子交换树脂来分离；核苷酸等物质在碱性溶液中较稳定，则应用阴离子交换树脂。

（2）对离子交换树脂强弱的选择。当目的物具有较强的碱性和酸性时，宜选用弱酸性、弱碱性的树脂，以提高选择性，并便于洗脱。因为强性树脂比弱性树脂的选择性小，如简单的、复杂的、无机的、有机的阳离子很多都能与强酸性离子树脂交换。目的物是弱酸性或弱碱性的小分子物质时，往往选用强性树脂，以保证有足够的结合力，便于分步洗脱。例如，氨基酸的分离多用强酸性树脂。对于大多数蛋白质、酶和其他生物大分子的分离多采用弱碱或弱酸性树脂，以减少生物大分子的变性，有利于洗脱，并提高选择性。

另外，pH 也影响到离子交换树脂强弱的选择。一般来说，强性离子交换树脂应用的 pH 范围广，弱性交换树脂应用的 pH 范围窄。

（3）对离子交换树脂离子型的选择。主要是根据分离的目的进行选择。例如，要将肝素钠转换成肝素钙，则需将所用的阳离子交换树脂转换成钙型，然后与肝素钠进行交换；又如，制备无离子水时，则应用氢型的阳离子交换树脂和羟型的阴离子交换树脂。

使用弱酸或弱碱性树脂分离物质时，不能使用氢或羟型，因这两种交换剂分别对这两种离子具有很大的亲和力，故不易被其他物质所代替，应采用钠型或氯型。而使用强酸性或强碱性树脂，可以采用任何型式，但如产物在酸性或碱性条件下易被破坏，则不宜采用氢型或羟型。

2. 操作条件的选择

（1）交换时的 pH。合适的 pH 应具备三个条件：pH 应在产物的稳定范围内；能使产物离子化；能使树脂解离。

（2）溶液中产物的浓度。低价离子在增加浓度时有利于交换上树脂，高价离子在稀释时容易被吸附。

（3）洗脱条件。洗脱条件应尽量使溶液中被洗脱离子的浓度降低。洗脱条件一般应和吸附条件相反。如吸附在酸性条件下进行，解吸则应在碱性条件下进行；如吸附在碱性条件下进行，解吸则应在酸性条件下进行。例如，谷氨酸吸附在酸性条件下进行，解吸一般用氢氧化钠作洗脱剂。为使在解吸过程中，pH 变化不致过大，有时宜选用缓冲液作洗脱剂。如果单凭 pH 变化洗脱不下来，可以试用有机溶剂，选用有机溶剂的原则是：能和水混合，且对产物的溶解度大。

洗脱前，树脂的洗涤工作很重要，很多杂质可以在洗涤时除去，洗涤可以用水、稀酸和盐类溶液等。

（二）离子交换树脂的处理、转型、再生与保存

1. 树脂的处理和转型

一般离子交换树脂在使用前都要用酸碱处理除去杂质，粒度过大时可稍加粉碎。具体方法如下。

（1）用水浸泡，使其充分膨胀并除去细小颗粒（倾泻或浮选法）。

（2）用 8～10 倍量的 1mol/L 盐酸或 NaOH 交替浸泡（或搅拌）。每次换酸碱前都要用水洗至中性。

例如，732 树脂在用作氨基酸分离前，先用 8～10 倍量的 1mol/L 盐酸搅拌浸泡 4h，然后用水反复洗至近中性，再以 8～10 倍量的 1mol/L NaOH 搅拌浸泡 4h，用水反复洗至近中性后用 8～10 倍量的 1mol/L 盐酸搅拌浸泡 4h，最后用水洗至中性备用。其中最后一步用酸处理使之变为氢型树脂的操作可称为转型（即树脂去杂后，为了发挥其交换性能，按照使用要求，人为地赋予平衡离子的过程）。对强酸性树脂来说，应用状态还可以是钠型。若把上面的酸—碱—酸处理改作碱—酸—碱处理，便可得到钠型树脂。

阴离子交换树脂的处理和转型方法与之相似。希望树脂是氯型，则按酸—碱—酸的顺序处理；希望树脂是羟型，则按碱—酸—碱的顺序处理。

总之，树脂的处理和转型就是让树脂带上人们所需要的离子。

2. 树脂的再生

树脂的再生是让使用过的树脂重新获得使用性能的处理过程。再生时，首先要用大量水冲洗使用后的树脂，以除去树脂表面和空隙内部吸附的各种杂质，然后用转型的方法处理即可。离子交换树脂再生剂如表 5-7 所示。

表 5-7　离子交换树脂再生剂

树脂	转化	再生剂	再生剂溶剂/树脂溶剂
强酸	$H^+ \longrightarrow Na^+$	1mol/L NaOH	2
中强酸	$H^+ \longrightarrow Na^+$	0.5mol/L NaOH	3

续表

树脂	转化	再生剂	再生剂溶剂/树脂溶剂
弱酸	$H^+ \longrightarrow Na^+$	0.5mol/L NaOH	10
强碱	$Cl^- \longrightarrow OH^-$	1mol/L　NaOH	9
中强碱	$Cl^- \longrightarrow OH^-$	0.5mol/L NaOH	2
弱碱	$Cl^- \longrightarrow OH^-$	0.5mol/L NaOH	2

再生可在柱外或柱内进行，分别称为静态法和动态法。静态法是将树脂放在一定容器内，加进一定浓度的适量酸碱浸泡或搅拌一定时间后，水洗至中性。动态法是在柱中进行再生，其操作程序同静态法，该法适合工业生产规模的大柱子的处理，其效果较静态法好。

3. 树脂的保存

用过的树脂必须经过再生后方能保存。阴离子交换树脂氯型较羟型稳定，故用盐酸处理后，水洗至中性，在湿润状态密封保存。阳离子交换树脂钠型较稳定，故用 NaOH 处理后，水洗至中性，在湿润状态密封保存，防止干燥、长霉。短期存放，阴离子交换树脂可在 1mol/L HCl 中保存，阳离子交换树脂可在 1mol/L NaOH 中保存。

（三）基本操作方式和洗脱方式

1. 离子交换的操作方式

离子交换的操作方式分为静态交换、动态交换和连续离子交换法三种。

静态交换是将树脂与交换溶液混合置于一定的容器中搅拌进行交换。静态法操作简单、设备要求低，是分批进行的，交换不完全；不适宜用作多种成分的分离；树脂有一定的损耗。例如，卡那霉素和庆大霉素的分离纯化中运用静态操作方法。

动态交换（固定床法）是先将树脂装柱，交换溶液以平流方式通过柱床进行交换。该法不需搅拌、交换完全、操作连续；而且可以使吸附与洗脱在柱床的不同部位同时进行；适合于多组分分离。例如，链霉素和新霉素的分离纯化中运用动态交换操作方法。

连续离子交换法是一种完全革新的分离工艺，它是在传统的固定床树脂吸附和离子交换工艺的基础上结合连续逆流系统技术优势开发而成的。该法将树脂柱的小单元放在一个转盘上，通过转盘的转动来实现切换。物料通过自动旋转分配法控制，树脂柱分为吸附、水洗、再生、漂洗等功能区域，当树脂单元到达指定区域就执行相应的工艺过程，这样可以实现每个过程独立进行，而整体工艺连续运行，如图 5-7 所示。该法具有设备紧凑、系统简化、树脂消耗量减少、管道缩减和占地面积少等优势。在制药行业的应用主要有维生素 C、抗生素和氨基酸的分离纯化。

2. 洗脱方式

离子交换完成后将树脂所吸附的物质释放出来重新转入溶液的过程称作洗脱。洗脱方式分为静态与动态两种。一般来说，动态交换也作动态洗脱，静态交换也作静态洗脱，洗脱液分为酸、碱、盐、溶剂等数类。酸、碱洗脱液旨在改变吸附物的电荷或改变树脂活性基团的解离状态，以消除静电结合力，迫使目的物被释放出来，盐类洗脱液是通过高浓度的带同种电荷的离

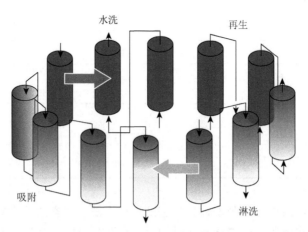

水洗　　　　　　　再生

吸附　　　　　　　淋洗

图 5-7　连续离子交换法原理图

子与目的物竞争树脂上的活性基团，并取而代之，使吸附物游离。实际工作中，静态洗脱可进行一次，也可进行多次反复洗脱，旨在提高目的物的收率。

动态洗脱在层析柱上进行。洗脱液的 pH 和离子强度可以始终不变，也可以按分离的要求人为地分阶段改变其 pH 或离子强度，这就是阶段洗脱，常用于多组分分离上。这种洗脱液的改变也可以通过仪器（如梯度混合仪）来完成，使洗脱条件的改变连续化。其洗脱效果优于阶段洗脱。连续梯度洗脱特别适用于高分辨率的分析目的。连续梯度的制备除用自动化的梯度混合仪（如瑞典 Pharmacia-LKB 公司出品）外，还可以使用市售或自制的梯度混合器。图 5-8 为梯度形成示意图。A 瓶中是低浓度盐溶液，B 瓶中为高浓度盐溶液。洗脱开始后，A 瓶中的盐浓度随时间而改变，由起始 C_A 逐渐升高，直至终浓度 C_B，形成连续的浓度梯度。欲知溶液中某一时刻的洗脱液浓度 C，可用下式求得：

$$C = C_A - (C_A - C_B)V^{S_A/S_B}$$

式中，C_A、C_B 分别为两容器中的盐浓度；S_A、S_B 分别为两容器的截面积；V 为已流出洗脱量对溶液总量的比值。当两容器截面积相等，即 $S_A = S_B$ 时为线性梯度；$S_A > S_B$ 时为凹形梯度；$S_A < S_B$ 时为凸形梯度。

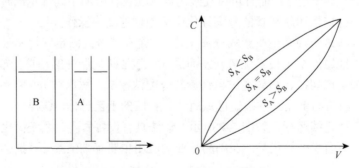

图 5-8　梯度混合仪及所形成的浓度梯度曲线

六、离子交换分离技术的应用

（一）离子交换分离技术在水处理中的应用

水是工业生产第一需要的资源，不但用水量相当大，对水质也有一定的要求。普通的井水、

自来水等都是含 Ca^{2+}、Mg^{2+} 的硬水，是锅炉结垢的主要成分，不能直接作为锅炉和制药生产用水，必须进行软化除去 Ca^{2+}、Mg^{2+}。迄今为止，离子交换法仍然是最主要、最先进和最经济的水处理技术。

1. 软水的制备

利用钠型磺酸树脂除去水中的 Ca^{2+} 和 Mg^{2+} 等碱金属离子后即可制得软水，其交换反应式为

$$2RSO_3Na + Ca^{2+}(或\ Mg^{2+}) \longrightarrow (RSO_3)_2Ca(或\ Mg) + 2Na^+$$

失效后的树脂用 10%～15%工业盐水再生成钠型，反复使用。

经过钠型离子交换树脂床的原水，残余硬度可降至 0.05mol/L 以下，甚至可以使硬度完全消除。

2. 无盐水的制备

无盐水是将原水中所有溶解性盐类，游离的酸、碱离子除去的水。无盐水的用途十分广泛，如高压锅炉的补给水，实验室用的去离子水，制药、食品等各行业都需要无盐水。离子交换法制备无盐水是将原水通过氢型阳离子交换树脂和羟型阴离子交换树脂的组合，经过离子交换反应，将水中所有的阴、阳离子除去，从而制得纯度很高的无盐水。

阳离子交换反应一般采用强酸性阳离子交换树脂为交换剂（氢型弱酸性树脂在水中不起交换作用），其反应式如下：

$$RSO_3H + MeX \rightleftharpoons RSO_3Me + HX$$

式中，Me^+ 代表金属离子；X^- 代表阴离子。

从上式可以看出，经阳离子交换后出水呈酸性。阳离子交换树脂失效后，一般用一定浓度的盐酸或硫酸再生。

阴离子交换反应，可以采用强碱或弱碱性树脂作交换。其反应式如下：

$$R'OH + HX \longrightarrow R'X + H_2O$$

弱碱性树脂的再生剂用量少（一般用 1%～3%的强碱再生，而强碱性树脂一般采用 5%～8%的强碱再生），交换容量也高于强碱性树脂，但弱碱性树脂不能除去弱酸性阴离子如硅酸、碳酸等。在实际应用时，可根据原水质量和供水要求等具体情况，采用不同的组合。例如，一般用强酸-弱碱或强酸-强碱树脂。当对水质要求高时，经过一次组合脱盐，还达不到要求，可采用两次组合，如强酸-弱碱-强酸-强碱或强酸-强碱-强酸-强碱混合床。

原水经过阴、阳树脂一次交换，称为一级交换，交换过程是由一个阳离子交换树脂床和一个阴离子交换树脂床来完成的。这种系统称为一级复床系统，一级复床处理后的水质较差，只能得到初级纯水，因为当水流过阳离子交换树脂时，发生的交换反应是可逆反应，故不能将全部的金属离子都除去，这些阳离子就通过阳离子交换树脂而漏出。为了制备纯度较高的无盐水，常常把几个阳离子交换器和几个阴离子交换器串联起来，组成多床多塔除盐系统。但是再多的复床也是有限的，因此发展了混合床离子交换系统。

将阴、阳离子交换树脂装在同一个交换器内直接进行离子交换除盐的系统称为混合床离子交换系统。混合床的操作较复杂，其操作方法如图 5-9 所示。在混合床中的阴、阳离子交换树脂均匀混合在一起，好像无数对阳、阴离子交换树脂串联一样。此时氢型阳离子树脂交换反应游离出的 H^+ 和羟型阴离子树脂交换反应游离出来的 OH^- 在交换器内立即得到中和。所以，混

合床的反应完全，脱盐效果好，在脱盐过程中可避免溶液酸、碱度的变化。但混合床离子交换系统的再生操作不便，故适宜于装在强酸-强碱树脂组合的后面，以除去残留的少量盐分，提高水质。

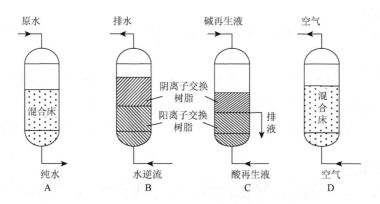

图 5-9　混合床的操作示意图

A. 为水制备时的情形；B. 为制备结束后，用水逆流冲洗，阳、阴离子交换树脂根据相对密度不同而分层，一般阳离子交换树脂较重，在下面，阴离子交换树脂在上面；C. 为上部、下部同时通入碱、酸再生，废液自中间排出；D. 为再生结束后，通入空气，将阳、阴离子交换树脂混合，准备制水

（二）离子交换分离技术在生物工程中的应用

生物和发酵行业的许多产品往往含量较低，并与许多其他化学成分共存，因而其提取分离是一项非常烦琐而艰巨的工作。使用离子交换树脂可从发酵液中富集与纯化产物，从动物、植物和微生物发酵液中提取分离天然有机酸，在制糖、烟草、酿酒、饮品等食品加工中都有广泛的应用。用阳离子交换树脂除去有机酸溶液中的阳离子杂质，达到纯化的目的。例如，在柠檬酸生产过程中，采用阳离子交换树脂脱除酸液中的金属离子。在酒类生产中，可用离子交换树脂除去酒中的酒石酸、水杨酸等杂质，以提高酒的品质。

氨基酸是一类含有氨基和羧基的两性化合物，在不同的 pH 条件下能以正离子、负离子或两性离子的形式存在。因此，应用阳离子交换树脂和阴离子交换树脂均可富集分离氨基酸。早在 1958 年，人们就以离子交换色谱为原理，设计了氨基酸自动色谱仪，对多种氨基酸成分进行分离，现早已发展成为食品、饲料、生物医药等行业氨基酸分析必不可少的自动化常规检测设备。例如，当 pH<3.22 时，谷氨酸在酸性介质中呈阳离子状态，可利用 732 强酸性阳离子交换树脂对谷氨酸阳离子的选择性吸附，使发酵液中妨碍谷氨酸结晶的残糖及糖的聚合物、蛋白质、色素等非离子性杂质得以分离，后经洗脱达到浓缩提取谷氨酸的目的。

（三）离子交换分离技术在药物分离与纯化中的应用

抗生素是发酵行业的一大类产品，利用离子交换树脂可以选择性地吸附分离多种离子型抗生素，不仅回收率较高，而且得到的产品纯度较好。一些抗生素具有酸性基团，如苄基青霉素和新生霉素等，在中性或弱碱条件下以负离子的形式存在，故能用阴离子交换树脂提取分离。大量的氨基糖苷类抗生素，如红霉素、链霉素、卡那霉素等具有碱性，在中性或弱酸性条件下以阳离子形式存在，阳离子交换树脂适用于它们的提取与纯化。还有一些抗生素为两性物质，如四环素族的抗生素，在不同的 pH 条件下可形成正离子或负离子，因此阳离子交换树脂或阴离子交换树脂均能用于这类抗生素的分离与纯化。

维生素 C 是一种用途广泛的保健品、药品、食品添加剂及化妆品营养剂。目前，维生素 C 的生产工艺中有两步需要利用离子交换分离技术，一是发酵液为古龙酸钠，须经离子交换脱盐得到古龙酸；二是转酯后得到的是维生素 C 钠盐，须经离子交换脱盐才能得到维生素 C。近些年，在工程实践中逐步采用连续离子交换技术代替固定床离子交换设备分离与纯化维生素 C，降低了树脂的耗量，同时最大限度地发挥出树脂的交换能力，提高了工业化生产维生素 C 的效率，从而得到了广泛的应用。

连续离子交换系统的树脂柱分为吸附、水洗、再生、碱洗等功能区域，当树脂单元到达指定区域就执行相应的工艺过程，这样可以实现每个过程独立进行，而整体工艺连续运行。如图 5-10 和图 5-11 所示，首先是吸附区，由 5～15 的吸附树脂柱组成。维生素 C 钠溶液从 5～6 进入系统进行第一级交换，依次进入 7～9、10～12、13～14 完成 4 级交换，从而保证钠离子被部分交换到离子树脂上，流出液为最终产品维生素 C 溶液。接着是交换水洗区，由 1～4 的吸附树脂柱组成。经过吸附后，各树脂罐需要水洗。树脂罐旋转到交换水洗区后，如经过交换饱和后的 5 号柱转到 4 号位置开始水洗，先经过 3～4 号柱的一级清洗，再经过 1～2 号柱的二级清洗，从而保证到 1 号柱时物料清洗干净。然后是碱洗区，由 29～30 号树脂柱组成。30 号采用碱液来清洗树脂，目的是除去物料中可能存在的蛋白质等杂质，防止造成树脂的堵塞和中毒。29 号采用水将树脂罐中夹带的碱液冲洗干净。下一部分是再生区，由 21～28 号树脂柱组成。该区域内通过氢离子与树脂上的钠离子交换实现树脂的再生。酸从 21～22 进入系统进行第一级再生，依次进入 23～25、26～28 完成三级再生，使树脂恢复交换性能。还有再生水洗区，由 17～20 号树脂柱组成。通过再生后，树脂还需要经过水的清洗，才能进入下一次循环的吸附区。如经过完全再生的 21 号柱转到 20 号位置后开始水洗，依次经过 19～20 号、17～18 号的二级水洗，从而保证到 17 号柱时酸被清洗干净。还有顶水区是由 16 号柱组成，该柱的作用是用产品液将树脂中的水顶出，避免对物料的稀释。总之，通过吸附区、水洗区、再生区、碱洗区等功能区域进行维生素 C 的分离与纯化，极大地提高了树脂的利用率，从而提高了维生素 C 的收率和浓度，并且减少了酸洗和水洗的用量，更好地满足工业化的需要。

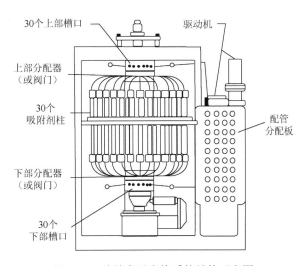

图 5-10　连续离子交换系统结构示意图

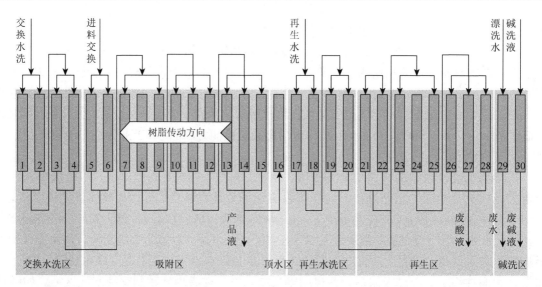

图 5-11　维生素 C 生产的连续离子交换工艺示意图

本系统采用 30 柱系统，分为吸附区（5～15）、交换水洗区（1～4）、碱洗区（29～30）、再生区（21～28）、再生水洗区（17～20）、顶水区（16）

● 实践活动 ●

任务 1　离子交换法分离纯化氨基酸

实训背景

氨基酸是两性电解质，有一定的等电点。在溶液 pH 小于其 pI 时带正电荷，大于其 pI 时带负电荷。故在一定的 pH 条件下，各种氨基酸的带电情况不同，与离子交换剂上交换基团的亲和力也不同，因而得到分离。本任务选用的是 732 离子交换树脂，它是含磺酸基团的强酸性阳离子交换树脂，分离的样品分别是天冬氨酸、组氨酸和赖氨酸三种氨基酸的混合液，它们在缓冲液中分别带不同量的电量及电荷，与 732 离子交换树脂大的磺酸基团之间的亲和力不同，因此被洗脱下来的顺序也不同，从而将三种不同的氨基酸分离开，将各收集管中分离出的氨基酸分别用茚三酮显色鉴定。

实训目的

1. 熟悉采用离子交换树脂分离氨基酸的原理和方法。
2. 掌握离子交换树脂分离氨基酸的基本操作技术。

实训原理

离子交换树脂是利用各种离子与交换树脂的亲和力不同而达到分离的方法。一般有两种操作方法：一种是取代法，另一种是洗脱法。取代法通常用于物质的提取和浓缩，洗脱法一般用于相似物质的分离。本任务采用洗脱法分离氨基酸的混合溶液。原理为在层析柱内放入强酸性阳离子交换树脂，再将氨基酸的混合溶液通过该树脂，这些性质相似的氨基酸离子被阳离子交换树脂所吸附，固着其上。先用水洗去残液后，接着用相应的洗脱液洗脱，此时发生一连串的洗脱现象。亲和力大的氨基酸被吸附得比较牢固，因此向下移动较慢。亲和力较小的氨基酸被吸附的力量比较小，易被冲洗下来，因此先被洗脱。这种现象与吸附层析法的分离原理极相似，实验过程中分段进行收集，从而将样品中的各种氨基酸分离开。

实训器材

1. 实训材料：氨基酸混合液（溶解天冬氨酸、组氨酸和赖氨酸在 0.1mol/L HCl 中，每种氨基酸的浓度各为 2mg/mL）。

2. 实训试剂：Tris-HCl 缓冲液（0.2mol/L，pH 8.5）、乙酸缓冲液（4mol/L，pH 5.5）。

水合茚三酮试剂（配制方法：溶解 20g 水合茚三酮和 3g 还原型茚三酮试剂到 750mL 甲基溶纤剂中，并加 250mL 乙酸缓冲液。配制要求：新鲜配制并储存于棕色瓶内）、茚三酮无水丙酮溶液。

732 离子交换树脂、甲基溶纤剂（乙二醇-甲基醚）、乙醇（50%体积分数）、4mol/L NH₄Cl、1mol/L 和 0.1mol/L HCl、1mol/L 和 0.2mol/L NaOH 等。

3. 实训设备：层析柱（1.5cm×20cm）、分液漏斗（250mL）、烧杯（250mL）、储液瓶（1000mL）、试管及试管架、移液管、毛细管、层析滤纸、紫外-可见分光光度计、烘箱、部分收集器等。

实训步骤

1. 树脂处理

将商品树脂 732 用热水浸泡数小时，然后用大量去离子水洗至澄清，沥干，用乙醇浸泡数小时，再用水洗至无味，用 1mol/L NaOH 浸泡 2h，水洗至中性，再用 1mol/L HCl 浸泡 2h，水洗到中性，最后用 1mol/L HCl 洗涤，水洗至中性备用。

2. 装柱

将层析柱用万能夹固定在铁架台上，取少量玻璃纤维装入管底填平（或尼龙橡皮塞），夹紧下部自由夹，从柱内装入 1/3 蒸馏水，并排除下端出口处气泡，然后把树脂装入小漏斗内，打开自由夹使树脂逐渐均匀地沉积在管内，待其高度为 15cm 时，则不再填充树脂。待液面降到床表面时夹紧自由夹。

3. 上样和洗脱

仔细地把 0.2mL 氨基酸混合液加到柱上，用吸管加样，使管端部接触内壁，在离床面数毫米处，随加随沿柱内壁转动一周，然后速移至中心，使样品流入柱内，至液面与床面平行时，再加 0.1mol/L HCl，如前操作加入，重复数次。最后加 0.1mol/L HCl，并把层析柱与装有 0.1mol/L HCl 的储液瓶相连，调整储液瓶高度，使流速大约为 1mL/min，分部收集 40 管，每管 2mL。同时要检验试管中氨基酸的存在，一次检验 5 个管，把每个管中的液体点一滴到滤纸上，再把滤纸在茚三酮无水丙酮溶液中浸润，而后放在 105℃烘箱中加热或在酒精灯旁烘热，如出现蓝紫色斑点，表明已有氨基酸流出。当第一个氨基酸洗脱后，移开 0.1mol/L HCl 的储液瓶，让液面恰好降到床面，加入 0.2mol/L Tris-HCl 缓冲液到柱顶部，然后把柱与 0.2mol/L Tris-HCl 缓冲液储液瓶连接起来，并继续洗脱直至第二、三种氨基酸全部流出为止。

4. 氨基酸的检定

加几滴酸或碱调整每管的 pH 到 5。加 2mL 缓冲的水合茚三酮试剂，然后在沸水浴中加热 15min，冷却试管到室温，加 3mL 50% 的乙醇，放置 10min，于 570nm 处比色，另取 0.1mol/L HCl 和 0.2mol/L Tris-HCl 作比色时的空白对照。画出每管的氨基酸量（光密度）与洗脱体积（洗脱液的毫升数）的关系曲线。

5. 树脂再生

树脂用后使其恢复原状的方法叫再生。用过的树脂应立即进行再生，就可以反复使用。将树脂倒入烧杯中，用蒸馏水漂洗（或抽滤）至中性，再用 1mol/L HCl 溶液漂洗（或抽滤）至强酸性（pH = 1 左右），然后用蒸馏水洗至中性即可再用。

┃ 注意事项 ┃

1. 使用分光光度计进行比色时注意要进行空白对照。
2. 整个实验过程中要注意观察，避免出现层析柱内液体流干的现象。
3. 注意装柱过程的连续性，装好的层析柱要均匀，防止产生气泡、节痕或界面。

┃ 结果讨论 ┃

1. 根据比色结果判定氨基酸的分离效果。
2. 分析影响氨基酸分离效果的因素。

任务 2　离子交换法进行青霉素钾盐-钠盐的转化

┃ 实训背景 ┃

青霉素为白色晶体状粉末，本身是一种有机酸，很容易溶于醇、酮、醚和酯类等有机溶剂，在水中的溶解度很小。青霉素钾、钠盐则易溶于水、甲醇等，微溶于乙醇、丁醇、酮类或乙酸乙酯中，几乎不溶于乙醚、氯仿或乙酸戊酯，但如果此有机溶剂中含有少量水分，则青霉素钾、钠盐在该溶剂中的溶解度就大大增加。

青霉素钠盐的吸湿性较强，其次为胺盐，钾盐的吸湿性最弱，因此青霉素工业盐均为钾盐，并且生产条件要求较低，易于保存。但由于青霉素钾盐在临床的肌肉注射中较疼，而青霉素钠盐的疼痛感较轻。因此，在临床应用中，需将青霉素钾盐转化为钠盐。

┃ 实训目的 ┃

1. 熟悉离子交换树脂的原理及操作方法。
2. 掌握离子交换树脂进行青霉素盐转换的原理及操作过程。

┃ 实训原理 ┃

利用离子交换技术进行青霉素工业钾盐转换成临床使用的青霉素钠盐，交换的反应式为

$$R\text{-}SO_3Na + PenG\text{-}K \rightleftharpoons R\text{-}SO_3K + PenG\text{-}Na$$

本实训中钾离子的交换程度用钴亚硝酸钠来定性检验。钴亚硝酸钠（$Na_3[Co(NO_2)_6]$）是分析化学中常用的试剂，用以定性检出钾离子，作用时生成亮黄色沉淀 $K_2Na[Co(NO_2)_6]$。该反应最主要的干扰阳离子是 NH_4^+，它也可以和亚硝酸钴钠生成黄色的$(NH_4)_2Na[Co(NO_2)_6]$。因此在检验钾离子时，应先将试液转移至微坩埚中蒸发至干，然后加入少量浓硝酸灼烧，以分解除去铵盐。

实训器材

1. 实训材料：青霉素钾盐（工业品）。

注意：交换前需将青霉素钾盐溶解于蒸馏水-丁醇溶液中，搅拌溶解。

2. 实训试剂：离子交换树脂（001×14 强酸性树脂）、丁醇、$AgNO_3$、HCl（1mol/L）、NaOH（1mol/L）、NaCl、钴亚硝酸钠试剂（配制方法：称量 46g 亚硝酸钠于 100mL 水中，加入 6mol/L 的乙酸 33mL 及钴亚硝酸钠 6g 静置过夜，过滤其溶液并将其放在棕色瓶中待用）等。

3. 实训设备：层析柱（1.5cm×20cm）、滴液漏斗、玻璃漏斗、pH 试纸、搅拌棒、量筒（200mL）、锥形瓶（250mL）、烧杯（500mL）、药匙、分析天平等。

实训步骤

本实训中所使用的蒸馏水应当不存在阴离子，所以先要检验有无氯离子的存在。具体操作为：先用试管取蒸馏水，滴入几滴硝酸银试剂。观察现象，如果产生白色沉淀，说明有氯离子；如果不产生白色沉淀即无氯离子。

1. 树脂的预处理

将称量好的离子交换树脂用适量的蒸馏水浸泡一定的时间。然后用 8~10 倍树脂体积的 1mol/L HCl 搅拌浸泡 2~4h，反复用蒸馏水洗至近中性后（用 pH 试纸检测），再用 8~10 倍树脂体积的 1mol/L NaOH 溶液搅拌浸泡 2~4h，反复用水洗至近中性后（用 pH 试纸检测），再用 8~10 倍树脂体积的 1mol/L HCl 搅拌浸泡 2~4h，水洗至中性（用 pH 试纸检测）。最后将氢型树脂用 30%的 NaCl 浸泡树脂 1~2h 进行转型，转型结束后在交换反应前保证 pH 为 6.0~7.5。

2. 装柱

将层析柱用万能夹固定在铁架台上，取脱脂棉放在管底堵住下端。将树脂和少量的蒸馏水混合制成浆状，缓缓倒入柱中，树脂的装入量至柱顶端 5~10cm 为宜。等待树脂沉降完毕后，打开树脂柱下端自由夹，使树脂逐渐均匀地沉积在管内，在树脂层的上端保留一定高度的液层（注意柱要均匀，床面必须浸没于液中，否则空气进入柱中会影响分离效果）。将树脂柱用蒸馏水反复冲洗 3~5 遍，去除残留在树脂上的杂质和气泡，再用 NaCl 冲洗 3 遍。

3. 上样

交换前先向柱中缓缓加入丁醇 100mL，10min 后进行离子交换。将配好的青霉素钾盐溶液缓缓加入离子交换柱中，注意控制加入的速度，同时柱的下端连接锥形瓶。打开柱下端阀门，观察柱中溶液由混浊逐渐变为清澈，代表交换反应完成。随时取样，取样后放入点滴板中，滴入 1~2 滴钴亚硝酸钠试剂，测试有无钾离子。若发现与转化液反应剧烈，呈流动状态向外扩散且搅动后呈黄色沉淀，可断定为漏钾；若与转化液无任何反应，呈深棕色者为正常。

4. 洗脱

钾盐溶解液加完后继续用丁醇-水溶液通过树脂柱，将柱中残留的青霉素钠盐洗出。

5. 树脂的再生

将树脂倒入烧杯中，先用蒸馏水漂洗（或抽滤）至中性，再用配好的 NaCl 溶液反复浸泡 3～5 次，每次不少于 5min，最后用蒸馏水洗至中性即可再用。

注意事项

1. 青霉素钾盐要求溶解完全，避免溶解液发白或出现颗粒。
2. 青霉素钾盐的溶解液进柱前，应将离子交换柱洗净至无氯离子。
3. 洗脱时，注意调整离子交换柱阀门，保证丁醇-水溶液液面不低于树脂面。

结果讨论

1. 随时取样用来分析观察转化液滴入钴亚硝酸钠试剂后的颜色变化，如何判断为漏钾？
2. 树脂的预处理为何要用蒸馏水？能否用自来水代替？为什么？

课后思考

一、填空题

1. 离子交换树脂由_____、_____和_____三部分组成。
2. 能解离出_____的树脂称为阳离子交换树脂，能解离出_____的树脂称为阴离子交换树脂。
3. 离子交换操作一般分为_____和_____两种。
4. 离子交换完成后将树脂所吸附的物质释放出来重新转入溶液的过程称作_____。
5. 用离子交换法分离纯化物质主要通过_____和_____这两个过程来实现。

二、选择题

1. 钠型的阳离子交换树脂可交换的离子为（   ）。
   A. Na^+　　　　　　B. H^+　　　　　　C. Cl^-　　　　　　D. OH^-
2. 下列哪一项不是离子交换树脂的组成部分？（   ）
   A. 骨架　　　　　B. 极性基团　　　　C. 活性基团　　　　D. 可交换离子
3. "001×7" 树脂，第三位数字 "1" 表示（   ）。
   A. 强酸性　　　　　　　　　　　　　B. 树脂的骨架是苯乙烯型
   C. 顺序号　　　　　　　　　　　　　D. 交联度
4. 钠型的阳离子交换树脂重新再生为氢型应该：（   ）。
   A. 将钠型的阳离子交换树脂浸泡在 HCl 中
   B. 将钠型的阳离子交换树脂浸泡在 NaCl 中
   C. 将钠型的阳离子交换树脂浸泡在 NaOH 中
   D. 将钠型的阳离子交换树脂浸泡在水中

5. 在酸性条件下用下列哪种树脂吸附氨基酸有较大的交换容量?（　　）

    A. 羟型阴离子交换树脂   B. 氯型阴离子交换树脂

    C. 氢型阳离子交换树脂   D. 钠型阳离子交换树脂

三、简答题

1. 根据活性基团的不同，离子交换树脂可分为几大类？各表征如何？

2. 在选用离子交换树脂时一般需要考虑哪些理化性能？

3. 影响离子交换树脂选择性的因素有哪些？

4. 举例说明离子交换树脂在生化产品分离纯化中的应用。

四、开放性思考题

请下载专业文献"郑桂花，李世尧，张婷. 2021. 离子交换法分离 L-丝氨酸的试验研究. 湖北农业科学，60（18）：133-136"，阅读并回答以下问题：

1. 该文献中采用了什么交换树脂对 L-丝氨酸进行分离？哪种类型的树脂效果最佳？

2. 该文献中所用的离子交换树脂的预处理方法是什么？

3. 该文献中提到从哪几个因素对 L-丝氨酸的洗脱效果进行探究，并取得了什么结果？

参考文献

高朋杰. 2012. 维生素 C 工艺节能减排技术研究. 医药工程设计，33（3）：4-7

顾觉奋. 2002. 分离纯化工艺原理. 北京：中国医药科技出版社

李建武. 1994. 生物化学实验原理和方法. 北京：北京大学出版社

李淑芬. 2003. 新型连续离子交换法转化维生素 C 钠的工艺开发. 天津：天津大学博士学位论文

毛忠贵. 2006. 生物工业下游技术. 北京：中国轻工出版社

欧阳平凯. 2019. 生物分离原理及技术. 3 版. 北京：化学工业出版社

潘玚，袁鹏，章志兰. 2010. 连续离子交换色谱分离维生素 C 和古龙酸. 粮食与食品工业，17（4）：4

孙彦. 2013. 生物分离工程. 3 版. 北京：化学工业出版社

谭天伟. 2007. 生物分离技术. 北京：化学工业出版社

吴梧桐. 2015. 生物制药工艺学. 4 版. 北京：中国医药科技出版社

严希康. 2010. 生化分离工程. 2 版. 北京：化学工业出版社

张雪荣. 2022. 药物的分离与纯化. 3 版. 北京：化学工业出版社

朱素贞. 2000. 微生物制药工艺. 北京：中国医药科技出版社

项目六
生物大分子的层析分离纯化

电子课件

蛋白质药物代表——人血白蛋白

蛋白质药物有很多种，可分为多肽和基因工程药物、单克隆抗体和基因工程抗体、重组疫苗等。与小分子药物相比，蛋白质药物具有活性高、特异性强、毒性低、生物功能明确、有利于临床应用的特点，已成为医药产品中的重要组成部分。例如，生长激素治疗侏儒症，胰岛素治疗糖尿病，各种单克隆抗体治疗各种癌症，白介素和干扰素增强免疫以应对肿瘤和感染、尿激酶溶血栓等。

与这些蛋白质药物相比，人血白蛋白（human serum albumin，HSA）具有更广泛的生理作用，适应证包括严重感染、创伤所致的低血容量，肝硬化、肾病、营养不良所致的低蛋白血症，失血、创伤及烧伤等引起的休克。

人血白蛋白是人血浆中的一种正常组分，由肝脏合成，是血浆中含量最丰富的蛋白质，占血浆蛋白总量的55%～60%。人血白蛋白注射剂是对健康人的血浆采用低温乙醇蛋白分离法或批准的其他分离法进行分离纯化，并经灭菌等步骤制成的一种血液制品。人血白蛋白的分子结构已于1975年阐明，为含585个氨基酸残基的单链多肽，分子量为66 458，分子中含17个二硫键，不含有糖的组分。

由于人血白蛋白的分子量较高，与盐类及水分相比，血浆中的白蛋白透过细胞膜的速度较慢，使得白蛋白的胶体渗透压与毛细血管的静力压相抗衡，以此来维持正常、恒定的血浆容量；同时，血循环中，1g白蛋白可保留18mL水，每5g白蛋白保留循环内水分的能力约相当于100mL血浆或200mL全血的功能。在体液pH 7.4的环境中，人血白蛋白为负离子，每分子可以带有200个以上的负电荷。它是血浆中主要的基质，许多水溶性差的物质可以通过与白蛋白的结合而被运输。这些物质包括胆红素、长链脂肪酸（每分子可以结合4～6个分子）、胆汁酸盐、前列腺素、类固醇激素、金属离子（如Cu^{2+}、Ni^{2+}、Ca^{2+}）、药物（如阿司匹林、青霉素等）。

蛋白质药物分离提取一直是生命科学研究最活跃的领域之一，在精制步骤，都是通过柱层析方法提高纯度。

● 项 目 概 述 ●

层析技术是提取和精制生物大分子的重要技术，被广泛应用于生物大分子的科学研究、工业生产与检测中。本项目主要通过利用层析分离技术纯化 α-淀粉酶，分离蓝葡聚糖 2000、细胞色素 c 和溴酚蓝，分离胰岛素、牛血清清蛋白，提取抑肽酶，进而了解和掌握常用的层析技术。本项目主要学习内容见图 6-1。

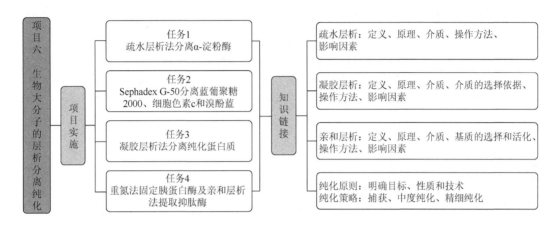

图 6-1　项目六主要学习内容介绍

本项目的知识链接部分分别介绍了疏水层析的定义、基本原理、介质结构、操作方法、影响因素及应用等基础知识，凝胶层析的定义、基本原理、介质种类、介质的选择依据、操作方法、影响因素及应用等基础知识，亲和层析的定义、基本原理、介质、基质的选择和活化、操作方法、影响因素及应用等基础知识，蛋白质的纯化原则及策略。

本项目以"疏水层析法分离 α-淀粉酶""Sephadex G-50 分离蓝葡聚糖 2000、细胞色素 c 和溴酚蓝""凝胶层析法分离纯化蛋白质"和"重氮法固定胰蛋白酶及亲和层析法提取抑肽酶"为 4 个典型的实训任务主线，分别对疏水层析、凝胶层析和亲和层析技术进行介绍，从实训任务的背景、目的、原理、器材、操作步骤、注意事项、结果讨论等方面设计了完整的实训环节，旨在培养学生实践动手能力，从而进一步巩固学生对这几种层析技术的基本理论和知识的理解，使学生能更好地掌握生物大分子层析分离纯化的操作。

● 教 学 目 标 ●

▌ 知识目标 ▐

1. 了解疏水层析、凝胶层析和亲和层析分离的定义与特点。
2. 熟悉疏水层析、凝胶层析和亲和层析技术的原理。
3. 了解疏水层析、凝胶层析和亲和层析的填料特点及选择方法。
4. 掌握疏水层析、凝胶层析和亲和层析的基本流程，以及分离条件对分离效果的影响。

能力目标

1. 能够根据蛋白质的特点选择适当的层析方法。
2. 能够正确装填层析柱。
3. 能够使用疏水层析、凝胶层析和亲和层析技术分离蛋白质等生物活性物质。

素质目标

1. 通过引导学生按照标准操作规程装填层析柱，培养学生执行规范、精益求精的职业素养。
2. 通过配制各种缓冲溶液和处理废液，培养学生的安全环保意识。
3. 如实记录实验数据和绘制图像，合理分析实验结果，培养学生实事求是的科学素养。
4. 组织学生以小组为单位完成实训任务，培养学生树立能与他人分工协作，进行有效沟通的职业素养。

色谱分离技术的历史和趋势
——创新是科学技术的生命力

当今时代是科学技术日新月异的时代，创新一直是科学技术发展的核心。创新就是创造新的事物或者技术。只有源源不断的创新，一个民族、一个国家才会具有持续不断的兴旺发展的动力。在色谱技术的发展过程中，正是有一个又一个的创新，才使得生命科学从宏观认识到微观研究，给人类健康保驾护航。

色谱分离技术早在 1903 年就被应用于植物色素的分离提取，也称层析法，各种色素从上到下在吸附柱上排列成色谱，人们第一次知道了植物色素有多种组分。1931 年，用氧化铝层析柱首次分离了胡萝卜素的两种同分异构体。随着各种技术的创新和积累，没有颜色的物质也可分离，这时大多是吸附层析法。自 1944 年以来，层析技术的创新发展越来越快。20 世纪 50 年代开始，相继出现了气相色谱和高压液相色谱，其他如薄层层析、亲和层析、凝胶层析等也迅速发展。在生物科学领域里，层析技术已成为一项常用的分离分析方法，大大推动了生命科学研究。

层析技术是利用物质理化性质的差异而实现分离的，由两相组成：一是固定相，是固体物质或者是固定于固体物质上的成分；二是流动相，即可以流动的物质。当待分离的混合物随流动相通过固定相时，由于各组分的理化性质不同，与两相发生相互作用的能力不同，在两相中的分配也不同，随流动相向前移动，各组分不断地在两相中进行再分配。与固定相相互作用力越弱的组分，随流动相移动时受到的阻滞作用小，向前移动的速度快；反之亦然。分部收集流出液，即可分离各单一组分。固定相、流动相及比例浓度等因素因待分离物质而异，这需要研究者具有很好的创新思维才可以分离出目标物质。

利用色谱分离技术可以得到高纯度的蛋白质，进而研究蛋白质的空间结构和功能，在生命科学领域中具有极为重要的作用。而正确装填层析柱，以及根据目标物质的各种理化性质来选择色谱固定相或者调整流动相，都需要精益求精的职业素养才能完成。

自色谱法创立以来，无论是在色谱基础理论、新的分离模式和新型色谱仪器研制与改进方面，还是在实际应用方面，都凝结了研究者的创新思维。可以预见，色谱技术将朝着与其他技术联用、高精度、高灵敏度和微型化的方向发展（图6-2）。在未来的科学研究、工业生产及人们的日常生活中，色谱技术必将发挥更大的作用。

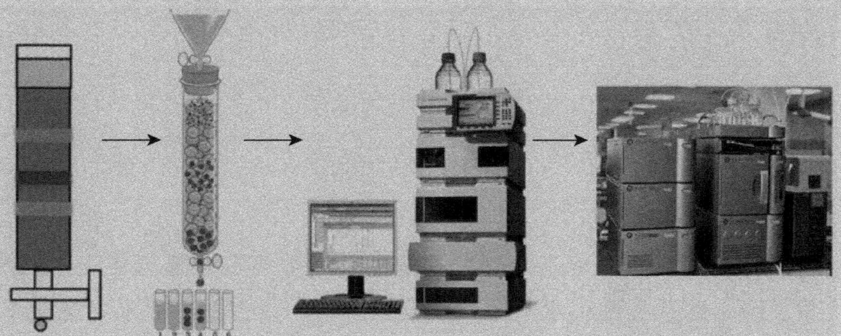

| 普通色谱柱 | 各种填料色谱柱 | 高压液相色谱仪 | 超高压液相色谱质谱仪 |

图 6-2　色谱分离技术的发展过程

知识链接

生物大分子（biomacromolecule）是指生物体细胞内存在的蛋白质、核酸、多糖等大分子。这些生物大分子的共同特点是由很多个单体脱水聚合而成。例如，蛋白质是由很多个氨基酸聚合而成的；核酸是由很多个核苷酸聚合而成的；多糖是由很多个单糖聚合而成的。生物大分子是构成生命的基础物质，同时，许多生物大分子具有各种生物活性，在生物体新陈代谢中发挥重要的作用。目前许多生物大分子已经被广泛应用于疾病治疗中，显示出巨大的医用价值。

层析技术是利用不同生物大分子物质在由固定相和流动相构成的体系中，因理化性质的不同，其与固定相的作用不同而达到分离目的的一种分离纯化技术。其中固定相可以与待分离物质发生可逆结合、排阻作用，流动相推动待分离的物质朝着一个方向移动，通过改变流动相条件可使结合的生物物质分离。常用的生物大分子分离纯化技术有疏水层析技术、凝胶层析技术、亲和层析技术、离子层析技术。

一、疏水层析技术

疏水层析利用固定相基质上偶联的疏水性配基与流动相中的一些疏水生物大分子发生可逆性结合而进行分离。该方法是利用蛋白质的疏水差异而实现分离的，常用在盐析或离子层析之后的蛋白质进一步提纯阶段。

（一）疏水层析原理

蛋白质具有亲水氨基酸和疏水氨基酸，通过改变蛋白质溶液中的盐浓度，蛋白质的亲水性和疏水性可发生转变。在无盐或低盐条件下，由于蛋白质表面形成的水化膜和蛋白质所带电荷的作用，蛋白质展现亲水性。在高浓度盐作用下，蛋白质表面水化膜被破坏，表面电荷被中和，疏水氨基酸暴露，从而展现疏水性，此时蛋白质可以与同样带有疏水性基团的疏水层析介质发生可逆结合，如图 6-3 所示。通过逐渐降低蛋白质环境中的盐浓度，各种蛋白质因亲水性趋势不同而先后与疏水基团分离，达到分离纯化的目的（见动画 6-1）。

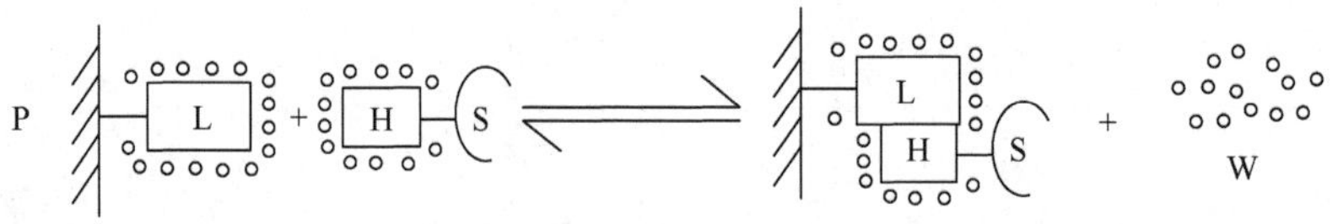

图 6-3　疏水层析原理

P. 固相支持物；L. 疏水性配体；S. 蛋白质或多肽等生物大分子；H. 蛋白质疏水基团；W. 溶液中的水分子

（二）疏水层析介质

疏水层析介质由基质和疏水配基两部分构成。基质主要有聚苯乙烯/二乙烯苯、琼脂糖、纤维素几种类型。疏水配基又称疏水基团，主要为烷基和芳香基。疏水配基通过氧-醚键或硫-醚键偶联到均一的基质颗粒上。

常见的疏水层析介质主要有基于 Sepharose 基质的疏水介质和基于 SOURCE 基质的疏水介质。Sepharose 基质为琼脂糖，主要有 High Performance（HP）和 Fast Flow（FF）两种，HP 粒径为 34μm，FF 为 90μm，相同条件下，粒径越小分辨率越高，Sepharose HP 可以实现更高的分辨率，但由于粒径小，可达到的最大流速相对 Sepharose FF 低。SOURCE 介质为均一的、刚性的聚苯乙烯/联乙烯苯亲水基质，物理和化学性质稳定，颗粒均一和刚性确保了层析过程中在采用高流速时柱压保持相对较低水平。SOURCE 常见粒径为 15μm 和 30μm 两种，因此 SOURCE 相对于 Sepharose 具有更高的分辨率。

疏水配基主要有苯基（phenyl）、辛基（octyl）、丁基（butyl）、异丙基（isopropyl）、醚基（ether）等，按疏水性由强到弱为苯基＞辛基＞丁基＞异丙基＞醚基。苯基配基有两种不同取代程度的填料，这为优化结合能力和洗脱条件提供了更多的选择。对于某些蛋白质，有些配基与其结合能力太强，难以洗脱，需要选择更低疏水性的配基介质，在相对低的盐浓度下结合和使其更容易洗脱。

生产中常用的疏水介质有 Phenyl Sepharose FF、Octyl Sepharose FF、Butyl Sepharose FF、Phenyl Sepharose HP 等（表 6-1）。基于 Sepharose 基质的疏水层析介质可以短时间耐受 1mol/L 氢氧化钠、变性剂（8mol/L 尿素、6mol/L 盐酸胍）、70%乙醇、1mol/L 乙酸、30%丙醇、30%乙腈和 2%SDS，未使用的填料保存在 20%乙醇中，于 4～30℃条件下储存。

表 6-1　疏水层析填料的性质

层析介质	基质	pH 稳定性	平均颗粒尺寸/μm
SOURCE 15PHE SOURCE 15ETH SOURCE 15ISO	聚苯乙烯/ 二乙烯苯	长期：2～12 短期：1～14	15
Phenyl Sepharose HP Butyl Sepharose HP	6%交联的琼脂糖	长期：3～13 短期：2～14	34
Phenyl Sepharose FF（高配基密度） Phenyl Sepharose FF（低配基密度） Octyl Sepharose FF Butyl Sepharose FF	6%交联的琼脂糖 6%交联的琼脂糖 4%交联的琼脂糖 4%交联的琼脂糖	长期：3～13 短期：2～14	90

（三）疏水层析操作方法

1. 起始缓冲液的选择

起始缓冲液中盐的种类和浓度对不同的蛋白质和填料相互作用的影响不同，因此起始缓冲液中盐的种类和浓度直接影响目的蛋白是否结合到疏水层析介质上。样品中蛋白质与疏水层析介质的配基结合条件是疏水层析分离的关键因素。在结合这个阶段，目的蛋白的结合能力、最终选择性、分辨率都会受到起始缓冲液中盐的显著影响。

当缓冲液的盐浓度从低到高变化时，蛋白质的溶解度一般呈现从低到高，然后再下降的趋势；每一种蛋白质最大溶解度的盐离子浓度都不相同。要保证蛋白质在一定高盐浓度时暴露出疏水基团又必须具有一定的溶解度。因此在层析分离蛋白质前，需要检查目的蛋白在不同盐浓度下溶解的稳定状态。最简单的办法是观察样品在不同盐浓度下的澄清情况，并检测离心后上清液中剩余的蛋白质活力。起始缓冲液最高盐浓度能够保持目的蛋白的生物学活性而不发生沉淀。蛋白质在不同 pH 下的稳定性存在差异，起始缓冲液通常使用某个 pH 下的 1～2mol/L 硫酸铵或 3mol/L 氯化钠。

2. 样品制备

当加入固体盐调整起始缓冲液时，会造成蛋白质样品溶液中的局部盐浓度过高而引起蛋白质沉淀，为了实验方便，常常先配制更高浓度的盐储液。使用高浓度盐储液调节样品到起始缓冲液的盐浓度。由于疏水层析对 pH 不太敏感，调节前后的 pH 变化如果没有超过 1，常常不需要进行起始缓冲液 pH 的调节。上样前一定要过滤蛋白质样品，确保样品澄清而且没有颗粒状物质。

3. 洗脱方式

根据分离的目的可以选择线性梯度或逐步洗脱。线性梯度洗脱可以用来进行高分辨的分离或分析，同时可以依据线性梯度洗脱结果确定逐步洗脱的条件。逐步洗脱可以实现更快地分离，减少缓冲液的消耗，常用于大规模纯化。

1）线性梯度洗脱　　线性梯度洗脱需要设备具有可执行线性洗脱的功能。在线性洗脱中，需要准备样品平衡液（A 液，盐浓度与缓冲液和样品溶液相同）和缓冲液（B 液，与 A 液中的缓冲液一致）。

洗脱过程中，控制两种溶液按比例混合，起始时 A 液为 100%，B 液为 0，最终 A 液为 0，B 液为 100%。需要探索最合适的洗脱时间（A 液由 100% 到 0 的时间，步长）及洗脱流速以获得最佳分离效果。

2）逐步洗脱

第一步：用盐浓度高于目的蛋白洗脱水平的预洗缓冲液洗脱和柱子结合能力比目的蛋白弱的杂质。

第二步：用盐浓度刚好使目的蛋白洗脱的洗脱缓冲液洗脱目的蛋白。

第三步：用无盐缓冲液来洗脱残余的杂质，这一步也可以用水。

第四步：柱子用起始缓冲液平衡，为下一次运行做准备。疏水层析逐步洗脱示意图见图 6-4。

4. 洗脱步骤

首先用起始缓冲液平衡柱子。样品调整好盐浓度后，加载到疏水层析柱上，疏水性强的蛋白质与配基结合，其他疏水性弱的蛋白质和杂质不与配基相互吸引，直接流过柱子。样品上样结束后，用起始缓冲液冲洗柱子，直至所有未结合的杂质穿过，在线检测紫外信号回到基线。

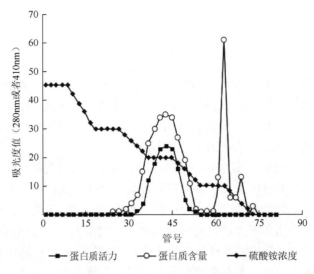

图 6-4 疏水层析逐步洗脱示意图

控制降低缓冲液中的盐浓度，疏水性最低的蛋白质开始从柱子上洗脱，最强疏水性的蛋白质结合最强，最后被洗脱。用没有盐的缓冲液洗涤除去大多数结合紧的蛋白质。在下一次运行上样前，柱子需用起始缓冲液重新平衡。

疏水层析柱使用多次后，由于一些疏水作用强的蛋白质积累在填料中，会降低分离效果，此时需要用更剧烈的方法洗掉所有结合的物质，如 0.5～1.0mol/L 氢氧化钠、70%乙醇或 30%异丙醇。

（四）影响疏水层析分离效果的因素

1. 分辨率

分辨率（resolution，R_s）是指层析色谱图中相邻两个蛋白质峰峰尖的距离与两个峰宽和的一半之比（图 6-5）。从柱子上洗脱的相邻两个峰之间的分离度、峰的宽窄和对称性影响分辨率，而这些因素取决于上样量、填料性质、结合和洗脱条件、柱子填装效果和流速。

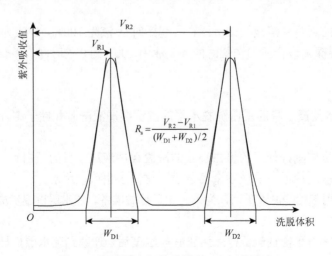

$$R_s = \frac{V_{R2} - V_{R1}}{(W_{D1} + W_{D2})/2}$$

图 6-5 两个峰之间的分辨率（R_s）的确定

V_R. retention volume，保留体积；R_s. resolution，分辨率；W_D. peak width，峰宽

理论上 $R_s = 1.0$，两个峰刚好完全分离，收集目的蛋白峰，蛋白质纯度为 100%，但由于实际层析中会出现峰拖尾和峰前延现象，$R_s = 1.0$ 时两个峰存在部分重叠，不能完全分离。要实现两个峰完全分离，需要分辨率 $R_s > 1.5$。在这个值下，单一峰对应的蛋白质纯度为 100%。具体见图 6-6。

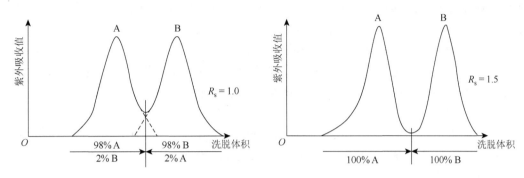

图 6-6　两个蛋白质峰完全分离

在初步和中度分离纯化阶段，由于待分离溶液中物质的多样性和复杂性，有时候一个单一的、良好分离的峰并不一定意味着纯的物质，也可能代表着一系列能够在这个洗脱条件下不能分离的组分，需要用其他的层析介质进一步纯化。

2. 柱效

柱效（column efficiency）是指色谱柱保持某一化合物聚集而不使其扩散的能力，是一支色谱柱得到窄峰宽和对称峰的相对能力。柱效越高，分离效果越好，峰形越好，反之则分离效果差，峰形差，甚至不能完全开两种物质。色谱柱的柱效和填料、柱长、柱内径均有关系，一般来说，填料越细密、柱长径比越大，柱效越高。柱效常用理论塔板的数来表示。峰变宽的主要原因是溶质分子（蛋白质）的纵向扩散。如果可供扩散的距离达到最小化，那么可以最大程度地限制峰变宽程度。一个填装效果好的柱子对柱效的贡献最大。柱子填装不均匀、填装过紧或过松、含有气泡都会导致柱效降低。颗粒大小是影响柱效的一个显著因素。总的来说，在一个填装完好的柱床上，相同条件下，相对小的介质颗粒产生更窄的峰。虽然柱效可以通过减小基质的颗粒大小来提高，但使用小的颗粒通常导致压力的增加，进而需要降低流速，延长了层析时间。因此，需要将介质和纯化要求（速度、分辨率、纯度等）相匹配。

3. 选择性

好的选择性（峰之间的分离度）在决定分辨率方面比高柱效更重要（图 6-7）。

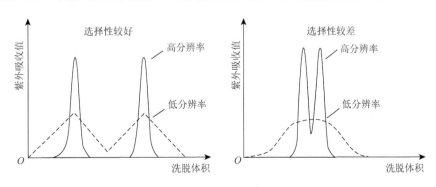

图 6-7　选择性和柱效对分辨率的影响

对于疏水层析，选择性与配基的性质及其密度、基质的性质、目的蛋白的性质、用于结合的盐的类型和浓度相关。需要在这些性质之间寻找到一个平衡，才能获得一个很好的疏水层析效果。

虽然市售的疏水层析介质已经注明载量，但是在实际的条件下，能结合到疏水层析介质上的蛋白质实际量需要通过实践研究得出，这称为某种填料对某种蛋白质的有效结合载量。有效结合载量也叫静态载量，是指在一定的条件下，可以结合在层析填料上的蛋白质数量，在静态下，使蛋白质和介质充分浸润饱和，然后测定结合在填料上的蛋白质总量。如果载量是在某个流速条件下测定，结合的蛋白质量称为该填料的动态载量。疏水层析介质的动态载量依赖于填料的性质，被纯化的蛋白质性质和实验条件如盐浓度、流速、温度，有时也与 pH 有关。

配基的性质、目的蛋白、盐和盐浓度对决定疏水层析介质最终的选择性十分重要，这些参数必须根据实验来进行确定和优化。这和离子交换层析或亲和层析等其他技术不同，在这些技术中，"标准蛋白"可以用作预测选择性和载量。

1）选择性和盐的选择　　在疏水层析中，结合过程比洗脱过程更能影响选择性，所以，优化起始缓冲液的条件很重要。盐的种类和浓度是影响载量和最终选择性最重要的参数。当使用疏水层析介质时，盐的种类和浓度决定了其促进疏水相互作用的能力。蛋白质沉淀和疏水蛋白质与疏水填料相互作用有着相同的驱动力，因此，通过增加周围溶液的离子强度（浓度）能够促进这种驱动力。随着盐浓度的增加，结合的蛋白质量几乎呈线性增加，直到某个点，随盐浓度的继续增加，结合的蛋白质量呈指数形式增加。如果蛋白质不稳定或者稳定性未知，最好在线性区间进行蛋白质和填料的结合。

在有蛋白质的溶液里，小的、高电荷离子是强沉淀剂，而有机酸碱有更强的稳定作用。钙和镁盐不是强沉淀剂，因为这些离子可能结合到蛋白质表面的特殊位置。钠、钾或铵的硫酸盐具有相对高的沉淀作用，正是这些盐有效地促进了疏水层析中配基和蛋白质的相互作用，并且对蛋白质结构具有稳定作用。因此，疏水层析中最常使用的盐是硫酸铵、硫酸钠、氯化钠、氯化钾和乙酸铵。如同填料选择一样，疏水层析中盐的选择也是不断尝试的过程，因为每种盐在促进疏水相互作用方面的能力都不同。

在给定的浓度下，和其他的盐相比，硫酸铵能够给出最好的分辨率，它可以使用的最高浓度是 2mol/L。氯化钠通常使用的浓度为 3mol/L。硫酸钠也是一种非常好的盐析试剂，但是高浓度的硫酸钠容易使蛋白质稳定性下降，因此实验中较少使用硫酸钠。在 pH 高于 8.0 的情况下不推荐使用硫酸铵。

2）选择性和疏水层析介质的性质　　配基的性质影响疏水层析介质的疏水性，基质也会影响最终的选择性。疏水层析介质由多孔的基质制成，在分离生物大分子时，基质高度多孔性并且开放的孔结构是一个优势。它们的物理结构比较稳定，也能够在一定程度上耐受强酸和强碱，并且与杂质的非特异结合水平低。

配基种类和密度最终影响了疏水层析介质的疏水性，进而会影响目的蛋白的选择性。疏水层析填料的载量随着配基浓度的增加而增加，同时结合的强度也增加了，这就增加了蛋白质的洗脱难度，进而影响选择性。

根据与样品组分的相互作用，疏水填料可以分为两类，直链烷基（丁基、辛基、醚基、异丙基）只有疏水相互作用，而芳香基配基（苯基）显示混合型性质，包括芳香性和疏水性相互作用。由于作用的不同，不同种类配基在疏水层析中体现出不同的选择性。目的蛋白的性质在确定疏水层析的选择性方面也是重要的参数。性质非常相似的蛋白质在相同条件下与疏水层析介质的结合能力有可能不同，所以要用目的蛋白筛选最合适的配基。

3）选择性和洗脱　　在上样、洗脱、洗涤、再平衡的过程中使用缓冲液的体积用柱床体积（column volume，CV）来表示，比如对于1mL柱床体积的柱子来说，5CV = 5mL。

一般将层析过程各阶段起始与结束所使用的溶液量转化为用柱体积来描述，这有助于方法开发和在放大过程中将方法转移至其他尺寸的柱子上。通常在不知道样品组成的情况下采用线性梯度洗脱，先分析总的蛋白质洗脱情况，当用线性梯度洗脱优化好分离条件后，再转换至逐步洗脱，可以减少成本，提高工作效率。

也可以根据目的蛋白的性质，摸索条件使疏水层析介质尽可能选择性吸附杂质，从而尽可能使较多的目的蛋白流过柱子，这样也可以起到分离的效果。

除了使目的蛋白与杂质同时结合后洗脱分离，也可以根据目的蛋白的性质，摸索尽可能使杂质吸附，而目的蛋白流过柱子的层析条件。

4. 样品浓度和黏度

在较低的蛋白质浓度下，增加蛋白质浓度会导致黏度增加较小，而在较高的蛋白质浓度下，增加蛋白质浓度会导致黏度增加比较明显。蛋白质溶液在低盐缓冲液时，黏度随着温度的升高而下降，而在高盐浓度下会增加。样品的可溶性或黏度可能会影响柱子的上样量。黏度高导致样品在层析柱里的流动方向和速率发生变化，柱子的压力也会变大，最终导致峰形变宽、奇异峰型、各种蛋白质峰叠加等现象。因此必须将样品稀释到一定程度，使洗脱峰尽量分开。如果样品不能稀释或者稀释后也不能很好地分离，可采用更低些的盐浓度或更大颗粒的疏水层析填料。如果黏度问题是核酸污染导致的，那就需要在上样前去除它们。

5. 缓冲液和 pH

在疏水层析过程中，pH 5.0～8.5 对于最终的选择性和分辨率的影响都非常小。pH 的增加减弱疏水相互作用，在 pH 高于 8.5 或低于 5.0 时，蛋白质的结合能力会有相对明显的改变。常使用 50mmol/mL 的磷酸盐缓冲液（pH 7.0）。pH 的选择必须确保蛋白质的稳定性和活力，每种待分离的目的蛋白最好都筛选最优的 pH 条件。

6. 缓冲液添加剂

添加剂可以用来改善选择性和分辨。添加剂可以通过促进蛋白质溶解，改变蛋白质构象等影响分离。水溶性醇、去垢剂、离子性盐（限制使用）是疏水层析中最广泛使用的添加剂。

7. 上样量

样品上样量对分辨率有重要的影响，蛋白质浓度越高，洗脱峰的宽度越宽，分辨率越小。影响结合能力的因素主要包括介质性质、蛋白质性质和结合条件、分子的大小和形状，其次是流速、温度和 pH。样品浓度通常不超过 50mg/mL。

在梯度洗脱时，为了获得较好的分辨率，最多上样到柱子载量的 30%。如果分辨率令人满意或者使用逐步洗脱方式，可以增加上样量。载量可以通过某些方式增加，比如降低流速、优化起始条件来促进目的蛋白的结合而避免杂质的结合。

上样量还受到待分离物质的分子量、直径、长度的影响。分子量大于 400 000 的蛋白质复合体、不对称蛋白和 DNA，这些分子不能进入基质的孔，它们只能和基质表面的疏水基团相互作用，疏水层析介质的载量也会下降。

8. 流速

不同分离的阶段，可以采用不同的流速。在结合或洗脱阶段采用较低流速可以获得更好的分辨率，在平衡、清洁和再平衡过程中采用较高流速节约时间。最大流速主要被介质的强度和仪器的最大压力限制。

（五）疏水层析技术的应用

疏水层析技术已成为分离纯化蛋白质和多肽等生物大分子的重要手段，在实验室和工业化生产中得到了广泛的应用。由于"高盐吸附、低盐洗脱"的特点，疏水层析能直接与其他分离技术如盐析、离子交换层析联合使用。

由于疏水层析技术具有条件温和、操作相对简便、分离纯化效果好等特点，常与其他简单的纯化操作结合来分离纯化目的蛋白，从而使实验更加简单化、更易操作。比如，采用双水相萃取与疏水层析分离纯化巴氏毕赤酵母表达的基因工程人溶菌酶；采用硫酸铵盐析沉淀与疏水层析分离纯化猪胰脏激肽释放酶；将层析技术与冷乙醇工艺相结合用于人血清清蛋白的纯化，对冷乙醇沉淀后的血浆上清进行脱盐除乙醇，经阳离子层析、疏水层析得到样品，其纯度大于99%。此外，疏水层析技术与离子层析、亲和层析技术联合应用形成比较成熟的抗体纯化工艺。在大规模纯化质粒 DNA 工艺中采用碱裂解、中空纤维超滤浓缩、疏水层析、分子筛等分离技术纯化质粒 DNA，纯度达 95%以上，工艺简便，产率较高，为 DNA 疫苗大规模纯化奠定了基础。

二、凝胶层析技术

凝胶层析是基于分子大小不同而进行分离的一种方法，是近 20 年来发展起来的新技术。它具有一系列的优点：操作方便，不会使物质变性，适用于不稳定的化合物，凝胶可再生，反复使用，因此在生物分离中占重要地位。其缺点是分离速度较慢。凝胶层析的整个过程和过滤相似，又称凝胶过滤、凝胶渗透过滤、分子筛过滤等。由于物质在分离过程中的阻滞减速现象，有人也称其为阻滞扩散层析、排阻层析等。

（一）凝胶层析原理

凝胶层析是利用分子在多孔介质颗粒孔隙中的液相与介质颗粒外部的液相之间按分子大小的不同而得到分配的（见动画 6-2）。一般情况下，都是在层析柱中填入珠状多孔凝胶材料并浸透流动相，如图 6-8 所示。如果此时有一定的含有不同大小分子的混合原料加在柱上并用流动相洗脱，则无法进入多孔凝胶颗粒内部的大分子会直接随流动相由凝胶颗粒之间的空隙被洗脱下来；小分子因可深入凝胶颗粒内部而受到很大的阻滞，最晚洗脱下来；而中等大小的分子虽可进入凝胶颗粒内部但并不深入，受到凝胶颗粒的阻滞作用不强，因而在两者之间被洗脱下来。

动画 6-2

（二）凝胶过滤介质

基于凝胶层析的原理，凝胶介质应不能与原料组分发生除排阻之外的任何其他相互作用，如电荷作用、化学作用、生物学作用等。理想的凝胶过滤介质是具有高物理强度及化学稳定性，能够耐受高温高压、强酸强碱，具有高化学惰性，内孔径分布范围窄、颗粒大小均一度高的珠粒状颗粒。目前，常用的有葡聚糖凝胶、琼脂糖凝胶、聚丙烯酰胺凝胶等。

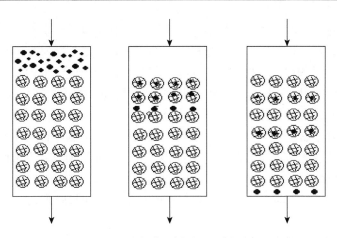

图 6-8　凝胶层析原理示意图

1. 葡聚糖凝胶

葡聚糖凝胶是应用最广泛的一类凝胶，国外商品名为 Sephadex。它是由葡聚糖（dextran）交联而得到的。葡聚糖由蔗糖发酵而来。发酵得到的葡聚糖分子量差别很大，用乙醇进行分部沉淀后，选择分子量为 30 000～50 000 的部分，经交联后就得到不溶于水的葡聚糖凝胶。在制备凝胶时添加不同比例的交联剂可得到交联度不同的凝胶。交联剂在原料总质量中所占的百分比叫交联度。交联度越大，网状结构越紧密，吸水量越小，吸水后体积膨胀越少；反之，交联度越小，网状结构越疏松，吸水量越大，吸水后体积膨胀越多。凝胶的型号就是根据吸水量而来的。例如，G-25 的吸水量（1g 干凝胶所吸收水分）为 2.5mL，型号数字相当于吸水量乘以 10，见表 6-2。

表 6-2　葡聚糖凝胶（G 类）的性质

凝胶规格		吸水量/ (mL/g 干凝胶)	膨胀体积/ (mL/g 干凝胶)	分离范围		浸泡时间/h	
型号	干粒直径/μm			肽或球状蛋白	多糖	20℃	100℃
G-10	40～120	1.0±0.1	2～3	约 700	约 700	3	1
G-15	40～120	1.5±0.2	2.5～3.5	约 1 500	约 1 500	3	1
G-25	粗粒 100～300 中粒 50～150 细粒 20～80 极细 10～40	2.5±0.2	4～6	1 000～5 000	100～5 000	3	1
G-50	粗粒 100～300 中粒 50～150 细粒 20～80 极细 10～40	5.0±0.3	9～11	1 500～30 000	500～10 000	3	1
G-75	40～120 极细 10～40	7.5±0.5	12～15	3 000～70 000	1 000～5 000	24	3
G-100	40～120 极细 10～40	10±0.1	15～20	4 000～150 000	1 000～100 000	72	5
G-150	40～120 极细 10～40	15±1.5	20～30 18～20	5 000～400 000	1 000～150 000	72	5
G-200	40～120 极细 10～40	20±2.0	30～40 20～25	5 000～800 000	1 000～200 000	72	5

如果凝胶用于脱盐，即从高分子量的溶质中除去低分子量的无机盐，则可选择型号较小的如 G-10、G-15 和 G-25。如果凝胶用于层析法，则可根据表 6-2 所列的范围进行选择。市售凝胶的粒度分粗（相当于 50 目）、中（相当于 100 目）、细（相当于 200 目）、极细（相当于 300 目）4 种。一般粗、中凝胶用于生产，细者用于科研；极细者由于装柱后容易堵塞，影响流速，不用于一般凝胶分离，但可用于薄层层析和电泳。

葡聚糖凝胶的化学性质比较稳定，不溶于水、弱酸、碱和盐溶液。本身具有很弱的酸性。低温时，在 0.1mol/L 盐酸溶液中保持 1～2h 不改变性质；室温时，在 0.01mol/L 盐酸中放置半年也不改变；在 0.25mol/L 氢氧化钠中，在 60℃条件下两个月不发生变化；在 120℃加热 30min 灭菌而不被破坏，但高于 120℃即变黄。若长时间不用，需加防腐剂。

2. 琼脂糖凝胶

琼脂糖凝胶来源于一种海藻多糖琼脂，是一种天然凝胶，不是共价交联，是以氢键交联的，键能比较弱。它与葡聚糖凝胶不同，孔隙度是通过改变琼脂糖浓度而达到的。琼脂糖凝胶的化学稳定性不如葡聚糖凝胶。琼脂糖凝胶没有干胶，必须在溶胀状态保存，除丙酮和乙醇外，琼脂糖凝胶遇脱水剂、冷冻剂和一些有机溶剂即被破坏。用琼脂糖凝胶进行分离操作的适宜工作条件是 pH 4.5～9，温度 0～40℃，在 1mol/L 盐溶液、2mol/L 尿素溶液中稳定，对硼酸盐有吸附作用，不能用硼酸缓冲液。

琼脂糖凝胶颗粒的强度很低，操作时必须十分小心。另外，由于琼脂糖颗粒的弹性小，柱高引起的压力能导致变形，造成流速降低甚至堵塞，因此装柱时应设法对柱压进行调整。琼脂糖凝胶没有带电基团，所以对蛋白质类物质的非特异性吸附力明显小于葡聚糖凝胶，在介质离子浓度＞0.1mol/L 时已不存在明显吸附。琼脂糖凝胶的特征是能分离几万至几千万高分子量的物质，分离范围随着凝胶浓度的上升而下降，颗粒强度却随浓度的上升而提高，特别适用于核酸类、多糖类和蛋白质类物质的分离，弥补了聚丙烯酰胺凝胶和葡聚糖凝胶的不足，扩大了应用范围。

琼脂糖凝胶的商品名因不同的厂家而不同。瑞典产品名为 Sepharose，美国称生物胶-A（Bio-Gel-A），英国称 Sagavac 等。表 6-3 列举了常见琼脂糖凝胶的琼脂糖浓度和分离范围。

表 6-3　琼脂糖凝胶的琼脂糖浓度和分离范围

商品名称	琼脂糖浓度/%	分离范围（蛋白质分子量）
Sepharose 6B	6	$10^4 \sim 4 \times 10^6$
Sepharose 4B	4	$6 \times 10^4 \sim 2 \times 10^7$
Sepharose 2B	2	$7 \times 10^4 \sim 4 \times 10^7$
Bio-Gel A-0.5m	10	$10^4 \sim 5 \times 10^5$
Bio-Gel A-1.5m	8	$10^4 \sim 1.5 \times 10^6$
Bio-Gel A-5m	6	$10^4 \sim 5 \times 10^6$
Bio-Gel A-15m	4	$4 \times 10^4 \sim 1.5 \times 10^7$
Bio-Gel A-50m	2	$10^5 \sim 5 \times 10^7$
Bio-Gel A-150m	1	$10^6 \sim 1.5 \times 10^8$
Sagavac 10	10	$10^4 \sim 2.5 \times 10^5$
Sagavac 8	8	$2.5 \times 10^4 \sim 7 \times 10^5$
Sagavac 6	6	$5 \times 10^4 \sim 2 \times 10^6$
Sagavac 4	4	$2 \times 10^5 \sim 1.5 \times 10^7$
Sagavac 2	2	$5 \times 10^4 \sim 1.5 \times 10^8$

3. 聚丙烯酰胺凝胶

聚丙烯酰胺凝胶的商品名为生物凝胶 P，是人工合成的，在溶剂中能自动吸水溶胀成凝胶。其一般性质及应用与葡聚糖凝胶相仿，对芳香族、杂环化合物有不同程度的吸附作用。据报道，其稳定性比葡聚糖凝胶好，在 pH 2～11 稳定。由于聚丙烯酰胺凝胶是由碳-碳骨架组成的，完全惰性，适宜作为凝胶层析的基质。其缺点是不耐酸，遇酸时酰胺键会水解成羧基，使凝胶带有一定的离子交换基团。

商品生物凝胶的编号大体上能反映出它的分离界限，如 Bio-GelP-100，将编号乘以 100 为 10 000，正是它的排阻限。表 6-4 列举了各种型号的生物胶的有关性质。

表 6-4　聚丙烯酰胺凝胶的性质

生物胶	吸水量/ (mL/g 干凝胶)	膨胀体积/ (mL/g 干凝胶)	分离范围 (分子量)	溶胀时间/h	
				20℃	100℃
P-2	1.5	3.0	100～1 800	4	2
P-4	2.4	4.8	800～4 000	4	2
P-6	3.7	7.4	1 000～6 000	4	2
P-10	4.5	9.0	1 500～20 000	4	2
P-30	5.7	11.4	2 500～40 000	12	3
P-60	7.2	14.4	10 000～60 000	12	3
P-100	7.5	15.0	5 000～100 000	24	5
P-150	9.2	18.4	15 000～150 000	24	5
P-200	14.7	29.4	30 000～200 000	48	5
P-300	18.0	36.0	60 000～400 000	48	5

4. 疏水性凝胶

常用的疏水性凝胶为聚甲基丙烯酸酯（polymethacylate）凝胶或以二乙烯苯为交联剂的聚苯乙烯（如 Styrogel Bio-Beads-S）凝胶。"Styrogel"商品有 11 种型号，分离范围为 1.6×10^3～4×10^7，混悬于二乙烯苯中供应。"Bio-Beads-S"有三种型号，分离范围为小于 2700，以干凝胶供应。这类凝胶专用于水不溶性有机物质的分离，用有机溶剂浸泡和洗脱。

5. 多孔玻璃珠

它的化学与物理稳定性好，机械强度高，不但抵御酶及微生物的作用，还能够耐受高温灭菌和较强烈的反应条件。其缺点是亲水性不强，对蛋白质尤其是碱性蛋白质有非特异性吸附，而且可供连接的化学活性基团也少。为了克服这个缺点，有些基质已事先连接了氨烷基。用葡聚糖包被的玻璃珠则可改善其亲水性，并增加了化学活性基团。用抗原涂布的玻璃珠已成功地分离了免疫淋巴细胞，在 DNA 连接的玻璃珠上纯化了大肠杆菌的 DNA 和 RNA 聚合酶。

6. 其他基质

由聚丙烯酰胺和琼脂糖混合组成的基质已投入应用。它的特点是基质既有羟基又有酰胺基，并且都能单独与配基使用。但这类基质不能接触强碱，以免酰胺水解，使用温度不能超过 40℃。一种称作磁性胶的基质是在丙烯酰胺与琼脂糖的混合胶中加入 7%的四氧化三铁，当悬浮液中含有不均匀的粒子时，能依靠磁性将基质与其他粒子分离。磁性胶基质常用于酶的免疫测定、荧光免疫测定、放射免疫测定、免疫吸附剂和细胞分离等的微量测定与制备。

（三）凝胶过滤介质的选择依据

应从分离目的和需分离物质的分子大小两方面选择合适的凝胶过滤介质，见表6-5。

表6-5　各类凝胶对比表

类别	层析介质	分离范围
葡聚糖凝胶	水	$700\sim8\times10^5$（蛋白质），$700\sim2\times10^5$（多糖）
聚丙烯酰胺凝胶	水	$100\sim4\times10^5$
琼脂糖凝胶	水	$1\times10^4\sim1.5\times10^8$
疏水性凝胶	有机溶剂	$1600\sim4\times10^7$

1. 分离范围

如果需要将一个复杂原料中所有分子量较大的物质与5000以下的物质分开，可以装填排阻极限小的介质如Sephadex G-25或Sephadex G-50等凝胶。该工艺称为脱盐或成组分离。如需分子量相差不大的分子，可根据表6-2～表6-4所列各种凝胶的排阻范围加以选择。

2. 分辨率

介质粒径较小的凝胶通常可以提供比较高的分辨率，因为分子弥散作用较弱，导致峰宽较窄。然而，小颗粒会带来高压力，因此在使用刚性较差的介质时必须使用较低的流速，这与大规模制备层析所要求的高效性相悖，所以，工业应用的凝胶层析必须使用刚性较好、粒径较大的介质。

3. 稳定性

由于原料种类千变万化，其 pH、温度及有无有机溶剂等因素会影响介质的分离效果，都需要事先以小量试验摸索清楚。

（四）凝胶层析操作方法

1. 凝胶的预处理

市售凝胶必须经过充分溶胀后才能使用，如溶胀不充分则装柱后继续溶胀，造成填充层不均匀，影响分离效果。将干燥凝胶加水或缓冲液在烧杯后搅拌，静置，倾去上层过细的粒子混悬液。如此反复多次，直至上层澄清为止。G-75以下的凝胶只需浸泡1天，但G-100以上的型号，至少需泡3天，加热能缩短浸泡时间。

2. 层析柱的选择

凝胶层析用的层析柱，其体积和高径比与层析分离效果的关系相当密切。层析柱的长度与直径的比一般称作柱比。层析柱的有效体积（凝胶柱床的体积）与柱比的选择必须根据样品的数量、性质及分离目的加以确定。对于蛋白质脱盐，柱床体积为样品溶液体积的5倍或略多一些就够了，柱比5∶1～10∶1即可。这样流速快，节省时间，样品稀释程度也小。对于蛋白质分离，则要求柱床体积为样品25倍以上，甚至多达100倍，柱比为25～100。用大柱、长柱的分离效率比小柱、短柱高，可以使分子量相差不大的组分得以分离。但这样的柱阻力大，流速慢，费时长，样品稀释也相当严重，有时达10倍以上。

3. 凝胶柱的装填

凝胶层析与其他许多层析方法不同，溶质分子与固定相之间没有力的作用，样品组分的分离完全依赖于它们各自的流速差异。因此所有影响样品在层析系统中正常流动的因素都是有害的。而正确的装柱是清除以上不良影响的关键和前提。

根据样品状况和分离要求选择层析柱后，开始装柱时，为了避免胶粒直接冲击支持物，空柱中应留 1/5 的水或溶剂。所用凝胶必须是经过充分溶胀的。为了防止出现气泡，胶液温度必须与室温相近，并用水泵减压排气。开始进胶后应当打开柱端阀门并保持一定流速，太快的流速往往造成凝胶板结，对分离不利。进胶过程须连续、均匀，不要中断，并在不断搅拌下使胶均匀沉降，以防止凝胶分层和胶面倾斜。为此，层析柱要始终保持垂直。凝胶悬液浓度也需控制，过稀和过浓都会产生不利影响。过浓时难以均匀装柱，以致出现柱床分层。装柱后用缓冲液（或蒸馏水）充分洗涤，也可以将凝胶直接浸泡于缓冲液（或蒸馏水）中，这样可以使操作简化。

4. 样品和加样

由于凝胶层析的稀释作用，样品浓度应尽可能大，但样品浓度过大往往导致黏度增大，而使层析分辨率下降，因此应当在满足黏度要求的前提下，选择一个合适的样品浓度。一般要求样品的黏度小于 0.01Pa·s，这样才不至于对分离造成明显不良影响。蛋白质类样品浓度以不大于 4% 为宜。如果样品混浊，应先过滤或离心除去颗粒后上柱。

样品的上柱是凝胶层析中的关键操作。理想的样品色带应是狭窄且平直的矩形层析带。为了做到这一点，应尽量使样品浓度大；反之会造成层析带扩散、紊乱，严重影响分离效果。

5. 洗脱与收集

为了防止柱床体积的变化，造成流速降低及重复性下降，整个洗脱过程中要始终保持适合的操作压，不能超限。流速不宜过快且要稳定。洗脱液的成分也不应改变，以防凝胶颗粒的胀缩引起柱床体积变化。在许多情况下可用水作洗脱剂，为了防止非特异性吸附，避免一些蛋白质在纯水中难以溶解，以及蛋白质稳定性等问题的发生，常采用缓冲盐溶液而非水进行洗脱。洗脱用盐等应比较容易除去。

6. 凝胶的保存

凝胶过滤时，凝胶本身无变化，所以无再生的必要，柱可反复使用。但使用次数增加时，由于混入杂质，过滤速度因而减慢，此时可将柱反冲以除去杂质。

葡聚糖凝胶保存的方法有干法、湿法和半缩法三种。

干法：一般是用浓度逐渐升高的乙醇分步处理洗净的凝胶（如 20%、40%、60%、80% 等），使其脱水收缩，再抽滤除去乙醇，用 60～80℃ 暖风吹干。这样得到的凝胶颗粒可以在室温下保存，但处理不好时凝胶孔径可能略有改变。

湿法：用过的凝胶洗净后悬浮于蒸馏水或缓冲液中，加入一定量的防腐剂再置于普通冰箱中作短期保存（6 个月以内）。常用的防腐剂有 0.02% 的叠氮化钠、0.02% 的三氯叔丁醇，还有洗心泰、硫柳汞、乙酸苯汞等。

半缩法：用 60%～70% 的乙醇使凝胶部分脱水收缩，然后封口，置 4℃ 冰箱中保存。

（五）影响凝胶层析分离效果的因素

1. 凝胶的选择

各种凝胶在结构上是很相似的，都是三维空间网状交织的高分子聚合物。分离程度主要取决于凝胶颗粒内部微孔的孔径和混合物的分子量这两个因素。和凝胶孔径直接关联的是凝胶的交联度，交联度越高，孔径越小，反之孔径就大。移动慢的小分子物质，在低交联度的凝胶中不易分离，大分子同小分子物质的分离宜用高交联度的凝胶。葡聚糖凝胶的交联度随每克干凝胶吸水量的增加而递减。

2. 洗脱液流速

根据具体实验情况决定洗脱液的流速，一般采用 30～200cm/h。流速过快会使层析带变形，影响分离效果。流速的调节可采用静液压法装置。

3. 洗脱液的离子强度和 pH

非水溶性物质的洗脱，采用有机溶剂。水溶性物质的洗脱，一般采用水或具有不同离子强度和 pH 的缓冲液。离子强度的变化，对于物质的分离有不同的影响。在洗脱碱性蛋白时，洗脱剂中必须含有一定浓度的无机盐。等电点低于 pH 7 的蛋白质的洗脱，很少受离子强度变化的影响。在酸性 pH 时，碱性物质易于洗脱。多糖类物质洗脱以水最佳。

4. 上样量

为了达到良好的分离效果，柱子的上样量必须保持较小的体积。对于蛋白质来说，上样量通常为柱体积的 2%～5%。

5. 柱的选用

凝胶层析法一般要求较长的柱长。例如，用凝胶层析分离蛋白质时，柱子的长度通常为内径的 25～40 倍。工业规模的凝胶层析还可用叠积柱系统，这种系统把凝胶介质分别装入同样大小的短粗的层析柱中，然后再将这些柱子垂直地连成一套，柱子之间的连接距离控制到最小。这个系统可以在降低凝胶承受压力的同时增加分离路径长度。此外，如果这个系统中的一根柱子发生堵塞（通常是最上面的一根），可以很方便地拆下来更换另一根新柱子。

（六）凝胶层析技术的应用

凝胶层析技术的应用范围较广，被广泛用于分离氨基酸、蛋白质、多肽、多糖、酶等生物制品。

1. 脱盐和浓缩

脱盐用的凝胶多为大粒度、高交联度的凝胶。由于交联度大，凝胶颗粒的强度较好，加之凝胶粒度大，装填柱层析比较方便，流速也高。需要注意的是，有些蛋白质脱盐后溶解度下降，造成被凝胶颗粒吸附甚至以沉淀的形式析出，这种情况下必须改为稀盐溶液洗脱，所用溶液多为易挥发盐的缓冲液，洗脱完成后易于真空干燥除去。在实际操作中由于扩散作用的存在，样品体积最好小于柱内水体积的 1/3，以便得到理想的脱盐效果。

2. 分子量的测定

用凝胶层析测定生物大分子的分子量，操作简便，仪器简单，消耗样品也少，而且可以回收。测定的依据是不同分子量的物质，只要在凝胶的分离范围内，便可粗略地测定分子量的范围。此法常用于蛋白质、酶、多肽、激素、多糖、多核苷酸等大分子物质的分子量测定。

3. 在生化制药中的应用

1）去热原　　热原是指某些能引起人体体温异常升高的微生物代谢产物、内毒素等。注射液中如含热原，可危及患者的生命安全，因此，去热原是注射药物生产的一个重要环节。去热原往往是生物药品生产过程中的一个难题，吸附法应用得较多。但由于吸附的专一性不强，一般都会造成目标产物损失，通常采用凝胶层析有较好的去除效果。例如，用 Sephadex G-25 凝胶柱层析去除氨基酸中热原性物质的效果较好。另外，用 DEAE-Sephadex A-25 去热原的效果也较好。

2）分离纯化

（1）分离分子量差别大的混合组分：当待分离组分分子量差别很大时，如若分离分子量大于 1500 的多肽和分子量小于 1500 的多糖，可选用葡聚糖凝胶 G-15。

（2）纯化青霉素等生物药物：青霉素致敏据认为是由于产品中存在某些高分子杂质，如青霉素聚合物，或青霉素降解产物青霉烯酸与蛋白质相结合而形成的青霉噻唑蛋白是具有强烈致敏性的全抗原。这些高分子杂质可用凝胶层析进行分离。

（3）蛋白质降解产物的粗分：一种普通分子量的蛋白质如果通过一些特异的酶或化学方法进行降解，则会生成相当复杂的肽混合物。采用凝胶层析，可以对降解产物进行预分级分离。例如，将 1 份凝胶与 4 份 0.01mol/L 的氨水溶液在室温下搅拌 30min，然后静止沉降，再倾去细颗粒的上层液。沉降的葡聚糖凝胶再与 3 份 0.01mol/L 的氨水溶液混合并倒入柱中，柱用 5 倍于床体积的 0.01mol/L 的氨水溶液洗涤。将 200mg 被分离组分溶于 3～5mL 0.01mol/L 的氨水溶液，让样品慢慢吸入凝胶柱中上样，用 0.01mol/L 的氨水溶液洗脱，流速 25～300cm/h，收集在紫外 280nm 处有吸收的洗脱液，冷冻干燥。

（4）其他生物药物的纯化：凝胶层析还可用于其他许多生物药物的分离纯化。例如，用 Sephadex G-50 可以纯化牛胰岛素及猪胰岛素，用它除去结晶胰岛素中前胰岛素和其他大分子抗原物质，这样可大大改善胰岛素的品质。

三、亲和层析技术

亲和层析也称为亲和色谱（affinity chromatography），是一种利用固定相的结合特性来分离分子的色谱方法。亲和层析在凝胶过滤色谱柱上连接与待分离的物质有一定结合能力的分子，并且它们的结合是可逆的，在改变流动相条件时二者相互分离。亲和层析可以用来从混合物中纯化或浓缩某一分子，也可以用来去除或减少混合物中某一分子的含量（图 6-9）。亲和层析具有很高的选择性，可以达到很高的分辨率，而且可以快速处理大量的样本，因此常常被用来作为蛋白质纯化的首选步骤。亲和层析是分离生物大分子最为有效的层析技术，具有很高的分辨率。亲和层析是近年来广为重视并得到迅速发展的分离纯化方法之一。

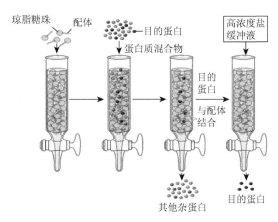

图 6-9　亲和层析示意图

（一）亲和层析原理

亲和层析是根据生物大分子和配体之间的特异性亲和特性，将某种配体连接在基质上作为固定相，对样品溶液中能与配体特异性结合的生物大分子进行特异性捕捉，实现分离目标产物的一种层析技术，如图 6-10 所示。亲和层析就是利用化学方法将可与待分离物质可逆性特异结合的化合物（称配体）连接到某种固相基质上，并将载有配体的固相基质装柱，当待提纯的生物大分子通过此层析柱时，此生物大分子便与基质上的配体特异结合而留在柱上，其他物质则被冲洗出去。然后再用适当方法将这种生物大分子从配体上分离并洗脱下来，从而达到分离提纯的目的（见动画 6-3）。

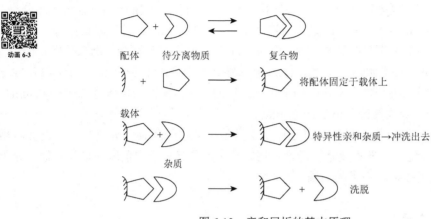

动画 6-3

图 6-10　亲和层析的基本原理

许多物质都具有和某化合物发生特异性可逆结合的特性。例如，酶与辅酶或酶与底物（产物或竞争性抑制剂等），抗原与抗体，凝集素与受体，维生素与结合蛋白，凝集素与多糖（或糖蛋白、细胞表面受体），核酸与互补链（或组蛋白、核酸多聚酶、结合蛋白），以及细胞与细胞表面特异蛋白（或凝集素）等。

亲和层析由于配体与待分离物质进行特异性结合，因此分离提纯的效率极高，提纯度可达几千倍，是当前最为理想的提纯方法。亲和层析配体与待分离物质特异性结合性质还可用来从变性的样品中提纯出其中未变性部分，从大量污染的物质中提纯少量所需成分，亲和层析还可用来从极度稀薄的液体中浓缩目的蛋白。

（二）亲和层析介质

亲和层析介质包括基质与配基。理想的基质应具有下列基本条件：①不溶于水，但高度亲水；②惰性物质，非特异性吸附少；③具有相当量的化学基团可供活化；④理化性质稳定；⑤机械性能好，具有一定的颗粒形式以保持一定的流速；⑥通透性好，最好为多孔的网状结构，使大分子能自由通过；⑦能抵抗微生物和醇的作用。

可以作为固相基质的有皂土、玻璃微球、石英微球、羟磷酸钙、氧化铝、聚丙烯酰胺凝胶、淀粉凝胶、葡聚糖凝胶、纤维素和琼脂糖。在这些基质中，皂土、玻璃微球等的吸附能力弱，且不能防止非特异性吸附。纤维素的非特异性吸附强。聚丙烯酰胺凝胶是目前首选的优良基质。

琼脂糖凝胶是常见的基质，优点是亲水性强，理化性质稳定，不受细菌和酶的影响，具有疏松的网状结构，在缓冲液离子浓度大于 0.05mol/L 时，对蛋白质几乎没有非特异性吸附。琼脂糖凝胶极易被溴化氢活化，活化后性质稳定，能经受层析的各种条件，如用 0.1mol/L NaOH 或 1mol/L HCl 处理 2～3h 及蛋白质变性剂 7mol/L 尿素或 6mol/L 盐酸胍处理，不引起性质改变，故易于再生和反复使用。

琼脂糖凝胶微球的商品名为 Sepharose，见表 6-3，含糖浓度为 2%、4%、6% 时分别称为 2B、4B、6B。因为 Sepharose 4B 的结构比 Sepharose 6B 疏松，而吸附容量比 Sepharose 2B 大，所以 Sepharose 4B 应用最广。

配基一般分为天然配基（包括糖结合配基和蛋白质结合配基）、染料配基、氨基酸类亲和配基、核苷酸及核苷酸类似物配基和仿生配基等几类。

（三）亲和层析基质的选择和活化

1. 亲和层析基质的选择

亲和层析所用的基质和凝胶过滤所要求的凝胶特性相同，即化学性质稳定、不带电荷、吸附能力弱、网状疏松、机械强度好、不易变形、保障流速的物质。聚丙烯酰胺凝胶颗粒、葡聚糖凝胶颗粒及琼脂糖凝胶颗粒都可用，其中以琼脂糖凝胶（Sephadex 4B）应用最广泛。琼脂糖是使用最早和应用最广泛的一种基质材料。但是琼脂糖作为基质时流速低、分辨率低，并容易被微生物分解。近年来开发出了硅类的基质用于亲和层析。亲和层析的关键是设法选择合适的配体并将此配体与基质以化学形式连接起来，形成稳定的共价键，这需要在实际工作中根据需要加以选择和试验。表 6-6 列出了各种亲和层析的基质材料。

表 6-6　亲和层析的基质材料

商品名称	生产厂家	基质材料
低压到中压		
Trisaryl[R]	法国 IBF	全合成
Ultrogel[R]	法国 IBF	聚丙烯酰胺/琼脂糖
Sepharose[R]	瑞典 pharmacia LKB	琼脂糖
Sephadex[R]	瑞典 pharmacia LKB	交联葡聚糖
Sephacryl	瑞典 pharmacia LKB	聚丙烯酰胺/葡聚糖
Macrosorb[TM]	英国 Sterling Organic	各种有机粉末
Eupergit	德国 Rochm Pharma	聚丙烯酰胺
Affi-gel	美国 Biorad	交联聚丙烯酰胺
Matrex Cellufine[TM]	美国 J. T. Baker 公司	多聚物覆盖的硅胶
高压		
Hypersil WP300[TM]	英国 Shandon	硅
Lichrospher[R]	德国 E. Merck	硅
Ultraspere[TM]	美国 Beckman	硅
Spheron[TM]	美国 Waters	硅
Superose[R]	瑞典 Pharmacia LKB	交联琼脂糖
Zorbax[R]	美国 E. I. Dupont	硅

在亲和层析中，基质材料的特性对分离纯化的效果至关重要。理想的基质材料应该是特异性高、表面电荷总量接近于零、无疏水作用位点、化学稳定性和机械强度好、连接容量低、回收率和重复性好。一般情况下，决定亲和层析总效率的主要因素是基质的特异性、容量和稳定性，这三个特性的重要性依据纯化的目的和规模有所侧重。

2. 亲和层析基质的活化

亲和层析基质活化后才可以和配基相连。在选择活化剂时，应首先考虑基质与配体偶联的稳定性。溴化氰（CNBr）是应用最广泛的一种活化剂。经溴化氰活化后的基质，与配体反应十分迅速，偶联产率高，但是这种活化剂的毒性较高。目前有多种活化剂商品，如戊酰胺醛、双环氧乙烷等。表6-7列出了亲和层析基质的活化方法。

表6-7 亲和层析基质的活化方法

活化试剂	试剂毒性	活化时间/h	配体偶联时间	偶联pH	偶联剂类型	复合物的稳定性	非特异作用
戊酰胺醛	中	1～8	6～16h	6.5～8.5	迈克尔加合物、希夫碱	好	—
溴化氰	高	0.2～0.4	25℃，2～4h，4℃过夜	8.0～10.0	异脲、亚氨、甲胺酸酯、N-取代甲胺酸酯	pH<5或>10不稳定	阳离子
双环氧乙烷	中	5～18	15～48h	8.5～12.0	烷基胺、乙醚、硫醚	很好	—
二乙烯砜	高	0.5～2.0	很快	8.0～10.0	迈克尔加合物	高pH不稳定	—
羰基二咪唑	中	0.2～0.4	12h～6d	8.0～9.5	N-取代甲胺酸酯	pH>10不稳定	—
高碘酸钠	无毒	14～20	12h	7.5～8.5	烷基胺	好	—

（四）亲和层析操作方法

亲和层析操作过程中，涉及一些关键名词。以下为亲和层析操作过程中涉及的关键名词。

基质：配基结合在基质上，基质应具有理化的惰性。

间隔臂：在配基和基质中间，用于克服可能存在的空间位阻效应，改善配基和目标分子的结合。

配基：能够可逆地结合特定目标分子。

结合：通过优化缓冲液条件，确保目标分子和配基分子能够有效相互作用，保证目标分子能很好地保留在亲和介质上，而其他分子流出层析柱。

洗脱：通过改变缓冲液条件使目标分子和配基间的结合弱化，使目标分子可以离开介质并流出层析柱。

亲和层析的基本操作一般包括6个步骤，分别是平衡层析柱、上样、再平衡、预洗、洗脱及层析柱再生。分离色谱图见图6-11。

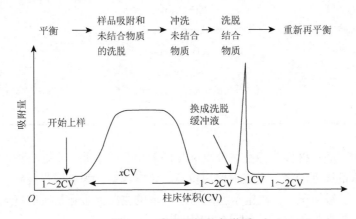

图6-11 亲和层析的色谱图

1. 平衡层析柱

用平衡缓冲液平衡 1～2 个柱床体积，以提供合适的目标分子与配体结合条件。

2. 上样

亲和层析柱一般很短，通常 10cm 左右。上样时应注意选择适当的条件，包括上样流速、缓冲液种类、pH、离子强度、温度等，以使待分离的物质能够充分结合在亲和吸附剂上。一般生物大分子和配体之间达到平衡的速度很慢，所以样品液的浓度不易过高，上样时流速应比较慢，以保证样品和亲和吸附剂有充分的接触时间进行吸附。特别是当配体和待分离的生物大分子的亲和力比较小或样品浓度较高、杂质较多时，可以在上样后停止流动，让样品在层析柱中反应一段时间，或者将上样后的流出液进行二次上样，以增加吸附量。样品缓冲液的选择也是要使待分离的生物大分子与配体有较强的亲和力。另外，样品缓冲液中一般有一定的离子强度，以减小基质、配体与样品其他组分之间的非特异性吸附。

生物分子间的亲和力是受温度影响的，通常亲和力随温度的升高而下降。所以在上样时可以选择适当较低的温度，使待分离的物质与配体有较大的亲和力，能够充分结合；而在后面的洗脱过程可以选择适当较高的温度，使待分离的物质与配体的亲和力下降，以便于将待分离的物质从配体上洗脱下来。

3. 再平衡

上样完毕后，用平衡缓冲液冲柱，直到紫外 A_{280} 线降到最低点后走平。

4. 预洗

如果存在较强的非特异性吸附，可以用适当较高离子强度的平衡缓冲液进行预洗，但应注意平衡缓冲液不应对待分离物质与配体的结合有明显影响，以免将待分离物质同时洗下。

5. 洗脱

亲和层析的另一个重要步骤就是要选择合适的条件使待分离物质与配体分开而被洗脱出来。亲和层析的洗脱方法可以分为两种：特异性洗脱和非特异性洗脱。

1）**特异性洗脱**　特异性洗脱是指利用洗脱液中的物质与待分离物质或与配体的亲和特性而将待分离物质从亲和吸附剂上洗脱下来。

特异性洗脱也可以分为两种：一种是选择与配体有亲和力的物质进行洗脱，另一种是选择与待分离物质有亲和力的物质进行洗脱。前者在洗脱时，选择一种和配体亲和力较强的物质加入洗脱液，这种物质与待分离物质竞争对配体的结合，在适当的条件下，如这种物质与配体的亲和力强或浓度较大，配体就会基本被这种物质占据，原来与配体结合的待分离物质被取代而脱离配体，从而被洗脱下来。例如，用凝集素作为配体分离糖蛋白时，可以用适当的单糖洗脱，单糖与糖蛋白竞争和凝集素的结合，可以将糖蛋白从凝集素上置换下来。用后一种方法洗脱时，选择一种与待分离物质有较强亲和力的物质加入洗脱液，这种物质与配体竞争和待分离物质的结合，在适当的条件下，如这种物质与待分离物质的亲和力强或浓度较大，待分离物质就会基本被这种物质结合而脱离配体，从而被洗脱下来。例如，用染料作为配体分离脱氢酶时，可以选择烟酰胺腺嘌呤二核苷酸（nicotinamide adenine dinucleotide，NAD^+）进行洗脱，NAD^+是脱氢酶的辅酶，它与脱氢酶的亲和力要强于染料，所以脱氢酶就会与 NAD^+ 结合而从配体上脱离。特异性洗脱方法的优点是特异性强，可以进一步消除非特异性吸附的影响，从而得到较高的分辨率。另外，对于待分离物质与配体亲和力很强的情况，使用非特异性洗脱方法需要较强烈的洗脱条件，很可能使蛋白质等生物大分子变性，有时甚至只能使待分离的生物大分子变性才能够洗脱下来，使用特异性洗脱则可以避免这种情况。由于亲和吸附达到平衡比较慢，因此特异性洗脱往往需要较长的时间和较大的洗脱条件，可以通过适当地改变其他条件，如选择亲和力强的物质洗脱、加大洗脱液浓度等，以缩小洗脱时间和洗脱体积。

2）非特异性洗脱　　非特异性洗脱是指通过改变洗脱缓冲液 pH、离子强度、温度等条件，降低待分离物质与配体的亲和力而将待分离物质洗脱下来。

当待分离物质与配体的亲和力较小时，一般通过连续大体积平衡缓冲液冲洗，就可以在杂质之后将待分离物质洗脱下来，这种洗脱方式简单、条件温和，不会影响待分离物质的活性。但洗脱体积一般比较大，得到的待分离物质浓度较低。当待分离物质和配体结合较强时，可以通过选择适当的 pH、离子强度等条件降低待分离物质与配体的亲和力，具体的条件需要在实验中摸索。可以选择梯度洗脱方式，这样可能将亲和力不同的物质分开。如果希望得到较高浓度的待分离物质，可以选择酸性或碱性洗脱液，或较高的离子强度一次快速洗脱，这样在较小的洗脱体积内就能将待分离物质洗脱出来。但选择洗脱液的 pH、离子强度时应注意尽量不影响待分离物质的活性，而且洗脱后应注意中和酸碱，去除离子，以免待分离物质丧失活性。对于待分离物质与配体结合非常牢固时，可以使用较强的酸、碱，或在洗脱液中加入脲、胍等变性剂，使蛋白质等待分离物质变性，而从配体上解离出来。然后再通过适当的方法使待分离物质恢复活性。

6. 层析柱再生

室温下，洗脱后，用 5 倍柱体积再生缓冲液洗涤亲和层析柱。随后将再生试剂与柱再生缓冲液混合，之后从层析柱下流出。在停止液流后，重复上述加缓冲液及其与介质混合的步骤。然后，用 5 倍柱体积储存缓冲液平衡，并将介质保存于 4℃。

（五）影响亲和层析分离效果的因素

在亲和层析中，影响亲和作用的因素主要有：①离子强度，亲和作用的强度通常随着离子强度的升高而降低；②pH，过酸或过碱的条件通常会削弱亲和作用；③抑制氢键形成的物质，如脲和盐酸胍的存在会减弱亲和作用；④螯合剂，这些化合物会削弱配位键，使亲和作用减弱或消失。

（六）亲和层析技术的应用

1. 镍亲和层析

镍等过渡金属可与电子供体配基上的羧基或氨基的电负性元素（O、N）形成较稳定的金属螯合物。一个 Ni^{2+} 有 6 个配位位点，被含有 3 个、4 个或 5 个电子供体配基的螯合物固定在吸附剂上，而剩下未被占据的位点暴露于溶液中，与带组氨酸、半胱氨酸和色氨酸的侧链或组氨酸标签的蛋白质特异性结合。金属离子亲和层析中常见的供体配基有亚氨基二乙酸（iminodiacetic acid，IDA）、次氮基三乙酸（nitrilotriacetic acid，NTA）和羧甲基乙二胺［Tris（carboxymethyl）ethylenediamine，TED］等，分别拥有 3 个、4 个、5 个配位位点与 Ni^{2+} 结合，而空余的能与组氨酸标签结合的位点还剩 3 个、2 个、1 个。所以 IDA 与 His 标签蛋白结合的能力相对最强，特异性较弱，而 TED 则相反，在实际应用中通常选择载量和特异性适中的 NTA 类型。

镍柱的洗脱通常采用竞争性洗脱，先用低浓度（10～50mmol/L）的咪唑将杂蛋白和结合不牢的蛋白质洗掉，再用合适浓度的咪唑（200～500mmol/L）将目的蛋白洗脱。洗脱的先后顺序与蛋白质的结合能力相关。

利用镍柱进行蛋白质纯化时的注意事项：①避免缓冲液中有高浓度的电子供体基团，如甘氨酸、精氨酸等；②各种缓冲液中不能有强螯合剂，如乙二胺四乙酸（ethylene diamine tetraacetic acid，EDTA）、乙二醇双（2-氨基乙基醚）四乙酸[ethylene glycol bis（2-aminoethyl ether）tetraacetic acid，EGTA]等；③各种缓冲液中不能有高浓度的强还原剂，比如二硫苏糖醇（dithiothreitol，DTT），防止 Ni^{2+} 被还原；④不能含离子型的去垢剂，比如十二烷基硫酸钠（sodium dodecyl sulfate，SDS），防止 Ni 流失；⑤在破碎细胞时建议加入蛋白酶抑制剂，比如 $0.1\sim1mmol/L$ 的苯甲基磺酰氟（phenylmethylsulfonyl fluoride，PMSF），防止目的蛋白被降解；⑥缓冲液中可以加入甘油，防止蛋白质之间由于疏水相互作用而发生聚集沉淀，甘油浓度最高可达 50%（V/V）；⑦应避免含碳酸氢钠、柠檬酸等物质；⑧缓冲液中 NaCl 的浓度应为 $100mmol/L\sim2mol/L$；⑨可加入变性剂促溶，如盐酸胍（最高可达 6mol/L）、尿素（最高可 8mol/L）；⑩可加入非离子型去垢剂，如 Triton、Tween、NP-40 等，最高为 2%，可以减少背景蛋白污染和去除核酸污染。

2. GST-tag 亲和层析

谷胱甘肽-S-转移酶（glutathione S-transferase，GST）是生物体内一类重要的代谢酶，参与外源和内源有毒物质的代谢。GST 亲和层析是利用 GST 融合蛋白与固定的谷胱甘肽（GSH）通过硫键共价结合，通过 GSH 竞争洗脱的原理来进行蛋白质纯化。GST 亲和层析纯化蛋白质的条件温和，可以保证蛋白质的活性。

利用 GST 柱进行蛋白质纯化时的注意事项：①在细胞裂解时，加入终浓度 $1\sim10mmol/L$ 二硫苏糖醇（dithiothreitol，DTT）可以显著提高 GST 融合蛋白的结合效率，在结合缓冲液（binding buffer）和洗脱缓冲液（elution buffer）中加入 $1\sim10mmol/L$ DTT，可以提高蛋白质纯度，但是会导致产率降低；②超声太剧烈或时间过长会引起蛋白质变性，导致蛋白质不能与介质结合；③在 pH 低于 6.5 或高于 8.0 时结合效率会降低，使用前需用 pH $6.5\sim8.0$ 的缓冲液如磷酸盐缓冲液（phosphate balanced solution，PBS）进行平衡；④洗脱缓冲液的 pH 调至 $8\sim9$ 可以提高洗脱效率而不需要增加谷胱甘肽（glutathione）的浓度；⑤增加洗脱缓冲液的离子强度，如加入 $0.1\sim0.2mol/L$ NaCl 能提高洗脱效率；⑥洗脱缓冲液中加入非离子型变性剂，非特异性的疏水作用可能会阻碍 GST 融合蛋白从介质上增溶和洗脱，加入 0.1%Triton X-100 或者 2% N-亚辛基葡萄糖苷（N-octylglucoside）可以显著增加洗脱效率。

3. MBP-tag 亲和层析

麦芽糖结合蛋白（maltose-binding protein，MBP）有 42.5kDa 大小，不含 Cys，作为融合蛋白的标签，通常放在 N 端，在大肠杆菌中进行表达。MBP 能促进融合蛋白的可溶性表达，尤其对于难表达的真核细胞蛋白，膜蛋白有很好的促溶表达能力。MBP 融合蛋白的纯化在生理条件下进行，使用麦芽糖进行温和洗脱，进而保护了 MBP 标签蛋白的活性。标签在纯化后期需要用酶切去除，常用的内切酶是 Factor Xa、麦芽糖酶和肠激酶。

4. Protein A 亲和层析

Protein A 是一种分离自金黄色葡萄球菌的细胞壁蛋白，主要通过 Fc 片段结合哺乳动物的 IgG。天然 Protein A 有 5 个 IgG 结合域和许多其他的未知功能域。重组 Protein A 包含 5 个高 IgG 结合域，并去除了其他非主要结合域以降低非特异性结合。Protein A 亲和层析介质已经被广泛用于从生物流体或细胞培养液中分离纯化各种类型的 IgG 或者 IgG 片段。有实验已经证明，Protein A 和 IgG 的相互作用仅涉及 Fc 区域，而不影响 Fab 片段和抗原的结合。

利用 Protein A 进行蛋白质纯化时的注意事项：①上样流速尽量小，让 Protein A 和抗体有充分的结合时间；②在低 pH 洗脱后，快速中和；③长时间保存介质时需加入 $0.02\%\sim0.05\%$ 叠氮化钠；④加入 10%甘油，可有效防止疏水作用引起的聚集。

5. FLAG-tag 亲和层析

FLAG 标签是由 8 个氨基酸（DYKDDDDK）组成的一个短肽，分子量很小，因而不会遮盖融合蛋白中其他的蛋白表位与结构域，也不会改变融合蛋白的功能、分泌或运输。该标签具有天然的亲水特性，很容易定位于融合蛋白的表面，便于利用抗体检测；同时含有一个肠激酶切割位点（DDDK），可以利用肠激酶切除标签。FLAG 短肽合成成本较高，不适用于大规模纯化，且需要额外步骤除去结合在层析介质上的短肽。

6. Strep-tag 亲和层析

Strep-tag 亲和层析用于在原核表达系统、哺乳动物细胞表达系统等表达的蛋白质的纯化中通过对链霉亲和素特定氨基酸的定向突变，获得与 Strep-tag II 具有更高亲和力的亲和介质链球菌素（streptocin），在 Strep-tag 融合蛋白的亲和纯化中表现出良好的纯化效果，且蛋白质回收率较高，所需成本适中。链霉亲和素（streptavidin）又称链霉抗生物素蛋白，是由阿维丁链霉菌（*Streptomyces avidinii*）分泌的一种蛋白质，分子质量为 65kDa。Strep-tag II 系统的纯化条件比较宽泛，在普通缓冲液下就可与 Streptactin 层析介质结合，使用 2.5mmol/L 的脱硫生物素就可将 Strep-tag II 融合蛋白洗脱下来，螯合剂、去污剂、还原剂及高达 1mol/L 的盐均可加入到缓冲液中。此外，Strep-tag II 在纯化过程中不依赖金属离子，十分适合含金属离子蛋白质的纯化。

7. 肝素亲和层析

肝素是一种含有硫酸酯的酸性多糖。由于肝素具有可以与很多活性调节小分子结合（其生理作用就是和很多活性调节分子结合抑制其作用）的生理作用，故其能和很多血浆蛋白、生长因子、限制性内切酶、凝血酶、凝血因子、脂蛋白和干扰素结合。同时肝素的聚阴离子特性，使其还具离子交换的作用，可用于纯化多种核酸结合蛋白。

四、蛋白质的纯化原则及策略

（一）蛋白质的纯化原则

1. 明确目标

对于纯化样品，应该要明确最终产品需要达到的纯度、活性和产量的要求，要避免过度纯化，或者因为纯化步骤或者分辨率不够而达不到想要的纯度。

2. 明确目标样品的特性和关键杂质

根据样本和杂质的特性选择合适的纯化方法，选择的纯化技术要简单化，并且要产生最佳的纯化效果。

3. 明确检测分析技术

能快速和准确地检测样品活性、纯度和回收率。

4. 合理安排纯化步骤

尽可能少用添加剂和尽可能早地去除对样品有损伤的杂质，并且要减少额外的纯化步骤。

（二）蛋白质的纯化策略

为了确保有效的、可重复的、能够给出符合要求纯度的蛋白质，最好开发多步程序，即应用捕获、中度纯化、精细纯化的三步纯化策略（capture, intermediate purification, polishing, CIPP）。

1. 纯化步骤

通常需要多步纯化来达到预期的样品纯度，然而每一纯化步骤都会导致产物的丢失。例如，假定每一步能够获得80%的得率，那么经过8个纯化步骤后，总得率将被减少到仅仅17%。因此，使用最少的步骤和最简单可行的设计来达到预期的产量和纯度是非常必要的。各种技术应该以较优的顺序组合起来，避免改变样本条件的步骤，恰当的选择和设计可以使纯化步骤尽可能得少。

在蛋白质纯化中一般可以选择三步纯化策略，如图6-12所示。

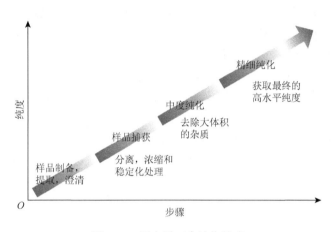

图6-12 蛋白质三步纯化策略

在样品捕获阶段，将目标物进行分离、浓缩并对目标物进行稳定化处理，关键的污染物被大量去除。在中度纯化阶段，样品中的大量杂质都已被去除。在精细纯化阶段，由于之前大量杂质都已被去除，仅需去除剩下一些痕量的杂质。

1）捕获阶段 在样品捕获阶段，通过将速度和容量进行优化组合，使样品中的目标产物被有效地分离、浓缩和稳定化处理。

捕获阶段一般选择亲和层析、离子交换层析或者疏水层析，通过吸附作用使样品和杂质实现分离。如果样品带有标签，第一步可以选择标签蛋白亲和层析；如果样品不带有标签，可以考虑使用离子交换/疏水层析。由于捕获阶段一般样品量较大，杂质较多，因此捕获阶段的分辨率不是主要考虑的因素，可以主要考虑增加上样量和速度。

2）中度纯化阶段 在中度纯化阶段，应将注意力集中于将目标样品和大多数大体积的杂质分开。在中度纯化阶段，速度不是最重要的因素，因为经过捕获阶段样品体积会缩减。中度纯化阶段一般建议使用离子交换层析或者疏水层析进一步提高样品的纯度。

3）精细纯化阶段 在精细纯化阶段，关注的重点就是如何达到高分辨率，从而完成最终的纯化。在此前的步骤中已经去除了大部分的污染物和杂质。如果需要达到较高的分辨率，可能会在此步骤造成一些回收率的损失。精细纯化阶段一般建议使用高分辨率的分子筛或者高分辨率的离子交换层析柱。

当然，也并不是所有的纯化策略都必须经过三个纯化步骤。如果对纯度要求较低时，一步或者两步纯化就可以获得想要的结果。

2. 蛋白质的纯化类型选择

根据不同的蛋白质特性，有4种纯化柱类型可以选择，见表6-8。

表 6-8　蛋白质特性与层析技术

蛋白质特性	层析技术
电荷	离子交换（IEX）
大小	凝胶层析（GF）
疏水性	疏水性相互作用（HIC）、反相作用（RPC）
生物识别（特异性配基）	亲和层析（AC）

在纯化过程中，需要考虑到回收率、分辨率、速度和容量等因素，每种不同的纯化技术都会有不同的表现。可以根据样品的性质来进行正确的选择和组合。注意通过技术的组合尽量避免前一步洗脱样品在下一步上样时变换条件，从而使样品处理最小化（表 6-8，表 6-9）。

硫酸铵通常被用于样品净化和浓缩，使样品处在高盐环境中。疏水层析需要高盐来促进蛋白质和介质的结合，因而成为随后捕获阶段的理想选择。当从疏水层析上洗脱下来时，样品的盐浓度和体积都显著减少。将收集的组分稀释或用脱盐柱进行快速的缓冲液交换都可以使样品适于下一个离子交换层析或亲和层析步骤。

凝胶层析是一种非结合技术，不被缓冲液条件所影响，但是体积载量有限。凝胶层析适合于在任何浓缩技术（离子交换层析、疏水层析、亲和层析）后使用，因为目的蛋白可以以较少的体积被洗脱下来，而且缓冲液的组分不会影响凝胶层析过程。

最终策略的选择通常依赖于特定的样品性质和纯化需要的水平（表 6-9）。

表 6-9　适用于 CIPP 的纯化技术

技术	主要特点	捕获	中度纯化	精细纯化	样品起始条件	样品结束条件
离子交换（IEX）	高分辨率 高载量 高速	★★★	★★★	★★★	低离子强度，样品体积不限	高离子强度或 pH 变化，浓缩的样品
疏水相互作用（HIC）	高分辨率 高载量 高速	★★	★★★	★	高离子强度，样品体积不限	低离子强度，浓缩的样品
亲和层析（AC）	高分辨率 高载量 高速	★★★	★★★	★★	特定的结合条件，样品体积不限	特定的洗脱条件，浓缩的样品
凝胶层析（GF）	高分辨率		★	★★★	样品体积（$V_{总柱}$ 的 5%）和流速范围受限	更换缓冲液（如果需要），稀释的样品
反向作用（RPC）	高分辨率		★	★★★	样品体积通常不限，可能需要添加剂	无机溶剂，有损失生物活性的风险

注：星号代表适合程度，星号越多，越合适

● 实践活动 ●

任务 1　疏水层析法分离 α-淀粉酶

▌ 实训背景 ▌

α-淀粉酶的系统名称为 1,4-α-D-葡聚糖水解酶，可以水解淀粉内部的 α-1,4-糖苷键，水解产物为糊精、低聚糖和单糖。α-淀粉酶是由 478 个氨基酸残基组成的，它们折叠在三级结构的两大区域。区域 A 包括一个(βα)s 的超二级结构。在(βα)s 的超二级结构中，α 螺旋和 β 折叠的空间分布与磷酸丙糖异构酶、丙酮酸激酶或醛缩酶类似。区域 B 是由 8 条反向平行的 β 片层组成的。这两个区域由一条单链多肽连接。该多肽链有广阔的结合部位，该部位主要由疏水残基组成。一般 α-淀粉酶在 pH 为 5.5～8.0 时活性较稳定，pH 小于 4 时，酶易失去活性。

实训目的

1. 理解疏水层析的原理与影响因素。
2. 掌握疏水层析操作的过程。
3. 了解疏水层析操作的注意事项。

实训原理

疏水层析根据蛋白质表面疏水性的不同，利用蛋白质和疏水层析介质疏水表面可逆的相互作用来分离蛋白质。虽然可以在科学文献中找到一些建议，但是到目前为止，还没有被广泛接受的关于疏水层析机制的理论。所用缓冲液中某种盐的存在会显著影响疏水蛋白质和疏水层析介质的相互作用。高浓度的盐会增强相互作用，而低浓度的盐会减弱相互作用。在本实训中，所有单个蛋白质都和疏水层析介质的疏水表面相互作用，但是，随着缓冲液中离子强度的降低，相互作用逆转了，具有最低程度疏水性的蛋白质最先被洗脱，具有最强相互作用的蛋白质最后被洗脱，这需要盐浓度降得更低来逆转相互作用。

实训器材

1. 实训材料：α-淀粉酶（食品级）。
2. 实训试剂：硫酸铵$[(NH_4)_2SO_4]$、氯化钠（NaCl）、磷酸氢二钠（$Na_2HPO_4 \cdot 12H_2O$）、磷酸二氢钠（$NaH_2PO_4 \cdot H_2O$）、氢氧化钠（NaOH）、糊精（化学纯）、碘、碘化钾、可溶性淀粉、柠檬酸（$C_6H_8O_7 \cdot H_2O$）等。
3. 实训设备：层析系统（图 6-13）、层析柱（XK16/20）（图 6-14，图 6-15）、紫外分光光度计、分析天平、pH 计、锥形瓶、白瓷板、水浴锅、电磁炉、细口棕色试剂瓶、容量瓶、烧杯、量筒、移液枪、试管、试管架等。

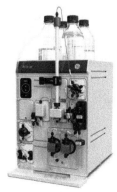

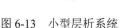

图 6-13 小型层析系统

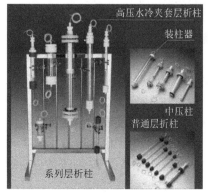

图 6-14 小型层析柱

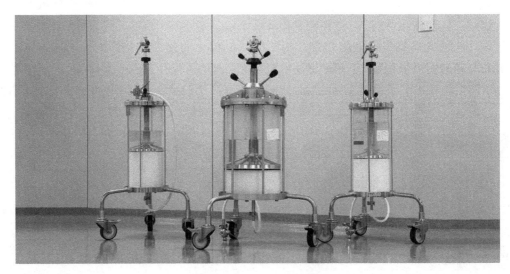

图 6-15　中大型层析柱

实训步骤

（一）疏水层析纯化

1. 溶液配制

母液：3mol/L 硫酸铵。梯度洗脱 A 液：2mol/L 硫酸铵＋0.02mol/L 磷酸氢二钠-磷酸二氢钠缓冲液（pH 6.5）。梯度洗脱 B 液：0.02mol/L 磷酸氢二钠-磷酸二氢钠（pH 6.5）。再生液：1.0mol/L 氢氧化钠。装柱效果测定液：0.2mol/L NaCl。

2. 纯化操作

（1）上样液处理：将 0.5g α-淀粉酶（食品级）溶入 10mL B 液中，在搅拌下缓慢加入母液至硫酸铵终浓度为 2mol/L。上样液留样 0.5mL。

（2）启动层析系统：设定压力限度，用纯化水排除连接层析柱前端管路的气泡。

（3）装柱：将层析柱上下柱头的空气排净，将上柱头与层析系统前端的管路连接，层析柱的下柱头旋紧并将层析柱挂到层析系统架子上，保持垂直位置，柱内加入一定体积的注射用水，通过引流将事先量取的满足本次层析所需量（装柱压实后的介质高度为 10cm）的疏水层析介质灌入层析柱中。静置几分钟，待填料上面出现 1cm 清晰水层后，将上柱头装入层析柱，缓慢旋转柱头使柱头下端进入水层，拧紧封闭胶圈，将下柱头与层析系统后端管路连接。将层析系统的流速调节为 120cm/h，此时柱内介质被缓慢压实。压实后，下调上柱头下面至与胶面相接处，旋紧柱头胶圈。

（4）装柱效果测定：用注射水冲洗管路至电导基线走平，加载测定液 2mL，再用注射水冲洗，查看电导峰对称情况。

（5）清洁与平衡：用再生液冲洗 4～8 个柱床体积，线性流速为 40cm/h，用纯化水将其冲洗至中性，用 A 液平衡 2～4 个柱床体积，至流出液 pH 与平衡液一致。

（6）上样：流速为 40cm/h。

（7）平衡：上样后用 A 液平衡 3～5 个柱床体积至系统检测曲线基本走平，流速为 60～120cm/h。

（8）洗脱：开启梯度洗脱模式，设定梯度洗脱时间为 30min，线性流速为 30cm/h。从

$A_{280}>$20mAU[①]起，连续收集洗脱液3mL/管，直到梯度洗脱结束后，离子检测线走平。

（9）清洁与再生：用再生液冲洗4~8个柱床体积，紫外检测线走平，流速为40cm/h，用纯化水将其冲洗至中性，用B液平衡2~4个柱床体积，至流出液pH与B液一致。

（10）储存：将装有填料的层析柱置于2~8℃冷库中储存。

（11）将收集的洗脱液与上样液测定吸光度，并进行酶活性检测。

（二）α-淀粉酶活性检测

1. 溶液配制

（1）碘原液：称取碘11g，碘化钾22g，置于小烧杯中，加纯化水使之溶解，然后转入容量瓶中。再加少量的纯化水洗涤烧杯数次，洗涤液均转入容量瓶中，最后定容至500mL。摇匀后放于棕色瓶中备用。

（2）比色稀碘液：取碘原液2mL，加碘化钾20g，再用纯化水定容至500mL，摇匀后放于棕色瓶中备用。

（3）标准比色碘液：取碘原液15mL，加碘化钾8g，用纯化水定容至500mL，储藏于棕色瓶中备用。

（4）磷酸盐缓冲液：0.02mol/L pH 6.0 磷酸氢二钠-柠檬酸缓冲液。称取磷酸氢二钠（$Na_2HPO_4 \cdot 12H_2O$）4.53g，柠檬酸（$C_6H_8O_7 \cdot H_2O$）7.74g，先在烧杯中使之溶解，然后转入容量瓶中定容至1000mL。

（5）可溶性淀粉溶液：2%可溶性淀粉溶液。称取20g可溶性淀粉，放入小烧杯中，加少量纯化水做成悬浮液。然后在搅拌下注入沸腾的700mL纯化水中，继续煮沸1min（透明），冷却后用pH 6磷酸氢二钠-柠檬酸缓冲液定容至1000mL。

（6）标准糊精溶液：取0.06g化学纯糊精悬于少量纯化水中调匀，然后倾入90mL正在煮沸的蒸馏水中，冷却后定容至100mL，滴加数滴甲苯（现配现用就不用加），于冰箱中保存。

2. 检测操作

（1）取1mL标准糊精溶液与3mL标准比色碘液混匀，作为标准终点色溶液。

（2）在白瓷板孔穴内加2mL标准终点色溶液，然后用比色稀碘液充满（图6-16）。

（3）将上样液与各管洗脱液分别检测酶活性。方法为取20mL 2%可溶性淀粉溶液和5mL 0.02mol/L pH 6.0 磷酸氢二钠-柠檬酸缓冲液，置60℃恒温水浴中预热5min，然后加入待测酶液0.5mL立即计时，摇匀，定时取出反应液0.5mL，滴在预先充满比色稀碘液的白瓷板内，与标准终点色相同时即为反应终点。记录时间。

（4）酶活计算。

酶活力定义：在60℃条件下1h内将1g淀粉转化为糊精的酶量称为一个酶活力单位。

$$酶活力单位(U/mL) = \frac{60}{t} \times 20\% \times 2\% \times N \div 0.5$$

式中，t为反应达到终点需要的时间，要求反应时间为5~10min；N为酶的稀释倍数。

（5）计算酶活回收率。计算酶活力最高管相对上样液酶活力提高的倍数，计算方法为：分别计算酶活力与相应吸光度值的比值，然后用收集液的比值除以上样液的比值得到酶活力提高倍数。

---

① mAU. milli-absorbance unit，毫吸光单位

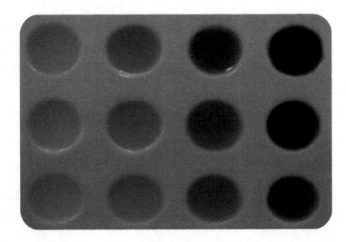

彩图

图 6-16　检测示例

注意事项

1. 处理上样液时，应当缓慢加入硫酸铵，避免出现沉淀，如果出现沉淀，应当过滤后使用。

2. 在企业生产中，层析过程中的水应当为注射用水。

3. 所有溶液的温度应为室温，低温条件对疏水层析效果有较大影响。

4. pH 对疏水层析有一定的影响。

5. 使用层析系统时应当注意压力保护设置。

6. 酶活性测定要求反应在 5～10min 内完成。

7. 待测酶液稀释倍数应当合适。

结果讨论

1. 影响层析结果的因素有哪些？

2. 损失的酶活力去哪里了？

3. 层析各步骤的流速对纯化结果有何影响？

4. 梯度洗脱时间对纯化结果有什么影响？

任务 2　Sephadex G-50 分离蓝葡聚糖 2000、细胞色素 c 和溴酚蓝

实训背景

凝胶层析（gel chromatography）也称分子筛层析，是指混合物随流动相经过凝胶层析柱时，其中各组分按分子大小的不同而被分离的技术，分子量越大的物质越先被洗脱下来。该法的设备简单、操作方便、重复性好、样品回收率高，除常用于分离纯化蛋白质、核酸、多糖、激素等物质外，还可用于测定蛋白质的分子量，以及样品的脱盐和浓缩等。由于整个层析过程中一般不变换洗脱液，有如过滤一样，故又称凝胶过滤。大多被分离的蛋白质无色，因此通过蓝葡聚糖 2000、细胞色素 c 和溴酚蓝的分离可以直观地展现出分离的原理。

1. 掌握凝胶层析分离的原理与影响因素。
2. 掌握凝胶层析操作的过程。
3. 了解凝胶层析操作的注意事项。

凝胶层析的基本原理是用一般的柱层析方法使分子量不同的溶质通过具有分子筛性质的固定相（凝胶），从而使物质分离并达到分析的目的。

用作凝胶的材料有多种，如交联葡聚糖凝胶（sephadex gel）、琼脂糖凝胶（agarose gel）、聚丙烯酰胺凝胶（polyacrylamide gel），此外还有这些凝胶的各类衍生物。本实训采用交联葡聚糖凝胶。交联葡聚糖是由细菌葡聚糖用交联剂环氧氯丙烷交联形成的具有三维空间的网状结构物。控制葡聚糖和交联剂的比例及反应条件就可决定其交联度的大小（交联度大，网眼就小），从而得到各种规格的交联葡聚糖。交联度用 G 值表示，G 值越小，交联度越大，凝胶孔径也越小，吸水量就越小，随之膨胀度也越小；反之，若交联度越小，孔径越大，因而膨胀度就越大。G 后面的数字为凝胶的吸水量（mL 水/g 干胶）乘以 10 得到的数，如 G-50 即表示此型号凝胶吸水量为 5mL 水/g 干胶。

将经过充分溶胀的凝胶装入层析柱中，在加入样品以后，由于交联葡聚糖具有三维空间网状结构，小分子能够进入凝胶，比较大的分子则被排阻在交联网状物外，因此各组分在层析床中移动的速度因分子量的大小而不同。分子量大的物质只是沿着凝胶颗粒间的孔隙随溶剂流动，其流程短，移动速度快，先流出层析柱。分子量小的物质可透入凝胶颗粒，流程长，移动速度慢，比分子量大的物质迟流出层析柱。经过分部收集流出液，分子量不同的物质互相分离。

为了精确地衡量混合物中某一被分离成分在一定的凝胶柱内的洗脱行为，常采用分配系数 k 来衡量。

$$k = \frac{V_e - V_0}{V_1}$$

式中，V_e 为某一成分从加入样品算起，到组分的最大浓度（峰）出现时所流出的体积，mL；V_0 为层析柱内凝胶颗粒之间空隙的总容积，mL；V_1 为层析柱内凝胶内部微孔的总容积，mL。

V_e 随溶质分子量的大小和对凝胶的吸附等因素而不同。一般分子量较小的溶质，它的 V_e 比分子量较大的溶质要大，亦即和分配系数 k 有关。

当某种成分的 k 为 0 时，表示这种成分完全被排阻于凝胶颗粒的微孔之外而最先洗脱出来（即 $V_e = V_0$）。

当另一种成分的 k 为 1 时，意味着这一成分完全不被排阻，它可以自由地扩散进入凝胶颗粒内部的微孔中，在洗脱过程中它将最后流出柱外（$V_e = V_0 + V_1$）。处于上述极端情况（即分子量最大和分子量最小）之间的那些分子，它们的 k 在 0～1 内变化。由此可见，k 的大小顺序决定了被分离物质流出层析柱的顺序。

本实训采用 Sephadex G-50 作固相基质，可分离分子量为 1500～30 000 的多肽与蛋白质。本实训用的样品是含有蓝葡聚糖 2000（分子量在 200 万以上，呈蓝色）、细胞色素 c（分子量为 12 400，呈红色）、N-(2, 4-二硝基苯基)-甘氨酸（DNP-甘氨酸，分子量为 255，呈黄色）的混合液。当该混合液流经层析柱时，三种有色物质因 k 不同，分离明显可见。

实训器材

1. 实训材料：蓝葡聚糖 2000、细胞色素 c、DNP-甘氨酸（或溴酚蓝）。
2. 实训试剂：Sephadex G-50、洗脱液（0.05mol/L pH 7.5 Tris-HCl + 0.0075mol/L KCl 溶液，称取 12.12g Tris，15g KCl，先用少量水溶解，再加 6.67mL 浓盐酸，以蒸馏水定容至 2000mL）、0.5mol/L NaOH、0.5mol/L NaCl 等。
3. 实训设备：1mL 吸管（1 支）、1cm×20cm 层析柱（1 根）、刻度离心管（4 支）、1cm×7.5cm 小试管（40 支）、烧杯（3 个）、滴管、玻璃棒、水浴锅等。

实训步骤

1. 凝胶溶胀

商品用凝胶是干燥的颗粒，使用前需将凝胶浸泡于 10 倍左右的蒸馏水或洗脱液中充分溶胀，然后装柱。溶胀必须彻底，否则会影响层析的均一性，甚至有使柱破裂的危险。自然溶胀往往需 24h 或数天，加热可使溶胀加速。溶胀后需用倾泻法除去细小的颗粒。

本实训称取 2.3g Sephadex G-50 加入 40mL 蒸馏水中，沸水溶胀 2h，用倾泻法除去凝胶上层水及细小颗粒，以蒸馏水反复倾洗 3～4 次，再用洗脱液洗涤 3 次后，减压抽滤 10min 除气泡。

2. 装柱

首先将柱垂直地安装好，柱内装放洗脱液，排除层析滤板下的空气，关闭出口，柱内留下约柱体积 1/4 的洗液，加入搅拌均匀的 Sephadex G-50 浆液，装填时用一根玻璃棒，让浆液沿玻璃棒流入柱内，同时打开柱底部出口，调节流速为 0.3mL/min，凝胶随柱内溶液慢慢流下而均匀沉降到层析柱底部，不断补入均匀的浆液直到凝胶高 15cm 为止，床面上应保持有洗脱液。操作过程中注意绝不能让凝胶床表面露出液面。装柱时尽量一次装完，以免出现不均匀的凝胶带。关闭出口。

3. 加样

为了获得较好的分离效果，起始区带必须尽量狭窄，因此要求加样量小。本实训称取 0.80mg 蓝葡聚糖 2000 于试管中，加入 10mmol/L 的细胞色素 c 0.1mL，再加入 DNP-甘氨酸 0.20mg（溶于 0.2mL 洗脱液中）或加入 0.2mg 溴酚蓝。样品混合后，用滴管吸去凝胶床顶部大部分液体，打开出口使洗脱液恰好流到床面为止，关闭出口，小心地把上述样品加于柱内成一薄层，切勿搅动床面。打开出口使样品渗入凝胶内，并开始收集流出液，计算体积。马上用 0.5mL 洗脱液洗凝胶床面两次。当液面降到床表面时，小心加入洗脱液进行洗脱。并注意操作过程中保持不让凝胶床表面露出液面。

4. 洗脱与收集

调恒压瓶高度以调节洗脱液流速，使为每分钟 0.3mL，每 0.3mL 一管，分部收集，注意观察层析柱内的分离现象，并观察收集管内颜色深浅，以"−""+""++"等记号记录三种物质洗脱液的颜色（或用 400nm、550nm 测其 OD 值）。

5. 凝胶洗涤与保存

把凝胶倒入烧杯中收集，用温热的 0.5mol/L NaOH 与 0.5mol/L NaCl 混合洗涤几次，再用蒸馏水抽洗。

凝胶保存分为干法和湿法两种，使用过的凝胶以湿法保存，在凝胶悬液中加入硫柳汞溶液使其浓度达 0.01%，或加几滴氯仿。

注意事项

1. 凝胶一定要充分溶胀。
2. 凝胶装柱时，一定要注意连续、均匀，不可出现断层。

结果讨论

绘制洗脱曲线：以洗脱管数为横坐标、洗脱液的颜色强度为纵坐标，在坐标纸上作图即得洗脱曲线。并计算各成分的 V_e，凝胶柱的 V_1、V_0，以及各组分的 k。

任务3　凝胶层析分离纯化蛋白质

实训背景

凝胶层析常常是蛋白质分离提取最后一步使用的方法，主要是用来去掉盐分和一些含量很少的杂蛋白。盐分和含量很少的杂蛋白对于目的蛋白的功能会有影响，如果是用于人体注射必须严格去除，以防产生副作用。

实训目的

1. 掌握凝胶层析分离的原理与影响因素。
2. 掌握凝胶层析操作的过程。
3. 了解凝胶层析分离蛋白质的基本过程。

实训原理

见本项目任务 2 的实训原理。

实训器材

1. 实训材料：待分离样品——胰岛素、牛血清清蛋白。
2. 实训试剂：葡聚糖凝胶 Sephadex G-75、蓝葡聚糖 2000、洗脱液（0.1mol/L pH6.8 磷酸缓冲液）等。
3. 实训设备：层析柱（1cm×90cm）、恒流泵、紫外检测器、部分收集器、记录仪、试管、普通玻璃器皿等。

实训步骤

1. 凝胶的处理
Sephadex G-75 干粉在室温条件下用蒸馏水充分溶胀 24h，或沸水浴 3h，这样可大大缩短溶胀时间，而且可以杀死细菌和排除凝胶内部的气泡。溶胀过程注意不要过分搅拌，以防颗粒破碎。凝胶颗粒大小要求均匀，使流速稳定，凝胶充分溶胀后用倾泻法将不易沉下的较细颗粒除去。将溶胀后的凝胶抽干，用 10 倍体积的洗脱液处理约 1h，搅拌后继续用倾泻法将不易沉下的较细颗粒除去。

2. 装柱

将层析柱垂直装好，关闭出口，加入洗脱液约 1cm 高。将处理好的凝胶用等体积的洗脱液搅成浆状，自柱顶部沿管内壁缓缓加入柱中，待底部凝胶沉积约 1cm 高时，再打开出口，继续加入凝胶浆，至凝胶沉积至一定高度（约 70cm）即可。装柱要求连续、均匀、无气泡、无"纹路"。

3. 平衡

将洗脱液与恒流泵相连，用 2～3 倍柱床体积的洗脱液平衡，流速为 0.5mL/min。平衡好后用洗脱液在凝胶表面放一层滤纸，以防加样时凝胶被冲起。柱装好和平衡后可用蓝葡聚糖 2000 检查层析行为。在层析柱内加 1mL（2mg/mL）蓝葡聚糖 2000，然后用洗脱液进行洗脱，流速为 0.5mL/min。若色带狭窄并均匀下降，说明装柱良好，然后再用两倍柱床体积的洗脱液平衡。

4. 加样和洗脱

将柱中多余的液体放出，使液面刚好盖过凝胶，关闭出口，将 1mL 样品沿层析柱管壁小心加入，加完后打开底端出口，用少量洗脱液洗柱内壁两次，加洗脱液至液层 4cm 左右，安上恒流泵，调好流速为 0.5mL/min，开始洗脱。上样的体积，分析用量一般为柱床体积的 1%～2%，制备用量一般为床体积的 20%～30%。

5. 收集与测定

用部分收集器收集洗脱液，每管 4mL。用紫外检测器在 280nm 处检测，用记录仪记录或将检测信号输入色谱工作站，绘制洗脱曲线。

6. 凝胶柱的处理

一般凝胶柱用过后，反复用蒸馏水（2～3 倍柱床体积）通过柱即可，若凝胶有颜色或比较脏，需用 0.5mol/L NaOH 和 0.5mol/L NaCl 洗涤，再用蒸馏水洗。冬季一般放 2 个月无长霉情况，但在夏季如不用，需加 0.02%的叠氮化钠防腐。

┃ 注意事项 ┃

1. 用湿法保藏凝胶时，叠氮化钠有毒，小心操作，不要污染环境。
2. 用干法保藏凝胶时，要清洗干净后才可以干燥。

┃ 结果讨论 ┃

根据洗脱曲线判定蛋白质的分离效果。

任务4 重氮法固定胰蛋白酶及亲和层析法提取抑肽酶

┃ 实训背景 ┃

由于胰蛋白酶可以作用于跨膜蛋白和胞外基质中的蛋白质，如钙黏素、整联蛋白、胶原蛋白、纤连蛋白、层粘连蛋白等，故胰蛋白酶现常被用于解离组织和单层细胞，在动物细胞培养中广泛使用。

抑肽酶（trasylol，别名：抑胰肽酶、屈来密多）能抑制胰蛋白酶及糜蛋白酶，阻止胰脏中其他活性蛋白酶原的激活及胰蛋白酶原的自身激活。临床用于预防和治疗急性胰腺炎、纤维蛋白溶解引起的出血及弥漫性血管内凝血。还可用于抗休克治疗。在腹腔手术后，直接注入腹腔可预防肠粘连。

实训目的

1. 理解亲和层析的原理与影响因素。
2. 掌握重氮法固定胰蛋白酶及亲和层析操作的过程。
3. 了解亲和层析操作的注意事项。

实训原理

使酶通过共价键与不溶性基质结合的方法，称为共价。在酶分子中能形成共价键的基团有氨基酸的游离氨基、游离羧基，半胱氨酸的巯基，组氨酸的咪唑基，酪氨酸的酚基，丝氨酸的羟基等。常用的不溶性基质有两大类：一类是天然有机物，如纤维素、葡聚糖凝胶、琼脂糖、淀粉，以及它们的衍生物等，另一类是人工合成的高聚物，如甲基丙烯酸共聚物、顺丁烯二酸和乙烯的共聚物、氨基酸共聚物及聚苯乙烯等。

共价法是固定化酶研究中最活跃的一大类方法，其优点是酶和基质之间的连接键很牢固，使用过程中不会发生酶的脱溶，稳定性较好；缺点是操作较复杂，反应条件不易控制，要制备活力很高的固定化酶还有困难。

重氮法是共价法固定化酶的方法之一。本实训所用的固相基质是琼脂糖凝胶，在碱性条件下接上双功能试剂 β-硫酸酯乙砜基苯胺（SESA），制备得到对氨基苯磺酰乙基琼脂糖（ABSE-琼脂糖），然后用亚硝酸进行重氮化，重氮基团可和酶蛋白分子中酪氨酸的酚基或组氨酸的咪唑基发生偶联反应（酶蛋白的游离氨基也能十分缓慢地发生偶联反应），从而得到固定化酶。

亲和层析是用来纯化酶和其他高分子的一种特别的层析技术。一般的层析分离技术都是利用被分离物质的物化性质的不同，亲和层析则是利用被分离物的生物学性能方面的差别。有些生物分子具有和相对应的分子专一结合的特性。例如，酶的活性中心能和专一的底物、抑制剂、辅因子和效应剂通过某些初级键相互结合，形成络合物，这种专一结合的分子名为配基，生物高分子和配基之间形成络合物的能力称为亲和力，亲和层析的名称就是由此而来的。亲和层析与常用的分离分析法比较，具有纯化效果好、得率高的优点。

本实训所要纯化的为抑肽酶，它是胰蛋白酶的抑制剂，具有较高的专一性，由于猪蛋白酶和抑肽酶在 pH 7～8 的条件下能"专一"结合，而在 pH 2～3 条件下又能重新解离，因而可用胰蛋白酶作为配基，通过共价法偶联于固相基质上制成亲和吸附剂进行纯化。

实训器材

1. 实训材料：胰蛋白酶、抑肽酶粗提液。
2. 实训试剂：琼脂糖凝胶、1mol/L NaOH、SESA、1.5mol/L Na_2CO_3 溶液、固体 Na_2CO_3、

0.5mol/L NaOH 溶液、1mol/L HCl、5%NaNO₂ 溶液、0.05mol/L HCl、1mol/L Na₂CO₃ 溶液、1mol/L NaCl、0.1mol/L 硼酸缓冲液（pH 7.8）、0.25mol/L 氯化钠-盐酸（pH 1.7）、NaBH₄、苯甲酰-L-精氨酰-β-萘酰胺等。

3. 实训设备：恒温水浴箱、抽滤装置、烧杯、吸管、量筒、层析柱、部分收集器、紫外-可见分光光度计、离心机等。

实训步骤

（一）固定化胰蛋白酶的制备

1. ABSE-琼脂糖的制备

（1）称取抽滤成半干的琼脂糖凝胶 10g，加入 10mL 蒸馏水，以 1mol/L NaOH 溶液调 pH 至 13。

（2）称取 SESA 1.25g 悬于 5mL 蒸馏水中，搅拌下缓慢用 1.5mol/L Na₂CO₃ 溶液调 pH 到 6.0，待溶解后离心，除去残渣取 SESA 清液。

（3）把上述二者混合放入沸水浴中，待温度达到 60℃时立即加入 Na₂CO₃ 5g，继续在沸水浴中维持 45min。

（4）抽滤瓶用 0.5mol/L NaOH 溶液洗三次，再用蒸馏水洗三次抽干即得 ABSE-琼脂糖。

2. ABSE-琼脂糖重氮化

（1）把上述 ABSE-琼脂糖凝胶悬于 20mL 蒸馏水中，放入冰浴中，搅拌下依次加入预冷的 1mol/L HCl 20mL 和 5% NaNO₂ 溶液 20mL，冰浴中间歇搅拌 20min。

（2）过滤并用预冷的 0.05mol/L HCl 洗三次，冷蒸馏水洗三次，抽干即得重氮衍生物。

3. 胰蛋白酶的偶联

将 ABSE-琼脂糖重氮衍生物立即投入胰蛋白酶溶液（将 200mg 胰蛋白酶溶于 20mL 0.1mol/L pH 7.8 的硼酸缓冲液中），立即用 1mol/L Na₂CO₃ 溶液维持 pH 8.0，冰浴中间歇搅拌 1.5h，再以少量 1mol/L NaCl 溶液洗两次，再用蒸馏水洗三次即得固定化胰蛋白酶。

（二）亲和层析分离抑肽酶

1. 装柱

将上述制备的固定化胰蛋白酶装入层析柱，然后用 0.1mol/L pH 7.8 的硼酸缓冲液平衡。

2. 抑肽酶的吸附

将抑肽酶粗提液 150mL（含抑肽酶粗品 0.75g）以 2.5mL/min 的流速上柱吸附。

3. 淋洗

待上柱吸附完毕后，用上述缓冲液进行淋洗直到无杂蛋白流出为止。

4. 洗脱并收集组分

最后用 0.25mol/L pH 1.7 的氯化钠-盐酸进行洗脱，待洗脱峰出现开始收集。

注意事项

1. 实验过程中，注意个人防护，戴好护目镜和手套。

2. 一般生物大分子和配体之间达到平衡的速度很慢，所以样品液的浓度不宜过高，上样时流速应比较慢，以保证样品和亲和吸附剂有充分的接触时间进行吸附。

3. 要选择合适的条件使待分离物质与配体分开而被洗脱出来。亲和层析的洗脱方法可以分为两种：特异性洗脱和非特异性洗脱。特异性洗脱是指利用洗脱液中的物质与待分离物质或与配体的亲和特性而将待分离物质从亲和吸附剂上洗脱下来。非特异性洗脱是指通过改变洗脱缓冲液的 pH、离子强度、温度等条件，降低待分离物质与配体的亲和力而将待分离物质洗脱下来。

结果讨论

1. 绘制洗脱曲线。
2. 如何计算得率？

课后思考

一、选择题

1. 以下适合作为疏水层析使用的盐为（　　）。
   A. 硫酸铵　　　　　　B. 氯化钠　　　　　　C. 硫酸钠　　　　　　D. 硫酸镁

2. 疏水层析中，如果目的蛋白结合得如此紧以至于需要非极性添加剂才能洗脱，可以采用（　　）。
   A. 降低起始缓冲液的盐浓度　　　　　B. 升高起始缓冲液的盐浓度
   C. 减少蛋白质量　　　　　　　　　　D. 降低 pH

3. 逐步洗脱可以实现（　　）。
   A. 更高的分辨率　　　　　　　　　　B. 更快的分离时间
   C. 更多的蛋白质　　　　　　　　　　D. 更少的杂质

4. 分子筛层析是指（　　）。
   A. 吸附层析　　　　B. 分配层析　　　　C. 凝胶过滤　　　　D. 亲和层析

5. 为了进一步检查凝胶柱的质量，通常用一种大分子的有色物质溶液过柱，常见的检查物质是蓝葡聚糖，下面不属于它的作用是（　　）。
   A. 观察柱床有无沟流　　　　　　　　B. 观察色带是否平整
   C. 测量流速　　　　　　　　　　　　D. 测量层析柱的外水体积

6. 关于疏水层析操作错误的是（　　）。
   A. 疏水层析柱是利用蛋白质与疏水性吸附剂之间弱疏水性相互作用的差别进行分离纯化的
   B. 疏水层析柱装柱完毕后，通常要用高盐缓冲液进行平衡
   C. 洗脱后的层析柱再生处理，可以用 8mol/L 尿素溶液或含 8mol/L 尿素的缓冲液洗涤，然后用平衡缓冲液平衡
   D. 疏水柱层析的分辨率高、流速慢、加样量小

7. 疏水亲和层析通常在（　　）的条件下进行。
   A. 酸性　　　　　　B. 碱性　　　　　　C. 中性　　　　　　D. 高浓度盐溶液

8. 亲和层析的基本构成要素不包括（　　　）。

　　A. 基质　　　　　　　B. 固定相　　　　　　C. 流动相　　　　　　D. 缓冲液

9. （　　　）凝胶的吸水量最大。

　　A. Sephadex G-25　　B. Sephadex G-50　　C. Sephadex G-100　　D. Sephadex G-200

10. 在凝胶过滤（分离范围是 5000～400 000）中，下列（　　　）最先被洗脱下来。

　　A. 细胞色素 b（13 370）　　　　　　　　B. 肌球蛋白（400 000）

　　C. 过氧化氢酶（247 500）　　　　　　　D. 血清清蛋白（68 500）

11. 亲和层析洗脱过程中，在流动相中加入配基洗脱的方法称为（　　　）。

　　A. 阴性洗脱　　　　B. 剧烈洗脱　　　　C. 竞争洗脱　　　　D. 非竞争洗脱

12. 洗脱体积是指（　　　）。

　　A. 凝胶颗粒之间空隙的总体积

　　B. 溶质进入凝胶内部的体积

　　C. 与该溶质保留时间相对应的流动相体积

　　D. 溶质从柱中流出时所用的流动相体积

二、判断题

1. 如果目的蛋白在高盐条件下不结合，用一种低疏水的填料。（　　　）

2. 疏水层析大规模的分离需要使用线性洗脱方式。（　　　）

3. 凝胶过滤分离蛋白质时，分子量越大的蛋白质越早被洗脱下来。（　　　）

4. 亲和层析可以从溶液中一步将目标物质分离出来。（　　　）

5. 亲和层析是根据物质之间专一性结合而设计的一种分离方法。（　　　）

6. 疏水柱层析可直接分离盐析后或高盐洗脱下来的蛋白质、酶等生物大分子。（　　　）

7. 凝胶层析可以测定蛋白质的分子量。（　　　）

三、名词解释

层析分离技术　分配系数　亲和层析　凝胶层析

四、填空题

1. 疏水层析蛋白质和填料的相互作用由适度的高浓度盐所促进，通常使用＿＿＿＿＿＿mol/L 硫酸铵或＿＿＿＿＿＿mol/L 氯化钠。

2. 柱子的＿＿＿＿＿＿、＿＿＿＿＿＿或＿＿＿＿＿＿都会导致通道效应（缓冲液流过不均匀），峰变宽，结果是分辨率的丢失。

3. 根据操作方式不同，吸附层析可分为＿＿＿＿＿＿和＿＿＿＿＿＿。

4. 由于薄层层析的吸附剂中，＿＿＿＿＿＿＿和＿＿＿＿＿＿＿的吸附性能良好，适用于各类有机化合物的分离纯化，应用最广。

5. 吸附柱层析法上样分为＿＿＿＿＿＿上样和＿＿＿＿＿＿＿上样两种。

6. 离子交换层析的流动相必须是有一定＿＿＿＿＿＿＿，对 pH 有一定＿＿＿＿＿＿＿的溶液。

7. 常用的凝胶主要有_____、_____、_____等。

8. 高效液相层析是利用物质在两相之间_____或_____的微小差异达到分离的目的。

五、开放性思考题

1. 在蛋白质纯化中，如何针对蛋白质特点进行层析技术的组合运用？

2. 层析的影响因素有哪些？在不同层析技术运用中会产生怎样的影响？

3. 如何装柱？需要注意哪些事项？

4. 什么是凝胶层析？试说明其特点和应用。

5. 凝胶层析的装柱和上样与其他层析有何不同？

6. 如何对凝胶进行预处理和保存？

7. 试说明凝胶层析的分离机制，以及与其他液相层析分离机制的区别。

8. 选择层析分离方法的理论依据是什么？试举例说明。

9. 简述层析法的分类原则及其特点。

10. 吸附薄层层析法的基本原理、特点分别有哪些？

11. 吸附柱层析法的操作要点有哪些？

12. 什么是梯度洗脱法？如何选择展开剂？

13. 何为亲和层析？有哪些特点？

14. 凝胶层析的操作技术有哪些？

15. 如何对凝胶进行预处理和保存？

16. 亲和层析的介质应具备哪些性质？

17. 凝胶层析中，有时候溶质的 $k>1$，有哪些原因？

参考文献

范继业，张静，高冬婷，等.2009. 壳聚糖微球亲和层析提取抑酶肽的研究. 河北科技大学学报，30（2）：92-95

景娟，侯铁舟，赵东方，等.2004. 高效疏水色谱分离不同龋敏感者唾液 α-淀粉酶. 口腔医学，（5）：264-266

刘祥义，贾宇，王雪.2012. 疏水层析技术及应用. 河北化工，35（9）：68-69

王传怀，张国宝，余宏.1992. 疏水吸附法分离纯化 α-淀粉酶. 离子交换与吸附，8（4）：343-345

熊克勇.1991. 亲和层析基质的选择和应用. 生物工程进展，5：5-9

张秀敏，史琪琪，林慧，等.2011. 抗肿瘤疫苗 MAGE1-MAGE3-HSP70 蛋白特性及其纯化策略的研究. 现代生物医学进展，11（23）：4401-4404

项目七

生物药物的膜分离纯化

分离效率高的膜分离技术

　　维生素 C 又名抗坏血酸，是一种水溶性维生素。在体内参与多种反应，具有维持免疫功能、保持血管完整等作用。临床上用于预防坏血病，也用于各种急慢性传染病及紫癜等的辅助治疗。维生素 C 的提取过程中应用的膜分离工艺一般选用 3 ~ 10kDa 的膜，可以完全截留大分子，并去除大部分蛋白质及一些大分子杂质。整套膜分离提取系统能够在常温下进行，适用于热敏性物质的分离和浓缩，保留了维生素 C 中的有效成分，明显提升了维生素 C 的品质。与传统的工艺相比，膜分离技术具有工艺设计简单、操作便捷、运行稳定性良好、产品收率高、废水排放量少、运行成本低等优势。膜分离技术已经被成功应用到维生素 C 的提取过程中，有效提升了产品的品质。那么膜分离技术是怎样的一个技术呢？本章将给大家全面、详细地展现膜分离技术。

● 项目概述 ●

　　膜分离技术在生物药物的分离纯化中扮演重要角色，被广泛应用于生物药物纯化中样品澄清、脱盐、除菌、除病毒等工作。本项目主要利用膜分离技术进行溶液的除菌、脱盐工作，进而了解和掌握各种膜分离技术。本项目主要学习内容见图 7-1。

　　本项目的知识链接部分首先介绍了膜分离技术发展的历史，接着介绍了分离膜的基本性能，包括分离膜的定义、分类、材料特性和膜材料的种类，然后介绍了几种常用的膜分离技术，包括微滤、超滤、反渗透、电渗析等技术，之后介绍了膜组件，包括膜组件的类型、除菌滤芯的完整性测试原理和方法，最后介绍了膜在重组蛋白工艺中的应用。

　　本项目以两个典型的实践活动——细胞培养基的膜过滤除菌和蛋白质样品的超滤除盐为主线分别对膜过滤除菌、超滤除盐技术进行介绍，从实训背景、实训目的、实训原理、实训器材、实训步骤到注意事项、结果讨论等方面设计了完整的实践环节，旨在培养学生实践动手能力，同时巩固和加深对膜分离技术的基本理论、基础知识的理解，从而使学生能更好地掌握膜分离技术。

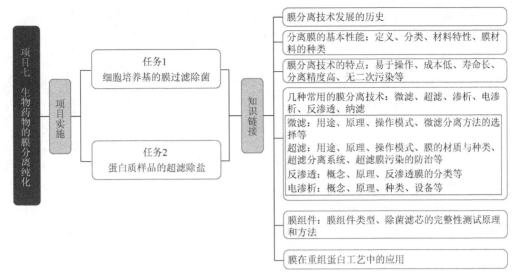

图 7-1 项目七主要学习内容介绍

教学目标

知识目标

1. 了解膜分离技术的定义及特点。
2. 了解膜的分类与膜材料的特性。
3. 熟悉膜过滤除菌和超滤除盐的原理。
4. 掌握微滤、超滤、纳滤、反渗透、渗析与电渗析方法。

能力目标

1. 能够针对不同的情况选择正确的膜分离技术。
2. 能够使用膜过滤装置完成需除菌液体的灭菌。
3. 能够使用超滤设备完成溶液的脱盐和蛋白质样品浓缩。

素质目标

1. 通过完成细胞丰收液的膜过滤除菌实验任务，形成无菌意识与严谨细致的习惯。
2. 通过反渗透与电渗析的学习，了解两种技术在水处理领域的应用，形成环保意识。
3. 通过完成细胞丰收液的膜过滤除菌和蛋白质样品的超滤除盐实验任务，形成责任意识。

环境保护——膜分离技术显神通

习近平总书记指出"绿水青山就是金山银山"，保护我们赖以生存的环境是每个人的责任。保护环境不仅靠我们增强意识，还需要借助更加先进的技术。下面就让我们来看一看膜科技带来的环保力量。

在浙江湖州，膜分离技术在环保领域如水处理、大气治理的相关产业中发展得如火如荼，膜的应用价值颇为可观。膜生产企业为电镀企业量身定做超滤组件，使企业排放的污水得到循环利用，解决环保瓶颈。2008 年颁布的《电镀污染物排放标准》中，电镀企业水和大气污染物的排放有限值，国内一家电镀城内的百余家电镀企业因为限排难以为继，但用了超滤膜后，企业排放问题解决了，经济效益上去了，污水也得到了净化，一举三得。

湖州的这些膜生产企业每天都在忙于接待各地客商，十分繁忙。企业不仅仅停留在现有膜应用的品种，还着力研发清水膜、泡点膜、绕包袋等多项技术，填补了国内空白。而产品运用领域，也从最初的垃圾焚烧、燃煤电厂、冶金等工业领域逐渐向民用、医用等多领域拓展。浙江工业大学膜分离与水处理协同创新中心湖州研究院在湖州开发区设立的森诺联合研发中心孵化出一家高新技术企业——湖州森诺环境科技有限公司，成为全国第一家把膜蒸馏技术工业化运用的企业，填补了国内膜蒸馏组件工业化生产的空白。

● **知识链接** ●

膜分离技术是指在分子水平上不同粒径分子的混合物在通过膜时，实现选择性分离的技术。它是一种以分离膜为核心，进行分离、浓缩和提纯物质的一门新兴技术。膜分离技术主要有微滤、超滤、纳滤、渗析、电渗析、反渗透等，其中微滤和超滤技术在生物药物纯化中被广泛使用。

一、膜分离技术的发展历史

（一）国外膜分离技术的发展历史

对膜分离的研究始于 200 多年前，在 1748 年，Abbe Nollet 观察到水能自发地扩散穿过猪膀胱而进入乙醇中的渗透现象，但并未引起人们的重视，直至 1854 年 Graham 发现了透析（dialysis）现象、1956 年 Matteucei 和 Cima 观察到天然膜的各向异性特征后，人们才开始重视膜的研究。与此同时，Dubrunfaut 应用天然膜制成第一个膜渗透器并成功地分离了糖蜜与盐类，开创了膜历史的新纪元。随着新科学技术的发展，新的产业部门兴起，天然膜已经满足不了人们的需求，人们开始了对合成膜的研究。1864 年，Traube 成功研制出人类历史上第一片人造膜——亚铁氰化铜膜。随后，研究工作一直徘徊不前，直到 20 世纪中叶，才相继出现反渗透膜、超滤膜、微滤膜、纳米膜、电渗析和气体膜分离等，开始在水的脱盐和纯化、石油化工、轻工、纺织、食品、生物技术、医药、环境保护领域得到应用，20 世纪 60 年代以后膜分离技术得到了飞速发展并逐步实现工业化，获得了巨大的经济效益和社会效益。各国政府对膜技术的研究开发都非常重视，纷纷投入巨资，80 年代日本政府对膜技术研究开发的支持就达到了每年 1900 万美元，欧洲为 2000 万美元，美国政府为 1100 万美元。

（二）我国膜分离技术的发展历史

我国的膜技术研究开始于 1958 年，其发展大致分为三个阶段：

（1）50 年代为奠定基础阶段；

（2）60 年代和 70 年代为发展阶段；

（3）80 年代和 90 年代为深化发展和推广应用阶段。

1958 年，我国对膜技术的研究开始于离子交换膜，到 60 年代中期开始对反渗透进行探索，1967 年的全国海水淡化会战推动了我国膜技术的进步。到了 70 年代，电渗析、反渗透、超滤、微滤这四大液体膜相继得到了开发，并在 70 年代后期开始了复合膜的研制，1977～1978 年聚砜超滤膜研制成功，从而为复合膜的研制提供了基膜，1985 年我国仿制的 PEC-1000 和 FT-30 复合膜的性能已达到和接近国外同类商品膜的水平。到 80 年代，我国在气体混合物分离方面也开始了研究，由中国科学院大连化学物理研究所研制的高性能中空纤维氮氢膜分离器和装置已成功用于合成氨厂弛放气回收氢，加压卷式膜法富氧装置首创用于工业玻璃熔炉的局部助燃。

总的来说，我国在膜技术的研究和应用方面有了长足的进步和可喜的成果，目前，我国的超滤和微滤发展迅速，已经有多个厂家在从事超滤膜的研究和生产。离子交换膜、电渗析器的产量及应用都在世界上名列前茅。渗透汽化技术走向了工业应用。液膜、各种膜基平衡过程、膜蒸馏等新膜过程的研究相当活跃。

但同时我们也要认识到，我国的膜技术和发达国家相比还有很大的差距。例如，复合膜的研制仍处于仿制和少量改进阶段，品种少，尚未进入工业化生产；超滤膜的品种虽然与国外差距不大，但膜的质量及产品的系列化和标准化方面还有很大差距等。要缩短与发达国家的距离和赶上发达国家，就需要政府对其投入大量的资金，更多的科研人员投身到膜技术的研发中，尽快形成自己的优势。

二、分离膜的基本性能

（一）分离膜的定义

一种最通用的广义定义是"膜"为两相之间的一个不连续区间。定义中的"区间"用来区别通常的相界面。狭义的定义是在一种流体相间由一薄层凝聚相物质，把流体相分隔开成为两部分，这一薄层物质称为膜。膜可以为气相、液相和固相，或是它们的组合。膜的厚度应在 0.5mm 以下，否则就不称为膜。同时不管膜本身薄到何等程度，至少要有两个界面，通过它们分别与被膜分隔的两侧的流体相物质接触。

流体通过膜的传递是借助于吸着作用及扩散作用。描述传递速率的膜性能是膜的渗透性。例如，在相同条件下，假如一种膜以不同速率传递不同的分子样品，则这种膜就是半透膜。当然，膜只有具有高度的渗透选择性，才能作为一种有效的分离技术。所以，膜可以是完全透过性的，也可以是半透性的，但不能是完全不透性的。一般来说，气体渗透是指在膜的高压侧的气体透过此膜至膜的低压侧。液体渗透是指在膜一侧的液相进料组分渗透至膜的另一侧的液相或气相中。

（二）分离膜的分类

分离膜的分类方法有很多种，下面介绍几种常用的分类方法。

（1）按膜孔径大小分为：微滤膜 0.025～14μm；超滤膜 0.001～0.02μm（10～200Å）；反渗透膜 0.0001～0.001μm（1～10Å）；纳米过滤膜，平均直径为 2nm。

（2）按膜结构分为：对称膜、非对称膜、复合膜等。

（3）按材料分为：合成聚合物膜、无机材料膜等。

（4）按疏水性分为：亲水性滤膜、疏水性滤膜。

（三）分离膜材料的特性

在分离膜材料的实际应用中，针对不同分离对象必须采用与其相应的膜材料，但对膜的基本要求是共同的，主要有以下几个方面。

（1）耐压：为了达到有效分离的目的，各种功能分离膜的微孔都是很小的，为提高各种膜的流量和渗透性，就必须施以推动力。例如，超滤膜可实现 10～200nm 的微粒分离，所需施以推动力的压力差为 100～1000kPa，这就要求膜在一定压力下，不被压破或击穿。

（2）耐温：分离和提纯物质过程中所需的温度为 0～82℃；清洗和蒸气消毒系统所需温度≥110℃。这就要求膜有非常好的热稳定性。

（3）耐酸碱性：待分离的偏酸、偏碱性物质严重影响膜的寿命。例如，使用醋酸纤维素膜的 pH 范围是 2～8，在此范围内偏碱纤维素就会水解。

（4）化学相容性：要求膜材料能耐各种化学物质的侵蚀而不致产生膜性能的改变，有较好的化学稳定性。

（5）生物相容性：高分子材料对生物体来说是一个异物，所以必须要求它不使蛋白质和酶发生变性，无抗原性等。

（6）低成本。

（四）各种分离膜材料

分离膜按来源分为生物膜和合成膜，目前应用的分离膜主要是合成膜中的高分子膜。用于制备高分子膜的材料主要有以下几类：①纤维素类（醋酸纤维素膜）；②缩合系聚合物（聚砜膜）；③聚烯烃及其共聚物（聚乙烯醇膜）；④脂肪族或芳香族聚酰胺类聚合物（聚酰亚胺膜）；⑤聚碳酸酯；⑥有机硅（聚二甲基硅氧烷膜）；⑦液晶复合高分子（高分子聚合物-液晶-冠醚复合膜）；⑧高分子金属络合物（钴卟啉络合物膜）；⑨全氟磺酸共聚物和全氟羧酸共聚物。

三、膜分离技术的特点

膜分离技术在应用上显示了很多优点：①易于操作。在常温下可连续使用，可直接放大，易于自动化。②成本低，寿命长。有些膜产品寿命可达 10 年以上，维护方便，能耗少。③高效，特别是对于热敏性物质的处理具有其他分离过程无法比拟的优越性。④常温下操作无相态变化，分离精度高，没有二次污染。当然，它也存在着一些问题：①膜材质的价格比较高，大多数膜工艺运行费用昂贵。②操作过程中膜面容易被污染，导致膜性能降低，必须要有膜面清洗工艺。③膜的耐药性、耐热性、耐溶剂性能有限，使其应用受到限制。

四、几种常用的膜分离技术

（1）微滤（MF）：根据筛分原理，以压力差为推动力，截流超过孔径的大分子的膜分离过程。微滤被认为是目前所有膜技术中应用最广、经济价值最大的技术。微滤主要用于悬浮物分离、制药行业的无菌过滤等。

（2）超滤（UF）：和微滤一样，也是根据筛分原理，以压力差为推动力，截流超过孔径的大分子的膜分离过程，仅在截流粒子的直径上有所差别，超滤膜的孔径较微滤小。超滤主要用于浓缩、分级、大分子溶液的净化等。

超滤和微滤有共同的膜分离过程特点：透过容量与压力差成正比，与滤液黏度成反比。

（3）渗析（DS）：根据筛分和吸附扩散的原理，利用膜两侧的浓度差使小分子溶质通过膜进行交换，而大分子被截流的膜分离过程。其是最早被发现和研究的膜现象，正逐渐被超滤技术所取代。透析膜一般为孔径 5～10nm 的亲水膜，如纤维素膜、聚丙烯腈膜和聚酰胺膜等。生化实验一般使用 5～80nm 的透析袋，即将待分离料液装入透析袋中封口后浸入到透析液中，一段时间后完成透析。若处理量大，一般采用中空纤维式膜组件。在临床上，透析法常用于肾衰竭患者的血液透析。在生物分离上，主要用于大分子溶液的脱盐。

（4）电渗析（ED）：在离子交换和直流电场的作用原理的基础上，利用分子荷电性质和分子大小的差别，用离子交换膜从水溶液和其他一些不带电离子组分中截流小离子的一种电化学分离过程。

这项技术较为成熟，主要被用于中性溶液的脱盐及脱酸。在工业上多用于海水和苦水的淡化及废水处理。在生物分离技术中，常用于生物小分子（氨基酸和有机酸等）的分离纯化。

（5）反渗透（RO）：根据溶液的吸附扩散原理，在溶液的一侧施加一外加压力，当此压力大于溶液的渗透压时，迫使浓溶液中的溶剂反向透过膜流向稀溶液一侧。其主要用于低分子量组分的浓缩、水溶液中溶解的盐类的脱除。

（6）纳滤（NF）：根据吸附扩散原理，以压力差为推动力，截流 300～1000 小分子量物质的膜分离过程。截流分子的分子量介于超滤和反渗透之间。纳滤是目前比较先进的工业膜分离，被应用于食品、医药、生化行业的各种分离、精制和浓缩过程中。

几种膜分离技术分离范围见表 7-1。

表 7-1　几种膜分离技术分离范围表

序号	分离技术	粒径/μm	分子质量/Da
1	微滤	＞0.1	＞1 000 000
2	超滤	0.002～0.1	1 000～1 000 000
3	纳滤	0.001～0.002	100～1 000
4	反渗透	＜0.001	＜100

五、微滤

微滤（MF）是世界上开发应用最早的膜过滤技术。早在 19 世纪中叶，人们就已经开始利用天然或人工合成的高分子聚合物制得微滤膜。1907 年，Bechhold 第一次报道了系列多孔火棉胶膜的制备方法和膜孔径的检测方法。1921 年，在德国建立了第一个专门从事微滤膜生产和销售的公司。到了 20 世纪 60 年代，高分子材料的研究与开发极大地促进了微滤膜的发展，形成了孔径 0.1～75μm 的系列化产品，应用范围由实验室和微生物检测扩展到了医药、饮料、生物工程、超纯水、饮用水、石化、环保等广阔的领域。

（一）微滤的基本概念和分离范围

微滤又称为微孔过滤（MF），是以静压差为推动力，利用膜的"筛分"作用进行分离的膜分离过程。微滤膜具有明显的孔道结构，主要用于截流高分子溶质或固体微粒。在静压差的作用下，小于膜孔的粒子通过滤膜，粒径大于膜孔径的粒子则被阻拦在滤膜面上，使粒子大小不同的组分得以分离。

MF 同 RO、NF、UF 一样，均属于压力驱动型膜分离过程。微滤主要从气相和液相物质中截留 0.1μm 至数微米的细小悬浮物、微生物、微粒、细菌、酵母、红细胞、污染物等，在生物分离中，被广泛应用于菌体的净化、分离和浓缩。

微滤膜在过滤时介质不会脱落、没有杂质溶出、无毒、使用和更换方便、使用寿命较长、耐高温、抗溶剂且膜组件价廉。同时，膜孔分布均匀，可将大孔径的微粒、细菌、污染物截留在滤膜表面，滤液质量高。微滤也可称为绝对过滤（absolute filtration），适合用于过滤悬浮的微粒和微生物（表 7-2）。

表 7-2　MF 滤除微粒与微生物的效率

指标	球形 SiO₂	球形聚苯乙烯		细菌	热原
直径/μm	0.21	0.038	0.085	0.1～0.4	0.001
脱除率/%	>99.990	>99.990	100	100	>99.997

注：以 Pall 公司生产的 NT2EN66 Posidyne 为滤膜

（二）微滤的基本原理及操作模式

1. 基本原理

一般认为 MF 的基本原理为筛分机制，膜的物理结构起决定作用，此外，吸附和电性能等因素对截留也有影响。

微滤膜的截留机制因其结构上的差异而不尽相同。通过电镜观察发现，微滤膜截留作用大体可分为以下两大类（图 7-2）。

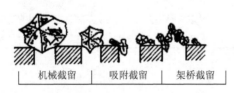
A 在膜的表面层截留

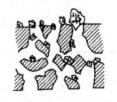
B 在膜内部的网络中截留

图 7-2　微滤膜各种截留作用示意图

1）表面层截留　　机械截留作用：是指膜具有截留比它孔径大或相当的微粒等杂质的作用，此即筛分作用。

物理作用或吸附截留作用：如果过分强调筛分作用就会得出不符合实际的结论。除了要考虑孔径因素之外，还要考虑其他因素的影响，其中包括吸附和电性能的影响。例如，带正电荷的微滤膜能够去除热原就是此原理。

架桥截留作用：通过电镜可以观察到，在孔的入口处，微粒因为架桥作用也同样可被截留。

2）膜内部截留　　膜内部截留作用是指将微粒截留在膜内部而不是在膜的表面。对于表面层截留（表面型）而言，其过程接近于绝对过滤，易清洗，但杂质捕捉量相对于深度型较少；而对于膜内部截留（深度型）而言，杂质捕捉量较多，但不易清洗，多属于一次性使用。

2. 操作模式

1）常规过滤（静态过滤或死端过滤）　　如图 7-3A 所示，原料液置于膜的上游，在压力差推动下，溶剂和小于膜孔的颗粒透过膜，大于膜孔的颗粒则被膜截留，该压力差可通过原料液侧加压或透过液侧抽真空产生。在这种操作中，随时间的增长，被截留颗粒将在膜表面形成污染层，使过滤阻力增加，随着过程的进行，污染层将不断增厚和压实，过滤阻力将不断增加。在操作压力不变的情况下，膜渗透速率将下降。因此常规过滤操作只能是间歇的，必须周期性地停下来清除膜表面的污染层或更换膜。

常规过滤操作简便易行，适合实验室等小规模场合，对于固含量低于 0.1% 的料液通常采用这种形式；固含量在 0.1%～0.5% 的料液则需进行预处理或采用错流过滤；对于固含量高于 0.5% 的料液通常采用错流过滤操作。

2）错流过滤（动态过滤）　　微滤的错流过滤操作类似于超滤和反渗透，如图 7-3B 所示，原料液以切线方向流过膜表面。在压力作用下透过膜，料液中的颗粒则被膜截留而停留在膜表面形成一层污染层。与常规过滤（死端过滤）不同的是，料液流经膜表面产生的高剪切力，可使沉积在膜表面的颗粒扩散返回主体流，从而被带出微滤组件，由于颗粒在膜表面的沉积速度与流体流经膜表面时产生的剪切力引发的颗粒返回主体流的速度达到平衡，可使该污染层不再无限增厚而保持在一个较薄的稳定水平，因此一旦污染层达到稳定，膜渗透速率就将在较长一段时间内保持在相对高的水平上。当处理量大时，为避免膜被堵塞，宜采用错流过滤操作。

在生产中微滤的错流过滤操作已经基本替代了常规过滤操作。

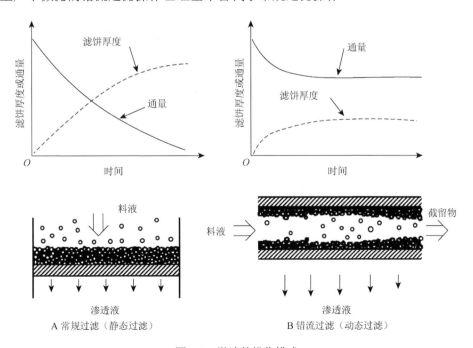

图 7-3　微滤的操作模式

（三）微滤分离方法的选择

一个体系的最佳分离方法选择由多种因素决定，其中起决定性作用的因素是要分离的悬浮物质的尺寸大小。

除去这个最重要的因素外，分离方法选择的影响因素还包括：悬浮物的物理特性和浓度；所要求的分离率；产品产率和需要保持杀菌的条件等。

总的来说，要选择合适的分离过程就需要考虑以下因素：①分离目的；②料液的特性；③系统的经济性。其中分离目的是过程选择中第一位的因素。

（四）微滤的应用

微滤目前主要用于无菌液体的生产、生物制剂的分离、超纯水制备，以及空气过滤、生物及微生物的检查分析等方面。

1. 实验室中的应用

在实验室中，微滤膜是检测有形微细杂质的重要工具。

（1）微粒子检测：如注射剂中不溶性异物、石棉粉尘、水中悬浮物和排气中粉尘的检测，锅炉用水中铁分的分析和放射性尘埃采样等。

（2）微生物检测：如对饮用水中大肠菌群、啤酒中酵母和细菌、饮料中酵母、医药制品中细菌和空气中微生物的检测等。

2. 工业上的应用

微滤是所有膜过程中应用最普遍、总销售额最大的一项技术。制药工业的过滤除菌是其最大的市场。

（1）制药工业：在制药工业中，注射液及大输液中微粒污染可引起血管阻塞、局部缺血、水肿和过敏反应等病理现象。此外，医院中手术用水及洗手用水也要除去悬浊物和微生物。这些都可应用 MF 过滤技术解决。

目前，应用微滤技术生产的西药品种有葡萄糖大输液、维生素 C、复合维生素、硫酸阿托品、肾上腺素、盐酸阿托品、安痛定等注射液。此外，还有报道应用微滤技术获取昆虫细胞、分离大肠杆菌和抗生素、灭菌血清和血浆蛋白等多种溶液等。

（2）生物领域：生化和微生物的研究中，常利用不同孔径的微滤膜收集细菌、酶、蛋白质、虫卵等用以检查分析，应用这种方法，可脱除酒中的酵母、霉菌和其他微生物，使处理后的产品清澈、透明、存放期长。

目前，微滤正被引入更广泛的领域：在食品工业领域许多应用已实现工业化；饮用水生产和城市污水处理是微滤应用潜在的两大市场；用于工业废水处理方面的研究正在大量开展；随着生物技术工业的发展，微滤在这一领域市场中所占的份额将越来越大。

六、超滤

超滤（ultra-filtration，UF）首先出现在 19 世纪末。1861 年，Schmidt 用牛心包膜截取阿拉伯胶被认为是世界上第一次 UF 实验，但之后很长时间 UF 只用于实验室纯化及浓缩，并不能满足实际的需要。直到 1960 年，Leob 和 Sourirajan 研制成功了第一张不对称反渗透醋酸纤维素膜，1963 年 Michaels 开发成功了第一张不对称超滤膜，这些都推动了科学家寻找更优异的超滤膜，从而形成了 1965～1975 年的超滤大发展时期，开发成功了聚砜、聚丙烯腈、聚碳酸酯、聚醚砜及聚偏二氟乙烯等超滤膜。膜的截留分子量为 $10^3 \sim 10^6$，膜组件的类型有管式、板式、中空纤维式、毛细管式及螺旋卷式。20 世纪 80 年代又开发成功了以陶瓷膜为代表的无机膜，并已工业化。目前，超滤技术已被广泛应用于水处理、石油化工、饮料、食品、环境工程、医药、医用人工肾、电泳漆及电子等行业。虽然 UF 的发展历史不长，但其独特的优点使其成为目前膜分离技术的重要操作单元。

（一）超滤的基本概念和分离范围

超滤是一种在以静压差为推动力的作用下，原料液中大粒子溶质被膜截留，小溶质粒子从高压侧透过膜到低压侧，从而实现分离的过程，其分离机制一般认为是机械筛分原理。

UF 与 RO、NF 和 MF 相似，均属于压力驱动型膜分离过程，主要用于从液相物质中分离大分子化合物（蛋白质、核酸聚合物、淀粉、天然胶、酶等）、胶体分散液（黏土、颜料、矿物料、乳液粒子、微生物）、乳液（润滑脂-洗涤剂及油-水乳液）。其分离范围为分子量 $500 \sim 1\,000\,000$ 的大分子物质和胶体物质，相对应粒子的直径为 $0.005 \sim 0.1\mu m$。操作压力低，一般为 $0.1 \sim 0.5MPa$，可以不考虑渗透压的影响，易于工业化，应用范围广。超滤主要用于料液澄清、溶质的截留浓缩及溶质之间的分离。

（二）超滤的基本原理及操作模式

1. 基本原理

超滤过程如下：在压力作用下，料液中溶剂及各种小的溶质从高压料液侧透过超滤膜到达低压侧，从而得到透过液或称为超滤液；而尺寸比膜孔径大的大溶质分子被膜截留成浓缩液。溶质在被膜截留的过程中有以下几种作用方式：①在膜面的机械截留；②在膜表面及微孔内吸附；③膜孔的堵塞。在不同的体系中，各种作用方式的影响也不同。

2. 操作模式

超滤的操作模式可分为重过滤和错流过滤两大类，常用的操作模式有以下几种。

（1）重过滤（diafiltration）操作：也称透滤操作，在不断加水稀释原料的操作下，尽可能高地回收透过组分或除去不需要的盐类组分。重过滤操作包括间歇式和连续式两种。其特点是设备简单、小型、能耗低，可克服高浓度料液渗透速率低的缺点，能更好地去除渗透组分。但浓差极化和膜污染严重，尤其是间歇操作中，要求膜对大分子的截留率高。通常用于蛋白质、酶之类大分子的提纯。

（2）透析超滤（dialysis ultrafiltration）：是将透析与超滤结合起来使用的一种重过滤技术。其原理如图 7-4A 所示，即用泵将新鲜水通过产品侧将透过物带出，而不是透过物从组件自由流出，新鲜水的流量为组件水通量的 $3 \sim 10$ 倍，并保持一定的跨膜压差。显然，该方法的工作效率比传统的重过滤要好，如图 7-4B 所示。由于该方法的传质动力除了压力差外还有浓度梯度，因此，即使没有压力差存在，也有传质发生，这一特点能改善尺寸相近分子的分离。透析超滤主要被应用于无醇啤酒和果酒、脱盐明胶的制造，离子的替换或溶质的交换，以及血液净化等。

（3）间歇错流操作：间歇错流操作是将料液从贮罐连续地泵送至超滤膜装置，然后再回到贮罐。随着溶剂被滤出，贮罐中料液的液面下降，溶液浓度升高。该操作的特点为操作简单，浓缩速度快，所需膜面积小。但全循环时泵的能耗高，采用部分循环可适当降低能耗。通常被实验室和小型中试系统采用。

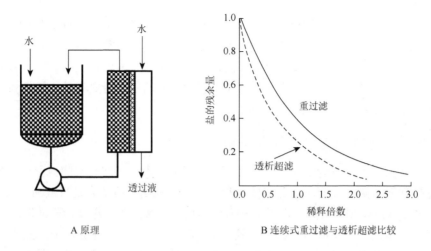

A 原理　　　　　　　　　B 连续式重过滤与透析超滤比较

图 7-4　透析超滤过程

（4）连续错流操作：连续错流操作包括单级连续错流操作和多级连续错流操作。单级连续错流操作是从贮罐将加料液泵送至一个大的循环系统管线中，料液在这个大循环系统中通过泵提供动力，进行循环错滤后成为浓缩产品，慢慢从这个循环系统管线中连续地流出，这个过程中要保持进料和出料的流速相等。多级连续错流操作是采用两个或两个以上的单级连续操作。大规模生产中连续错流操作被普遍使用，特别是在食品工业领域中。

（三）超滤膜与膜材料

超滤的膜材料包括有机高分子材料和无机材料两大类，这些材料经过不同的制膜工艺可以获得不同结构和功能的膜。一张理想的超滤膜应该具备良好的耐溶剂性、稳定的机械性能、好的热稳定性、高渗透速率和高的选择性。

许多微滤膜的制备方法只能得到最小孔径为 0.05～0.1μm 的膜，不能满足纳米级的超滤膜的需要，所以用于制备超滤膜的聚合物材料完全不同于微滤膜材料。常用的超滤膜归纳如下。

（1）醋酸纤维素膜：这是一种研究最早的超滤膜，是利用纤维素及其衍生物分子线性不易弯曲的特点来制作反渗透和超滤膜。其具有亲水性好、通量大、工艺简单、成本低、无毒、操作范围窄、适用的pH范围窄（3～6）、易被生物降解等特点。

（2）聚砜类超滤膜：具有化学稳定性优异、适用的 pH 范围宽（1～13）、耐热性好（0～100℃）、耐酸碱性好、抗氧化性和抗氯性能好等特点。由于其分子量比较高，适于制作超滤膜、微滤膜和复合膜的多孔支撑膜。鉴于其良好的耐高温性，且无毒，因此适用于食品、医药和生物工程。

（3）聚丙烯腈膜：聚丙烯腈（PAN）是常用来制备超滤膜的聚合物。虽然有强极性氰基基团，但聚丙烯腈并不十分亲水。通常通过引入另一种共聚单体（如醋酸乙烯酯或甲基丙烯酸甲酯）的方法来增加它的柔韧性和亲水性。

（4）聚酰胺类超滤膜：包括聚砜酰胺超滤膜、芳香聚酰胺膜。其中聚砜酰胺超滤膜有耐高温（125℃）、耐酸碱（pH 2～10）、耐有机溶剂（耐乙醇、丙酮、乙酸乙酯、乙酸丁酯、苯、醚及烷烃等多种溶剂）等特性。芳香聚酰胺膜具有高吸水性（吸水率为 12%～15%）、良好的机械强度、好的热稳定性、不耐氯离子和易被污染等特点。

（5）其他类聚合物膜：具体包括聚偏氟乙烯超滤膜和再生纤维素膜等。其中聚偏氟乙烯超滤膜被广泛地用于超滤和微滤过程，有可高温消毒、耐一般溶剂、耐游离氯等特点。

（6）复合超滤膜：分别用不同材料制成致密层和多孔支撑层，从而使两者达到最优化。应用这种复合的方法改善了膜的表面亲水性、可截留分子量小的溶质、增加水通量和提高膜的耐污染性。复合膜虽然有其无可比拟的良好性能，但其应用还未得到充分发挥，仍需进一步研究。

（7）无机膜：相对于聚合物材料而言，无机材料通常具有非常好的化学稳定性、热稳定性和机械稳定性，但无机材料用于制膜还很有限。

（四）超滤分离系统

1. 前处理

降低供给水的浑浊度→悬浮物和交替物质去除→可溶性有机物的去除→微生物（细菌、藻类等）去除→调整进水水质（供水温度、pH）。

2. 超滤系统工艺流程

超滤系统工艺流程设计多种多样，按运行方式分为循环式、连续式和部分循环连续式。按组件组合排列形式分，有一级一段（工艺流程图如图 7-5 所示）、一级多段和多级等。原料溶液升压后一次通过超滤组件的叫作一级一段，如果浓缩液直接进入下游组件叫作一级二段，其余段数依此类推。

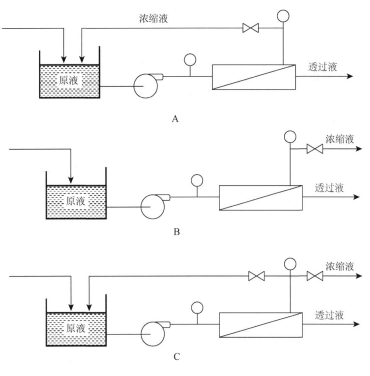

图 7-5　一级一段工艺流程

A. 循环式；B. 连续式；C. 部分循环连续式

（五）超滤的应用

超滤是在目前膜技术领域中独树一帜的重要的单元操作技术，在很多方面都有应用，如水处理、食品及发酵工业、饮料、医药、医疗用人工肾、电子和电泳漆等。

1. 在水处理中的应用

用超滤和微滤技术净化饮用水是膜技术的主要应用之一，超滤在去除对人有害的微生物方面效果显著。水处理典型膜过滤系统流程如图 7-6 所示。

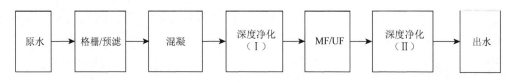

图 7-6　水处理典型膜过滤系统流程

同时，超滤还可用于海水淡化、高纯水制备等，根据对高纯水的要求不同采取不同的工艺流程，如

原水→预处理→反渗透→离子交换→UV→离子交换→超滤（或微滤）→用水点

2. 在食品及发酵工业中的应用

1）在乳品工业中的应用　超滤在牛乳和乳清加工中的应用如图 7-7 所示，主要是用超滤法从干酪乳清中回收乳清蛋白，以及用超滤法浓缩脱脂牛乳，目前估计有 30 万 m^2 的膜用于乳品行业，其中 2/3 用于乳清处理，1/3 用于浓缩牛乳。

2）大豆蛋白的制备　大豆富含蛋白质和较完全的氨基酸，营养价值高，被广泛用于肉制品、奶制品、面制品和饮料等食品中。

利用膜分离技术提取大豆蛋白与传统的醇法和酸碱法相比，生产效率高，可实现对大豆综合利用和大豆蛋白洁净生产，操作流程如下：

原料→浸提→分离→超滤膜→大豆分离蛋白（超滤透过液可回用至浸提步）

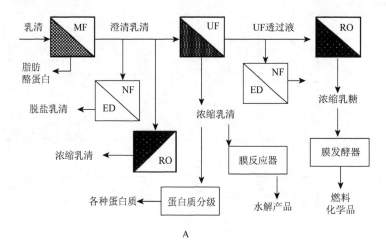

A

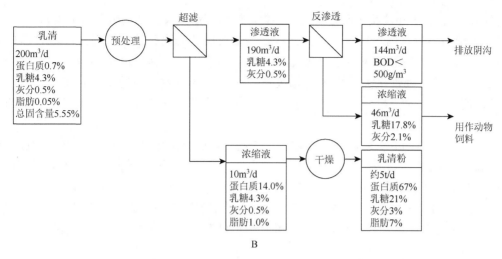

图 7-7 超滤法处理乳清工艺流程图

BOD. 生化需氧量

此外，超滤也用于其他植物蛋白的浓缩处理，如土豆、椰子、玉米、棉籽、向日葵籽、花生、苜蓿、鹰嘴豆等。也有关于超滤制备浓缩豆浆及豆浆粉等的报道。

3）在其他方面的应用　超滤技术还可被应用于果蔬汁的澄清、反渗透浓缩果汁的预处理、糖汁的净化中去除交替悬浮物和高分子物质、植物油的精制、酶的提纯、酱油和葡萄酒的回收等。

3. 在生物工程与医药工业中的应用

1）医药用水的制备　目前生产医药工业用的饮用水、纯化水、注射用水、灭菌纯化水、灭菌注射用水、抑菌剂注射用水、灭菌灌注用水、灭菌吸入用水等的生产工艺都离不开超滤技术，具体工艺流程见图 7-8。

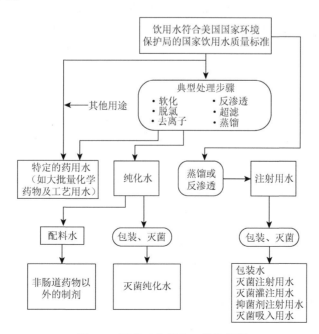

图 7-8 医药工业用水工艺流程图

目前，还有关于超滤用于医疗用膜及装置如腹水超滤回收蛋白质装置的报道。

2）生物制品的精制与提纯　　在开展有关蛋白质的分离纯化工序时，超滤技术的应用范围相对比较广泛，用超滤的方法将酶、多糖或其他蛋白质从发酵液中分离提纯出来。这种方法的优点是：处理量大、减少生物大分子失活、分离效率高等。但是也存在着一定的局限性，两种产品的实际分子量比值小于等于 5 时没有办法实现分离，或者是分析的整体效果较差。

3）用于蛋白质的脱盐、脱醇及浓缩　　在进行蛋白质纯化时，往往会发挥超滤技术的效用以完成有关蛋白质的浓缩及脱盐，这一技术非常适用于几百到几千升的数量相对较多的液体的处置，不仅操作起来十分简便，节省时间，蛋白质的整体回收率也相对较高。

4）用于内毒素的去除　　离子交换层析加上超滤能够有效地去除内毒素。与其他方法相比，超滤技术对于去除内毒素非常有效，并且也可以有效提升蛋白质的回收率。

（六）超滤膜污染的防治

膜的污染是指被处理物料中的微粒、胶体离子或溶质大分子在进行膜过滤的过程中，与膜发生了物理、化学或机械的相互作用，从而吸附、沉积在膜表面或膜孔内使膜孔径变小或堵塞，使膜的透过流量与分离特性发生了不可逆的变化。污染使膜的渗透通量和截留率降低，影响分离过程。

要使超滤过程连续平稳有效的进行，就必须采取有效的措施来预防和防止污染。

1. 选择合适的膜材料

膜的亲疏水性和荷电性会影响膜与溶质之间的相互作用，从而影响膜的污染程度。

为了防止膜的亲疏水性带来的污染，通常采用的方法有两种：①用表面活性剂等小分子化合物预处理膜面，使膜面覆盖一层保护膜。②增加膜的亲水性，可在膜表面改性引入亲水基团，也可用复合膜手段复合一层亲水性分离层。这种方法的原理是利用亲水性膜表面与水形成氢键，从而在膜表面形成一层水层，疏水溶质要接近膜表面，必须首先破坏这层水层，这需要能量，不易进行，膜面就不易被污染。

为了防止膜的荷电性带来的污染，可利用荷电同性相斥的原理，尽量使膜材料与溶质带电性质相同。

2. 膜孔径或截留分子量的选择

从筛分机制可得出这样的结论：离子或溶质尺寸与膜孔相近时易堵塞膜孔，若它们的尺寸大于膜孔，则由于横切流的作用，在膜表面很难停留，故不易造成污染。

所以理论上，在保证能截留所需粒子或大分子溶质的前提下，应尽量选择孔径或截留分子量大点的膜，可以得到较高的透水量。当然，在实际应用中，还要经过实验来选择最佳的膜。

3. 膜结构的选择

对于中空纤维 UF 膜，两个皮层中外表面孔径比内表面孔径大几个数量级时，透过内表面的大分子绝不会在外表面被截留而堵塞外表面，且即使内表面被污染，也易反洗恢复性能。反之，外表面易被堵塞，且不易清洗。

通常是选择不对称结构膜，因为其较耐污染。

4. 组件结构的选择

截留物是产物的，一般来讲，带隔网作料液流道的组件，固体物易在膜面沉积、堵塞，因而不宜采用。但毛细管式和薄层流道式组件设计可以是料液高速流动，剪切力较大，可减少沉积和堵塞，减少污染。

5. 溶液中盐浓度的影响

无机盐通过两种途径对膜污染产生影响，一是盐会强烈地吸附到膜面上，二是无机盐改变了溶液的离子强度，影响到溶质的溶解性、分散性、构型与悬浮状态，使形成的沉积层疏密程度改变，从而影响溶质在膜面的吸附和膜的透水性。

6. 溶液的 pH

pH 的改变不仅会改变蛋白质的带电状态，也会改变膜的性质，从而影响吸附，是膜污染的主要控制因素。

一般认为溶液的 pH 从两个方面影响着蛋白质的吸附：①溶解度；②膜与蛋白质的相互作用力。在 pH 接近等电点时，溶质的溶解度降低，溶质与溶剂的相互作用力相对较小，就导致了溶质与膜的吸附作用增加，造成污染。

7. 温度

温度对污染的影响较复杂，温度上升，料液的黏度下降，有利于扩散，但同时温度上升会导致料液中某些组分的溶解度下降，又使吸附污染增加了。

综合多种因素，大多数超滤的应用温度为 30～60℃，同时考虑到蛋白质高温变性的问题，最高超滤温度不能超过 55℃。

8. 膜面粗糙度

膜面光滑不易污染，膜面粗糙容易污染。

9. 其他影响因素

除以上因素外，还有一些因素对膜的污染有影响，如溶液与膜接触时间、压力与料液的流速、溶液的浓度。一般溶液与膜接触时间越长越易产生污染，压力与流速越大越不易产生污染，溶液浓度越大越易造成膜的吸附污染。

要有效地防治膜的污染，就要综合考虑各种影响因素，并通过实验选择最佳的膜分离过程。

七、反渗透

反渗透（reverse osmosis）又称高滤，是 20 世纪 60 年代发展起来的一项膜分离技术。虽然从历史上看，最先出现的是超滤和微滤，然后才是反渗透，但它的发展却带动了整个膜分离过程的崛起。由于它具有物料无相变、能耗低、设备简单、在常温下操作和适应性强等特点，已被广泛地用于海水和苦咸水淡化，而且在电子、石油化工、食品、医疗卫生、环境工程和国防等领域是一种技术发展较成熟的膜分离过程。

（一）反渗透的基本概念和分离范围

反渗透是以膜两侧静压差为推动力，克服溶剂的渗透压，通过反渗透膜的选择透过性使溶剂（通常是水）透过而离子物质被截留，从而实现对液体混合物进行膜分离的过程。反渗透同

NF、UF、MF 一样均属于压力驱动型膜分离技术。其操作压差一般为 1.0～10.0MPa，截留组分为 1～10μm 粒径的小分子溶质。除此之外，还可从液体混合物中去除全部悬浮物、溶解物和胶体。例如，从水溶液中将水分离出来，以达到分离、纯化等目的。目前，随着超低压反渗透膜的开发，已可在小于 1MPa 压强下进行部分脱盐，适用于水的软化和选择性分离。

（二）反渗透的基本原理

1. 渗透

用一张只透过溶剂而不透过溶质的理想半透膜把水和盐水隔开，则出现水分子由纯水一侧通过半透膜向盐水一侧扩散的现象，这就是人们所熟知的渗透现象，如图 7-9A 所示。

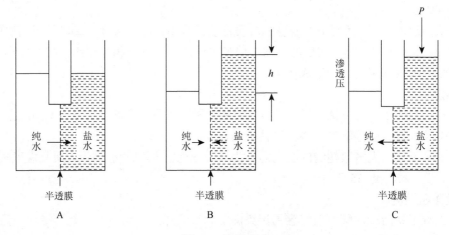

图 7-9　渗透现象

随着渗透的进行，盐水侧的液面不断升高，纯水侧的液面相应下降。经过一定时间之后，两侧液面差不再变化。系统中纯水的扩散达到了动态平衡，即渗透平衡（图 7-9B），可知此时纯水相与盐水相中水的化学势差等于零。

2. 反渗透

当体系处在渗透平衡状态时，如果外界增加盐水侧的压力，则盐水相中水的化学势增大，破坏了已经形成的渗透平衡，出现水分子从盐水侧通过半透膜向纯水侧扩散渗透的现象。这时水的扩散方向恰恰与渗透现象相反，因此称作反渗透，如图 7-9C 所示。

反渗透回去的溶剂分子随压力的增加而变多，当一段时间以后，两侧的液面差不再变化时，体系达到了新的动态平衡。

3. 渗透压

根据上面讲述的渗透和反渗透理论，可以得出这样的结论：对于反渗透体系，不但要求有高的选择性和高透过率，还必须使操作压力高于溶液的渗透压。

（三）反渗透膜的分类

首先，介绍膜的材质与种类。我们知道膜的性能决定着反渗透体系的性能，所以膜的材质和加工工艺对反渗透技术至关重要，现将常用的反渗透膜归纳如下。

（1）醋酸纤维素膜：醋酸纤维素（cellulose acetate，CA）是一种由纤维素和乙酸酐（约40%）乙酰化制得的适于反渗透用的膜材料。除醋酸纤维素外，三醋酸纤维素、醋酸丁酸纤维素等也是很有前途的纤维素类膜材料。纤维素类膜材料具有资源丰富、无毒、耐氯、价格便宜、制膜工艺简单、已工业化生产、用途广、渗透率高、截留率好、易水解、易压密、抗氧化和抗微生物性能差等特点。

（2）芳香聚酰胺膜：这种膜材料在反渗透过程中被广泛采用，具有良好的透水性、较高的脱盐率、优良的机械强度、耐高温、耐压、适用pH范围广、耐氯差等特点。

（3）复合膜：为克服醋酸纤维素膜和芳香聚酰胺膜的缺点，推出了新型第三代膜——复合膜：将超薄皮层经不同方法附载在微孔支撑体上制成膜，并分别使超薄脱盐层和多孔支撑层最佳化。目前常用的典型复合膜主要有三醋酸纤维素复合膜、聚脲薄膜复合体等。

（四）反渗透分离方法的选择依据

反渗透膜的选择透过性与组分在膜中的溶解、吸附和扩散有关，因此除与膜孔的大小、结构有关外，还与膜的化学、物理性质密切相关，也就是说与组分和膜之间的相互作用密切相关，其中化学因素（膜及其表面特性）起主导作用。

反渗透膜对无机离子的分离率，随离子价数的增高而增高；价数相同时，分离率随离子半径而变化。下列离子的分离规律一般为：$Li^+>Na^+>K^+>Rb^+>Cs^+$，$Mg^{2+}>Ca^{2+}>Sr^{2+}>Ba^{2+}$。

对多原子单价阴离子的分离规律为：$IO_3^->BrO_3^->ClO_3^-$。

对多极性有机物的分离规律为：醛＞醇＞胺＞酸，叔胺＞仲胺＞伯胺，柠檬酸＞酒石酸＞苹果酸＞乳酸＞乙酸。

对异构体的分离规律为：叔＞异＞仲＞原。

对同一族系的分离规律为：分子量大的分离性能好。

有机物的钠盐分离性能好，而苯酚和苯酚的衍生物则显示了负分离。极性或非极性、离解或非离解的有机溶质的水溶液，当它们进行膜分离时，溶质、溶剂和膜间的相互作用力决定了膜的选择透过性。这些作用包括静电力、氢键结合力、疏水性和电子转移4种类型。

对碱式卤化物的脱除率随周期表次序下降，对无机酸则趋势相反。

对分子量大于150的大多数组分，无论是电解质还是非电解质，都能很好地脱除。

在实际工作中，许多因素相互制约，所以在学好理论知识的前提下，必须进行试验验证，掌握物质的特性和规律，正确运用膜分离技术。

（五）反渗透的应用

反渗透技术的大规模应用主要是苦咸水和海水淡化，此外被大量用于纯水制备及生活用水处理，以及难以用其他方法分离的混合物，如合成或天然聚合物的分离。随着反渗透膜的高度功能化和应用技术的开发，反渗透过程的应用逐渐渗透到制造受热易分解的产品，以及化学上不稳定的产品如药品、生物制品和食品等方面。

1. 海水脱盐

反渗透装置已成功地应用于海水脱盐，并达到饮用级的质量。但海水脱盐成本较高，目前主要用于特别缺水的中东产油国。

2. 纯水生产

反渗透等膜分离技术被普遍用于电子工业纯水及医药工业无菌纯水等的超纯水制备系统中。电子工业用水通常分为超纯水、纯水和初级纯水三种，其中常用的超纯水的基本处理方法为：原水→预处理→反渗透→离子交换→精制混床→真空脱气→紫外线杀菌→反渗透/超滤→微滤→用水点（其中微滤后产品可循环至离子交换后重复使用）。

3. 食品工业中加工乳浆、果汁及污水处理

采用反渗透和超滤相结合的方法可对分离奶酪后的乳浆进行加工，将其中所含的溶质进行分离，分离出主要含有蛋白质、乳糖及乳酸的组分，并对每一个组分进行浓缩。

4. 其他应用

反渗透技术还有很多其他方面的应用，如饮用水生产、电镀工厂及电泳涂漆工厂的闭路循环操作、放射性废水的浓缩、油水乳液的分离、低分子量水溶性组分的浓缩回收、甘蔗糖汁及甜菜糖汁的浓缩等。

八、电渗析

电渗析的研究始于 20 世纪初的德国。1952 年，世界上出现了第一台电渗析装置，用于苦咸水淡化。至今苦咸水淡化仍是电渗析最主要的应用领域。我国电渗析技术的研究始于 1958 年。1965 年在成昆铁路上安装了第一台电渗析法苦咸水淡化装置。1981 年，我国在西沙永兴岛建成日产 200t 饮用水的电渗析海水淡化装置。在锅炉进水的制备、电镀工业废水的处理、乳清脱盐和果汁脱酸等领域，电渗析都达到了工业规模。电渗析以其能量消耗低，装置设计与系统应用灵活，操作维修方便，工艺过程洁净、无污染，原水回收率高，装置使用寿命长等明显优势而被越来越广泛地用于食品、医药、化工及城市废水处理等领域。

（一）电渗析的基本概念和分离范围

电渗析过程是电化学过程和渗析扩散过程的结合；在外加直流电场的驱动下，利用离子交换膜的选择透过性（即阳离子可以透过阳离子交换膜，阴离子可以透过阴离子交换膜），阴、阳离子分别向阳极和阴极移动。离子迁移过程中，若膜的固定电荷与离子的电荷相反，则离子可以通过；如果它们的电荷相同，则离子被排斥，从而达到溶液的淡化、浓缩、精制或纯化等目的。

（二）电渗析的基本原理

电渗析使用的半渗透膜其实是一种离子交换膜。这种离子交换膜按离子的电荷性质可分为阳离子交换膜（阳膜）和阴离子交换膜（阴膜）两种。在电解质水溶液中，阳膜允许阳离子透过而排斥阻挡阴离子，阴膜允许阴离子透过而排斥阻挡阳离子，这就是离子交换膜的选择透过性。在电渗析过程中，离子交换膜不像离子交换树脂那样与水溶液中的某种离子发生交换，而只是对不同电性的离子起到选择性透过作用，即离子交换膜不需再生。电渗析工艺的电极和膜组成的隔室称为极室，其中发生的电化学反应与普通的电极反应相同。阳极室内发生氧化反应，阳极水呈酸性，阳极本身容易被腐蚀。阴极室内发生还原反应，阴极水呈碱性，阴极上容易结垢（图 7-10）。

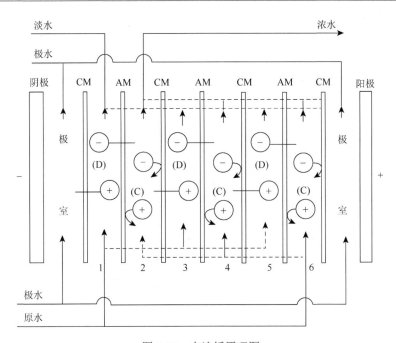

图 7-10 电渗析原理图

CM. 阳膜；AM. 阴膜；C. 浓水隔板；D. 淡水隔板

（三）电渗析种类

1. 倒极电渗析

倒极电渗析（EDR）就是根据 ED 原理，每隔一定时间（一般为 15～20min），正负电极极性相互倒换，能自动清洗离子交换膜和电极表面形成的污垢，以确保离子交换膜工作效率的长期稳定及淡水的水质水量。在 20 世纪 80 年代后期，倒极电渗析器的使用大大提高了电渗析操作电流和水回收率，延长了运行周期。EDR 在废水处理方面尤其有独到之处，其浓水循环、水回收率最高可达 95%。

2. 液膜电渗析

液膜电渗析（EDLM）是用具有相同功能的液态膜代替固态离子交换膜，其实验模型就是用半透玻璃纸将液膜溶液包制成薄层状的隔板，然后装入电渗析器中运行。利用萃取剂作液膜电渗析的液态膜，可能为浓缩和提取贵金属、重金属、稀有金属等找到高效的分离方法，因为寻找对某种形式的离子具有特殊选择性的膜与提高电渗析的提取效率有关。提高电渗析的分离效率，直接与液膜结合起来是很有发展前途的。例如，固体离子交换膜对铂族金属（锇、钌等）的盐溶液进行电渗析时，会在膜上形成金属二氧化物沉淀，这将引起膜的过早损耗，并破坏整个工艺过程，应用液膜则无此弊端。

3. 填充床电渗析

填充床电渗析（EDI）是将电渗析与离子交换法结合起来的一种新型水处理方法，它的最大特点是利用水解离产生的 H^+ 和 OH^- 自动再生填充在电渗析器淡水室中的混床离子交换树脂，从而实现了持续深度脱盐（图 7-11）。它集中了电渗析和离子交换法的优点，提高了极限电流密度和电流效率。

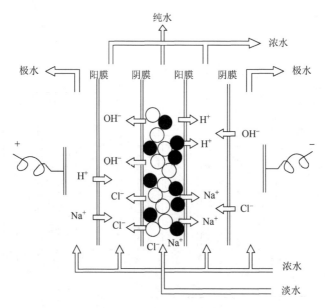

图 7-11　填充床电渗析示意图

4. 高温电渗析

高温电渗析的进料为高温溶液，降低了溶液黏度，提高了扩散速率，增大了溶液和膜的电导，从而提高了允许密度及设备的生产能力，降低了动力消耗。

5. 双极膜电渗析

双极膜由阳离子交换膜和阴离子交换膜及中间界面亲水层组成，当在阳极和阴极之间施加电压时，电荷通过离子进行传递，如果没有离子存在，则电流将由水解离出的氢离子和氢氧根离子传递（图 7-12）。

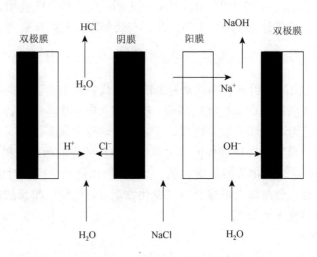

图 7-12　双极膜电渗析示意图

（四）电渗析设备

电渗析设备的构造主要包括压板、电极托板、电极、极框、阴阳膜、隔板等部件，隔板与阴、阳离子交换膜交错排列构成多层电渗析槽。其中离子交换膜（阴阳膜）是电渗析的关键部件，其性能影响电渗析器的离子迁移效率、能耗、抗污染能力和使用期限等。离子交换膜是膜状的离子交换树脂。它包括三个基本组成部分：高分子骨架、固定基团、基团上的可移动离子。按照其带电荷种类的不同，主要分为阳离子交换膜和阴离子交换膜，分别简称为阳膜和阴膜。

阳膜膜体中含有带负电荷的酸性活性基团，因此它能选择透过阳离子而阻挡阴离子。

阴膜膜体中含有带正电荷的碱性活性基团，因此它能选择透过阴离子而阻挡阳离子。

对于阳膜，其固定的基团主要有磺酸基、磷酸基、羧酸基、酚基及砷酸基和硒酸基等；阴膜的固定基团主要有伯、仲、叔、季 4 种胺的氨基和芳氨基等。

交换基团的种类不同对膜的电阻和选择性有很大的影响。例如，磺酸基团在整个 pH 范围均是离解的，而羧基在 pH 小于 3 的情况下基本上是不能离解的。季氨基团在整个 pH 范围是离解的，而其他基团只是弱离解的，因此商业运用的膜大多是磺酸基的阳膜和季氨基的阴膜。若膜体中同时含有带正电荷的碱性基团，又含有带负电荷的酸性基团，则称为两性离子交换膜；若阴、阳离子基团交替排列则构成镶嵌膜；若阴、阳离子交换层直接复合起来，则构成双极膜。特别是当一交换层与另一交换层相比特别薄时，则对二价或高价离子具有阻挡作用或者优先渗透作用，称为 1-2 价离子选择性膜。

离子交换膜也可以按照其固定基团与骨架的结合方式进行划分。凡是固定基团以物理方式和膜状高分子母体结合的称为异相膜；固定基团以化学键和膜状高分子母体相结合的称为均相膜；若膜中一部分固定基团以物理方式和高分子母体结合而另外一部分固定基团以化学键与高分子母体相结合的则称为半均相膜。

（五）电渗析的优势

（1）电渗析以直流电为驱动力来进行水中的离子与水分离，不需要从外界向待处理水中添加任何物质，因此能够大量减少药剂的作用。

（2）与离子交换法相比，电渗析不需要再生过程，可节省离子交换法再生用酸碱 80% 左右，延长再生周期 5 倍以上。而且没有再生废液的排放问题，因而不仅不会污染待处理水，对环境的污染也少。

（3）渗析只对电解质的离子起选择性迁移的作用，而对非电解质不起作用。因此，电渗析除用于含盐水的淡化与浓缩外，还可用于电解质与非电解质的分离。其海水、高浓度苦淡水回收率可达 60% 以上，普通苦淡水回收率可达 65%～80%。

（4）电解质除盐过程没有物相的变化，因而能量消耗低。与蒸馏法相比，电渗析的能耗只有蒸馏法的 1/40～1/4。

（5）电渗析过程在常温常压下进行，与反渗透相比，电渗析的工作压强只有 0.2MPa，因而不需使用高压泵和压力容器。

（6）运用寿命长。膜通常可用 3～5 年，电极可用 7～8 年，隔板可用 15 年左右。

（7）设计使用灵活。可按照不同的要求，能够灵活地采用不同组装方式，达到并联减产水量，串联进一步提高脱盐率，循环或局部循环可延长工艺流程的目的。

（8）操作维修方便。在运转过程中，控制电压、电流、浓度、流量、压力与温度几个重要参数，可确保稳固运转。

（六）电渗析的应用

1. 水的纯化

电渗析法是海水、苦咸水、自来水制备初级纯水和高级纯水的重要方法之一。由于能耗与脱盐量成正比，电渗析法更适合含盐量低的苦咸水淡化。但当原水中盐浓度过低时，溶液电阻大，不够经济，因此一般采用电渗析与离子交换树脂组合工艺。电渗析在流程中起前级脱盐作用，离子交换树脂起保证水质作用。组合工艺与只采用离子交换树脂相比，不仅可以减少离子交换树脂的频繁再生，而且对原水浓度波动的适应性强，出水水质稳定，同时投资少、占地面积小。但是要注意电渗析法不能除去非电解质杂质。

2. 海水制盐

电渗析浓缩海水-蒸发结晶制取食盐，在电渗析应用中占第二位。与常规盐田法比较，该工艺占地面积少，基建投资省，节省劳动力，不受地理气候限制，易于实现自动化操作和工业化生产，且产品纯度高。

3. 废水处理

电渗析用于废水处理，兼有开发水源、防止环境污染、回收有用成分等多种意义，在电渗析应用中占第三位。电渗析用于废水处理，是以处理电镀废水为代表的无机系废水为开端，逐步向城市污水、造纸废水等无机系废水发展，如从电镀废水中回收铜、锌，从金属酸洗废水中回收酸与金属，从碱性溶液中回收 NaOH 等。

4. 脱除有机物中的盐分

电渗析在医药、食品工业领域脱除有机物中的盐分方面也有较多应用。例如，在医药工业中，葡萄糖、甘露醇、氨基酸、维生素 C 等溶液的脱盐；在食品工业中，牛乳、乳清的脱盐，酒类产品中脱除酒石酸钾等。另外，电渗析还可以脱除或中和有机物中的酸，可以从蛋白质水解液和发酵液中分离氨基酸等。

九、膜组件

由膜、固体膜的支撑体、间隔物（spacer）及收纳这些部件的容器构成的一个单元（unit）称为膜组件（membrane module）或膜装置。

（一）膜组件的类型

目前市售的膜组件大致有 4 种型式：平板式、管式、螺旋卷式和中空纤维式。

1. 平板式膜组件

与板式换热器或加压叶滤器相似，由多枚圆形或长方形平板膜以 1mm 左右的间隔重叠加工而成，膜间衬有多孔薄膜，以供液料或滤液流动（图 7-13A）。

2. 管式膜组件

将膜固定在内径为 10~25mm、长约 3m 的圆管状多孔支撑体上构成，10~20 根管式膜并联（图 7-13B）或用管线串联，收纳在筒状的容器内构成管式膜组件。

3. 螺旋卷式膜组件

两张平板膜固定在多孔性滤液隔网上（隔网为滤液流路），两端密封（图 7-13C）。

4. 中空纤维式膜组件

中空纤维式膜组件由数百至数百万根中空纤维膜固定在圆筒形的容器内构成（7-13D）。

各种膜组件的具体结构见图 7-13，它们的优缺点见表 7-3，各种膜组件的特性和应用范围见表 7-4。

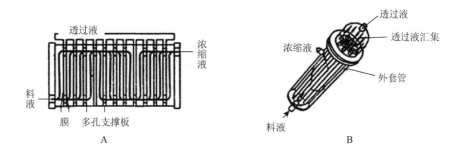

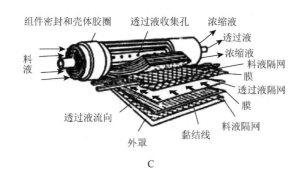

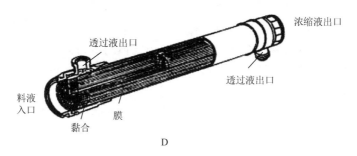

图 7-13　各种膜组件结构图

A. 平板式膜组件；B. 管式膜组件；C. 螺旋卷式膜组件；D. 中空纤维（毛细管）式膜组件

表 7-3　各种膜组件的优缺点

型式	优点	缺点
管式	易清洗，无死角，适宜于处理含固体较多的料液，单根管子可以调换	保留体积大，单位体积中所含过滤面积较小，压降大
中空纤维式	保留体积小，单位体积中所含过滤面积大，可以逆洗，操作压强较低（小于 0.25MPa），动力消耗较低	料液需要预处理，单根纤维损坏时，需调换整个模件
螺旋卷式	单位体积中所含过滤面积大，换新膜容易	料液需要预处理，压降大，容易污染，清洗困难
平板式	保留体积小，能量消耗介于管式和螺旋卷式之间	死体积较大

表 7-4　各种膜组件的特性和应用范围

膜组件	比表面积/(m²/m³)	设备费	操作费	膜面吸附层的控制	应用
管式	20～30	极高	高	很容易	UF、MF
平板式	400～600	高	低	容易	UF、MF
螺旋卷式	800～1000	低	低	难	RO、UF、MF
毛细管式	600～1200	低	低	容易	UF、MF
中空纤维式	10^4	很低	低	很难	RO、DS

（二）除菌滤芯

终端除菌滤芯的完整性测试是一种必要手段。通过检测，可以判断出滤膜是否符合供应商提供的标准，过滤芯安装得是否正确，可以确定滤芯接口和滤器的尺寸是否相配，还可以确保工艺系统是否密闭等，以确保生产过程中的安全。

1. 起泡点测试

泡点法是全世界通用的检测滤膜、滤芯孔径的方法，其原理为当膜被液体完全润湿后，在膜的两侧加上气体压差 ΔP，由于毛细孔效应和液体表面张力在一定的气压下，液膜被冲开，气体气泡半径与孔径相等时会穿过孔，此时接触角为 0°，气泡将产生于最先通过的最大孔。进一步有专家建议可以根据气泡出现的次序与数量，给出起泡点压力、群泡点压力、全泡点压力等更具体的定义。所以广义的气泡点压力在不同的理解中可能就分别被取代为起泡点压力、群泡点压力、全泡点压力等。

之所以出现上述不同的理解，可能源于对过膜气体流量的物理意义还没有统一的认识。起泡点压力是从完全润湿的膜中，从最大孔径中压出液体的气体压力，用于实验的液体必须完全对膜进行润湿，这时在膜孔里会充满液体。当气体的压力大于膜孔内的毛细管压力和表面张力时，液体才能被压出膜孔。如果膜的种类和润湿液不同，也就是说膜的材质、膜的结构、孔径大小、表面张力、温度的改变都会对起泡点压力有所影响。滤芯被完全、充分浸润后，处于气相中的气体要将吸附、封堵于毛细管壁里的液体推出，需要克服一定的液体表面张力。

泡点法简单易行，广泛用于产品质量的控制和检测，其检测的为滤材的最大孔径，因此该方法保证了受检品的过滤精度，同时保证了产品的质量，检测的手段主要有两种：①通过目测来鉴别起泡的压力点；②通过完整性测试仪自动检测出数据。但因为表面张力（σ）受温度的影响比较大，不同的温度有不同的表面张力，所以在不同的地方检测，其检测数据略有不同，一般检测液和检测环境温度为 25℃。

2. 水侵入法测试

水侵入法是基于水在疏水性滤膜表面存在表面张力和毛细管现象发展出来的。把水压进最大的膜孔所需要的最小压力称为水侵入压力。进行水侵入测试时的压力要低于水侵入压力，而对于一个完整的过滤器，将不会有水真正通过过滤膜进入下游。水侵入测试过程中测定的是折叠过滤器结构尺寸上被挤压而产生的液面下降形成的"表观"水流量。疏水性滤膜常规用醇类做气泡点测试，在有的应用环境中可能会带来污染，水侵入法就可以消除上述缺点。

水侵入法元件组成如图 7-14 所示。

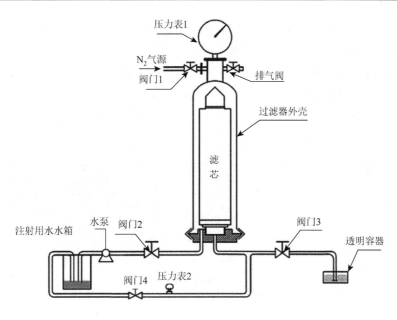

图 7-14 组成元件示意图

影响水侵入检测值的因素有滤膜的干燥度和洁净度，重复使用过的滤膜要注意这方面的影响。

水侵入法是一种高度灵敏，不用醇类而根据水流量进行疏水性滤膜完整性测试的方法。由于滤膜没有被润湿，几乎是干燥的，因此可以在完整性测试结束后马上投入使用，只需要最少的或不需要干燥工作。

3. 扩散流测试

滤芯被浸润后，在滤器的上游隔绝一定体积和压力的气体，当注入的气体压力接近该滤芯的起泡点值时，一般在群起泡值的 80%，这时还没有出现大量的气体穿孔而过，只有少量的气体首先溶解到液相的隔膜中，然后从该液相扩散到另一面的气相中，这部分气体从孔道气-液界面中扩散出去，称为扩散流。这部分气体流量的大小基本遵循 Fick 定律与 Henry 定律，结合起来可以给出如下的计算公式：

$$DF = p \times D \times H \times \Delta P / L$$

式中，DF 为扩散流量；ΔP 为透过膜的压力；H 为气体在液体中的溶解系数；p 为膜的孔隙率；L 为膜的厚度；D 为气/液扩散系数。

上述公式表明，气体扩散流与溶解系数相关，在不同的润湿液体中的溶解度不同，使用 CO_2 测定比用 N_2 测定的扩散流大很多。其他直接影响扩散流的因数还包括压差、气/液扩散系数、膜的厚度、孔道的分支拓扑结构及其他限制液体流量的因数等。通过在测试压力下测量气体扩散流量可以测量扩散流，但是扩散流与滤膜孔径无关。对于大面积滤器而言不会影响扩散流测试结果的判断，所以对于大面积过滤器而言，推荐采用扩散流测试。而对于小面积滤器测试，由于扩散流很小，测量误差可能较大，推荐采用直接与孔径关联的起泡点测试。

十、膜在重组蛋白工艺中的应用

膜在重组蛋白类药物生产中被广泛应用。在发酵培养基的除菌、发酵所需气体的除菌、发酵液的澄清、蛋白质溶液的浓缩、缓冲液的置换、病毒去除等操作中，我们都能看到不同类型膜的使用。比较经典的膜应用见图7-15。在上游生产中，进入生物反应器的培养基、空气的进入和排除都需要经过除菌滤膜过滤。收获的丰收液需要使用深层过滤、切向流过滤或离心的方法去除细胞、细胞碎片等杂质，然后经过超滤设备进行浓缩后开始过色谱柱进行纯化，纯化中使用的各种缓冲液需要用微滤法过滤，每一步层析后需要使用除菌滤器除菌，如果前一步体积较大，还需要使用超滤法进行浓缩。原液一般还需要采用膜法去除病毒。

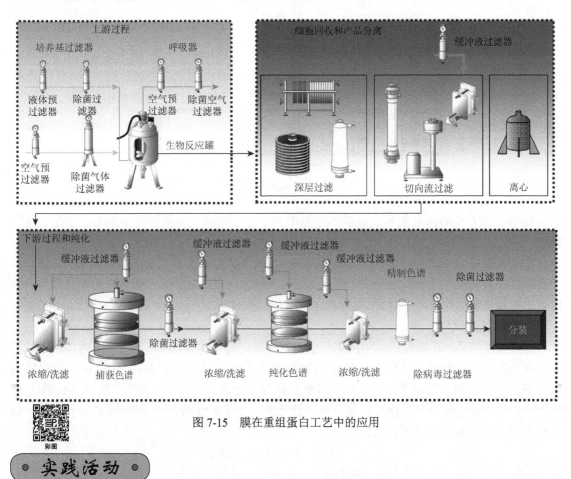

图 7-15　膜在重组蛋白工艺中的应用

彩图

● 实践活动 ●

任务1　细胞培养基的膜过滤除菌

┃ 实训背景 ┃

　　细胞培养基既是培养细胞中供给细胞营养和促使细胞生殖增殖的基础物质，也是培养细胞生长和繁殖的生存环境。而细胞在培养过程中要严格防控细菌，因此细胞培养基在使用前需要进行灭菌处理。由于细胞培养基含有活性成分，不能采用常规的高压蒸汽灭菌法，因此膜过滤法是其灭菌方法的首选。

实训目的

1. 理解滤膜除菌的原理与影响因素。
2. 掌握滤膜除菌操作的过程。
3. 了解滤膜除菌操作的注意事项。

实训原理

过滤除菌使用的滤膜采用了微滤技术。微滤又称为微孔过滤（MF），是以静压差为推动力，利用膜的"筛分"作用进行膜分离的过程。微滤膜具有明显的孔道结构，主要用于截流高分子溶质或固体微粒。在静压差的作用下，小于膜孔的粒子通过滤膜，粒径大于膜孔径的粒子则被阻拦在滤膜面上，使粒子大小不同的组分得以分离。除菌滤膜的孔径尺寸为 0.2μm。这一尺寸的微滤膜可以 100%截留细菌（见动画 7-1）。

动画 7-1

实训器材

1. 实训材料：细胞培养基（500mL）。
2. 实训试剂：氢氧化钠（NaOH）等。
3. 实训设备：0.2μm 囊式滤器、蠕动泵、超净台、硅胶管、无菌接收瓶（蓝盖试剂瓶等，无内毒素）、锥形瓶、量筒等。

实训步骤

1. 溶液配制

氢氧化钠溶液：0.3mol/L 氢氧化钠溶液。称取氢氧化钠 12g，置于小烧杯中，加少量注射用水使之溶解，然后转入 1L 量筒中。再加少量的纯化水洗涤烧杯数次，洗涤液均转入量筒中，最后定容至 1000mL。摇匀后放于 1L 锥形瓶中。

2. 除菌过滤

（1）将所用设备及仪器置于超净台中，灭菌 30min。以下操作在超净台中进行。

（2）将硅胶管压入蠕动泵上，两端插入 0.3mol/L 氢氧化钠溶液中，启动蠕动泵循环 30min。这一过程是利用强碱破坏内毒素。在工业生产中去除内毒素是必须考虑的。

（3）在一个去除内毒素的锥形瓶中装上注射用水，打空硅胶管内碱液，用注射用水冲洗管内外，洗去残留强碱。将硅胶管一端插入细胞培养基中，另一端与 0.2μm 囊式滤器进口端连接（注意查看滤器的流向标志）。

（4）旋开囊式滤器的排气口，将蠕动泵流速调低，启动蠕动泵将细胞培养基泵入囊式滤器中，空气排出后，关闭蠕动泵，旋紧排气口，囊式滤器出口对准无菌接收瓶，启动蠕动泵，过滤细胞培养基。最后用注射用水将管路残余培养基冲入接收瓶中。

（5）弃去囊式滤器，继续用注射用水冲洗管路几分钟后，排空，将管两端插入 0.3mol/L 氢氧化钠溶液中，启动泵至管路充满碱液，下次使用前直接冲净强碱即可使用。碱液定期更换。

3. 除菌效果检验

从接收瓶中取样放在无菌离心管中，将离心管置于 37℃摇床中培养，转速为 20r/min。24h 后观察是否有菌生长。

1. 需要特别注意，由于产品性质（如组分浓度、渗透压、离子强度、表面张力等）和工艺条件（如温度、时间、压力和流速等）有可能会影响细菌的大小和滤器的截留性能，所以需要针对实际产品，结合特定的工艺在最差条件下对除菌过滤工艺进行验证。

2. 注意操作过程中无菌操作。

3. 在生产中要注意内毒素控制。

4. 氢氧化钠易吸潮，具有腐蚀性，注意称量迅速，做好安全防护。

结果讨论

1. 在本任务中，应当如何进行无菌操作？

2. 在本任务中，应当如何控制内毒素？

任务2 蛋白质样品的超滤除盐

实训背景

在进行生物产品的分离纯化过程中，经常要应用到各种高浓度盐，进而使样品中含有大量盐类，如在使用离子层析技术进行蛋白质纯化时，就需要使用高盐进行洗脱。离子层析要求为低盐挂柱高盐洗脱，如果是阴离子层析与阳离子层析连用，则样品在两步之间必须经过除盐处理，而且盐浓度过高也不利于蛋白质等生物活性物质的保存，因此需要一种有效的方法能够将盐从蛋白质溶液中去除。除盐方法有很多种，其中超滤法因其快速、高效、处理量大而成为生产中的首选方法。

实训目的

1. 理解超滤除盐的原理与影响因素。

2. 掌握超滤除盐操作的过程。

3. 了解超滤除盐操作的注意事项。

实训原理

动画7-2

超滤（UF）步骤是生物制药工艺中的关键操作之一。超滤和微滤一样，也是根据筛分原理，以压力差为推动力，截流超过孔径的大分子的膜分离过程，仅在截流粒子的直径上有所差别，超滤膜的孔径较微滤膜小，市售超滤膜有不同孔径规格，可以用于截留不同大小的蛋白质（见动画7-2）。

截留分子量：用于描述超滤膜的分离能力［单位：道尔顿（Dalton），简称Da］，标称截留分子量能截留90%的该尺寸球形蛋白，与截留分子量比，越大的蛋白质，截留率越高。

受膜包孔径特性及需要截留分子性质的影响，通常选择截留分子量是目标蛋白分子量1/6～1/3的超滤膜进行截留，此时小分子量的物质，如盐和水，就可通过膜。超滤设备设计采用的是切向流过滤。被截留蛋白质始终处于系统循环中，小分子被不断排出到外面，在超滤过程中，向样品中不断补加水，就可以实现盐浓度不断降低，从而达到脱盐目的，如果不补充水，样品水不断减少，可实现浓缩的目的，如果补加的是另一种溶液，又可达到溶液替换的目的。

实训器材

1. 实训材料：酪蛋白。
2. 实训试剂：氢氧化钠（NaOH）、氯化钠（NaCl）、磷酸氢二钠（$Na_2HPO_4 \cdot 12H_2O$）、磷酸二氢钠（$NaH_2PO_4 \cdot H_2O$）等。
3. 实训设备：超滤系统、超滤膜包（截留分子量10kDa）、紫外分光光度计、电导仪、pH计、分析天平、锥形瓶、烧杯、量筒等。

实训步骤

1. 溶液配制

（1）清洁液：0.3mol/L氢氧化钠溶液。称取氢氧化钠12g，置于小烧杯中，加少量注射用水使之溶解，然后转入1L量筒中。再加少量的纯化水洗涤烧杯数次，洗涤液均转入量筒中，最后定容至1000mL。摇匀后放于1L锥形瓶中。

（2）磷酸盐缓冲液：0.02mol/L磷酸氢二钠-磷酸二氢钠缓冲液（pH 6.5）。称取磷酸二氢钠（$NaH_2PO_4 \cdot H_2O$）0.87g，磷酸氢二钠（$Na_2HPO_4 \cdot 12H_2O$）4.90g，先在烧杯中使之溶解，然后转入量筒中定容至1000mL。

（3）酪蛋白溶液：称取2g酪蛋白、11.7g氯化钠溶于配制的1L磷酸盐缓冲液中。如果有不溶物质应过滤后使用。

2. 超滤除盐

（1）安装膜包：将超滤膜包转入夹具，膜包数量与想要达到的工作效率及处理蛋白质量有关，同时受设备最大安装量限制。膜包与膜包间要安装隔垫。用专业工具拧紧夹具。连接进料管、滤出管和回液管，进料管加入蠕动泵中。

（2）膜包与系统清洁：将超滤系统的进料管放入水中，滤出管和回液管通向排水管道，开启蠕动泵20min（新膜包需要此步骤）。将超滤系统的进料管、滤出管和回液管放入清洁液中，开启蠕动泵，循环处理30min。此步骤在生产中的目的是去除内毒素。循环结束后，排空管路。将进料管和回液管用注射用水冲净，将进料管放入注射用水中，滤出管放入废液桶，回液管管口对准废液桶口，但不能与废液桶接触。启动蠕动泵，冲洗管路，至回液管和滤出管流出液为中性。膜压强建议为20～30psi[①]。可以通过回液阀调节循环压力以增加滤出管流量。

（3）除盐：将进料管、回液管放入装有酪蛋白溶液的容器中，进行蛋白质溶液的缓冲液置换，超滤置换时压力建议小于30psi，以减少滤膜堵塞，用磷酸盐缓冲液等体积置换8～10次，即当蛋白质液减少到原体积一半后补加磷酸盐缓冲液至初体积。置换期间取流出废液测定紫外吸收值并记录。最后一次置换完毕后排空管路。

（4）结果检测：测定置换前后蛋白质溶液的浓度、电导和pH，计算酪蛋白回收率。

（5）膜包与系统清洁：将滤出阀关闭，用磷酸盐缓冲液冲洗进料/回液通路。打开滤出阀，

---

① 1psi ≈ 6.894 76×10^3Pa

用缓冲液冲洗滤出管路。建议循环时间为 10～15min，冲洗体积为 0.5～1L/ft²[20]膜。用去离子水将循环的缓冲液从管路中冲洗掉。

将清洁液注入整个膜包系统，关闭滤出阀，完全打开回液阀，将清洁液在进料/回液侧反复清洗。建议循环时间为 30～90min，冲洗体积为 1～1.5L/ft² 膜。完全打开滤出阀，用去离子水冲洗滤出侧，调整进料流速达到如下条件：进料压强为 20～30psi，回液流速为进料端流速的 5%～20%，滤出侧冲洗体积为 1～2L/ft² 膜。

（6）膜包的储存：如短时间储存（低于 2～3 周），可将膜包在 0.1～0.3mol/L 氢氧化钠（20～25℃）或 0.1mol/L 氢氧化钠（4～8℃）条件下放置在夹持器中。膜包被清洗并获得理想的恢复程度后，完全打开回液阀，关闭滤出阀。

注意事项

1. 超滤过程中注意压力调控。
2. 在生产中要注意内毒素控制。
3. 在超滤过程中注意观察是否有压力异常现象并进行滤出液蛋白质监控，防止泄漏发生。
4. 用过滤膜时一定要进行彻底清洁。

结果讨论

1. 等体积置换次数对脱盐有何影响，减少次数或增加次数会怎样？
2. 超滤时，压力逐渐增加会怎样？
3. 超滤中，蛋白质回收率受到哪些因素的影响？

课后思考

一、填空题

1. 膜的分类按疏水性分为_____、_____。
2. 微滤分离要选择合适的分离过程就需要考虑以下因素：_____；_____；_____。
3. 超滤系统工艺流程设计多种多样，按运行方式分为_____、_____和_____。
4. 为了防止膜的荷电性带来的污染，可利用荷电同性相斥的原理，尽量使膜材料与溶质_____。
5. 除菌滤芯（管式膜组件）的完整性测试方法有_____、_____和_____。

二、选择题

1. 膜的分类方法有很多种，以下是按膜孔径大小分类的是（   ）。
   A. 复合膜　　　　B. 亲水性滤膜　　　C. 微滤膜　　　　　D. 合成聚合物膜

---

① 1ft² ≈ 9.290 304×10⁻² m²

2.（　　）是根据筛分和吸附扩散的原理，利用膜两侧的浓度差使小分子溶质通过膜进行交换，而大分子被截流的膜分离过程。

  A. 微滤　　　　　　　B. 超滤　　　　　　　C. 渗析　　　　　　　D. 反渗透

3. 以下（　　）不属于膜分离技术在应用上的优点。

  A. 易于操作　　　　　B. 成本低　　　　　　C. 分离精度高　　　　D. 可以用于精细纯化

4. 液体除菌需要采用（　　）技术。

  A. 超滤　　　　　　　B. 微滤　　　　　　　C. 反渗透　　　　　　D. 纳滤

5. 以下不是聚砜类超滤膜特点的是（　　）。

  A. 耐热性好　　　　　B. 耐酸碱性好　　　　C. 抗氧化　　　　　　D. 分子量比较低

6. 以下对膜的污染没有影响的是（　　）。

  A. 溶液 pH　　　　　B. 温度　　　　　　　C. 膜结构　　　　　　D. 蛋白质种类

三、判断题

1. 超滤和微滤技术原理一样，主要区别在于分离物质的尺寸。（　　）

2. 当处理量大时，为避免膜被堵塞，宜采用错流操作。（　　）

3. 超滤采用的是死端过滤。（　　）

4. 超滤中通常选择不对称结构膜，因为其较耐污染。（　　）

5. 超滤时溶液 pH 应接近待分离蛋白质的等电点。（　　）

四、开放性思考题

1. 膜在蛋白质药物生产中有哪些应用？

2. 想一想膜在水处理中有哪些应用。

3. 组长让你对除菌过滤滤芯滤膜完整性进行检查，你该如何进行呢？

参考文献

陈冬.2021. 反渗透膜及在水处理中的应用. 山东化工，50（18）：269-270

杜翠红，邱晓燕.2011. 生化分离技术原理及应用. 北京：化学工业出版社

顾觉奋.2000. 分离纯化工艺原理. 北京：中国医药科技出版社

宋伟杰，陈国强，苏仪，等.2010. 微滤技术在发酵工业中的应用. 生物产业技术，（4）：65-71

熊能，陈涛，孙自立，等.2019. 电渗析技术在氨基酸分离中的应用进展与趋势. 食品与发酵工业，45（16）：286-292

于群.2020. 超滤技术在蛋白质分离纯化中的应用研究. 科研开发，（22）：137-138

Garcia A A.2004. 生物分离过程科学. 刘铮，詹劲，等译. 北京：清华大学出版社

电子课件

热敏生物活性物质的浓缩和干燥

● 案例导入 ●

在全世界积极应对新冠病毒的今天，疫苗的研发与生产已成为各国科研机构与医药企业关注的焦点。通过基因工程的方式表达病原体抗原蛋白，制备出疫苗，制造简单，成本低廉。2021 年 11 月，*Nature* 发表了一项蛋白质类新冠疫苗 I 期临床试验结果，显示其具有良好的有效性和安全性。现代医药产品中，蛋白质类药物因成本低、产量高、安全可靠，已成为重要的组成部分。我们常见的有多肽类抗生素、酶类、蛋白质激素类、基因工程药物、单克隆抗体、基因工程抗体和重组疫苗。与小分子药物相比，蛋白质药物具有活性高、特异性强、毒性低、生物功能明确、有利于临床应用的特点。但因其是热敏性物质，活性容易受高温破坏，在制备成药物商品时，特别要注意干燥和保存方法。成品制备技术发展到今天，生物医药领域涌现出许多热敏生物活性物质浓缩、干燥、保存的技术和方法，其中喷雾干燥技术、冷冻干燥技术被广泛应用于热敏生物活性产品的制备中。喷雾干燥技术可以实现高温瞬间蒸发水分，大大减少受热时间，更好地保留产品的活性，产品溶解度好，风味保存效果好，适用于制备粉状产品。冷冻干燥技术在低温冷冻下实现物料内部水分冻结、升华去除，可很好地保留物料的形状、色泽、有效成分，被应用于蛋白质类疫苗的干燥保存中。本章节将具体讲解几种常见的浓缩干燥技术。

● 项目概述 ●

细胞破碎之后，目标产物一般存在于溶液中。大部分的发酵产物，如细胞碎片和其他固体杂质，可通过沉淀、离心或其他各种分离手段除去。产物回收的一道重要工序是除去大量的溶剂。溶剂除去之后，目标产物以液体或固体形式存在。发酵工业一般为液态产品，制药工业一般为固态产品。如果目的产物是固态，溶剂去除后必须进行干燥。通常通过提取、沉淀、结晶、蒸发和干燥来去除溶剂从而得到最终的目的产物。本章主要介绍浓缩和成品干燥过程。

浓缩是低浓度溶液通过除去溶剂（包括水）变为高浓度溶液的过程，常在提取后和结晶前进行，有时也贯穿在整个生化制药过程中。干燥是从湿的固体生化药物中除去水分或溶剂而获得相对或绝对干燥制品的工艺过程，通常包括原料药的干燥和临床制剂的干燥。浓缩干燥技术被广泛应用于食品、药品、生物制品的制备中，用合适的方法对产品进行浓缩干燥保存直接关系到成品质量。食品类原料如牛奶、果汁、咖啡，微生物发酵液中的次级代谢产物蛋白质、有机酸、多糖、生物碱，生物材料中的血液蛋白、疫苗等，都需要进行浓缩与干燥操作，不但可最大限度地保留原料中的目的成分，提高产品品质，而且可降低运输保存的成本。本项目主要学习内容如图8-1所示。

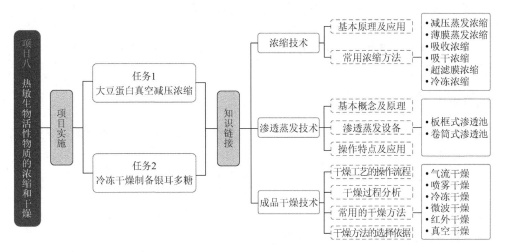

图8-1 项目八主要学习内容介绍

本项目知识链接部分分为三个模块进行介绍。首先介绍了浓缩技术的基本概念、目的意义及应用，常用浓缩方法的分类及其原理，各浓缩方法的特点等基础知识，特别是工业上目前广泛应用的减压蒸发浓缩、薄膜蒸发浓缩和冷冻浓缩。接着从基本概念及原理、渗透蒸发设备、操作特点及应用介绍了渗透蒸发技术。最后介绍成品干燥技术，详细说明了一般干燥工艺的操作流程，物料干燥的原理及过程分析，常用的6种干燥方法的原理、特点、常用设备及应用，概述了对不同要求如何选择合适的干燥方法。

本项目以"大豆蛋白真空减压浓缩"和"冷冻干燥制备银耳多糖"两个典型的实践活动为案例对浓缩干燥技术进行介绍，从实训任务的背景、原理、目的、器材、操作步骤、注意事项、结果讨论等方面设计了完整的实训环节，从而进一步巩固了学生对浓缩干燥技术基本理论和知识的理解，使学生能更好地掌握热敏生物活性物质的浓缩和干燥操作。

教学目标

知识目标

1. 掌握浓缩和干燥的概念，了解其作用及在生物药物制备中的应用。
2. 掌握减压蒸发浓缩、薄膜蒸发浓缩设备的工作原理、特点及操作方法。
3. 理解蒸发浓缩的基本原理、特点、分类及各方法的原理和特点。
4. 了解冷冻浓缩、渗透蒸发的基本原理、特点及设备操作方法。
5. 理解干燥的基本原理、干燥的过程及影响因素。
6. 掌握喷雾干燥、冷冻干燥的原理、特点、工艺过程及应用。
7. 了解气流干燥的基本原理和工艺过程。

能力目标

1. 熟悉药物分离纯化中常见浓缩干燥技术的原理及特点，能够根据生物物料的性质和产品质量要求选择合适的浓缩干燥技术及设备。

2. 能够理解减压旋转蒸发仪、喷雾干燥机、冷冻干燥机的工作原理，掌握设备基本操作，学会相关设备的使用维护方法。

3. 理解代表药物制备中浓缩干燥的工艺过程，培养学生的动手能力，以及观察、分析和解决实际问题的能力。

素质目标

1. 通过教学中融入职业道德教育，使学生树立药品生产质量第一的观念，建立药品生产安全意识和严谨的工作态度。

2. 通过大豆蛋白真空减压浓缩、冷冻干燥制备银耳多糖等实训，强化学生实际动手操作能力，深化对理论知识的理解。

3. 利用人参冻干提升品质的案例，引导学生思考成品制备方式对产品价值的影响，培养学生实际分析解决问题的能力、勇于创新的精神。

冷冻干燥技术在药品冻干中的应用

药品作为保障人体健康的重要物资，随着社会生产技术的发展，对生产加工后的稳定性和活性要求也逐渐提高。冷冻干燥技术作为药品、食品长效稳定保存的主要控制技术，目前被广泛应用于抗生素、抗病毒药物、疫苗、活性成分、各类食品及名贵中药的干燥保存。冻干产品的品质高、溶解速度快，可延长存储期限。

人参为五加科植物人参的根，是中国传统名贵中药，驰名海内外。古代人参的雅称为黄精、地精、神草。人参被称为"百草之王"，是"东北三宝"之首。李时珍的《本草纲目》中也对人参极为推崇。几千年来，人们采摘新鲜人参后，以传统晒干或烘干方式进行粗加工保存，干燥后人参色泽变暗黄且皱缩，须根干枯，不但影响其有效成分人参皂苷的含量，而且外观色泽品相不佳，影响人参在国际市场上销售。而我们应用现代加工技术真空冷冻干燥技术对人参进行脱水，使新鲜人参在真空低温下实现干燥，人参不但形、色、气、味极大地保留了新鲜的状态，而且完整保留了所含的有效成分，比起生晒人参，其药用价值得到了很好的提升(图8-2)，冻干人参与晒干人参价格相差可达5~10倍甚至更高，高品质的冻干人参产品给种植户和饮片生产企业带来了更可观的收益。

冻干人参　　　晒干人参

图 8-2　冻干人参和晒干人参

近年来，冷冻干燥技术越来越多地被应用于食品药品功能性产品的生产加工中，使生物药物产品形状、色香味及营养成分得以更好地保留，提升了产品品质，提高了附加值，对于增加农民、企业的收益，促进医药产业发展有重要意义。

知识链接

生物药物制备中，目的成分提取、纯化后，结晶前和制成高浓度原液前，一般要进行浓缩操作，而最后制成固态原料或成品时，需要进行干燥操作。浓缩是从溶液中除去部分溶剂的操作工序，水分在物料内部通过对流扩散作用从液相内部达到液相表面而后被除去，达到最低含水量约30%。干燥过程是除去目标产物浓缩悬浮液或结晶产品中的湿分，最终的目标是减少物质的含水量，达到符合各类物质保存、保质的要求，得到固体形式的产品，含水量为5%～12%。干燥的质量直接影响产品的质量和价值，特别是热敏性生物产品，浓缩干燥方法的选择至关重要。

生物制药行业常用的浓缩方法有蒸发浓缩、冷冻浓缩、薄膜蒸发浓缩等，常用的干燥技术有对流干燥（气流干燥、喷雾干燥和流化床干燥）、冷冻干燥、真空干燥、微波干燥、红外干燥等。根据所制备物质的理化特性，特别是稳定性和活性选择适宜的浓缩干燥技术。

一、浓缩技术

在生物药物制备中，常常在提取纯化后与结晶干燥前进行浓缩，蒸发浓缩和冷冻浓缩是工业上常用的较成熟的方法，而其他一些分离纯化方法也能起到浓缩的作用。例如，膜分离技术中在膜两侧加压使小分子物质和溶剂透过膜，截留下大分子物质，反复循环，适用于大分子物质的浓缩。用亲水性凝胶夺取稀溶液中水分子使溶质得到浓缩。离子交换法和吸附色谱等技术也能使目的物浓度提高。

浓缩的主要目的是：作为结晶或干燥的前处理；提高产品纯度和质量；减少产品体积和质量，减少后续工作量，便于运输；增加产品的贮藏时间。

浓缩技术在生物工业领域有广泛的应用。例如，在抗生素生产中，薄膜蒸发浓缩目前被广泛应用于链霉素、卡那霉素、庆大霉素、新霉素、博莱霉素、丝裂霉素、杆菌肽等抗生素料液的浓缩中。在乙醇、味精、柠檬酸工业中，采用多效膜式蒸发系统浓缩高浓度有机废水。在其他许多生物工业的生产部门也有大量使用蒸发浓缩技术的例子。随着我国工业技术的不断发展，各种新型、适合生物工业技术特点的蒸发器将会得到广泛的应用。

（一）蒸发浓缩

1. 基本原理

液体在任何温度下都在蒸发。蒸发是溶液表面的溶剂分子获得的动能超过了溶液内溶剂分子间的吸引力而脱离液面逸向空间的过程。当溶液受热时，溶剂分子动能增加，蒸发过程加快；液体表面积越大，单位时间内汽化的分子越多，蒸发越快。液面蒸汽分子密度很小，经常处于不饱和的低压状态，液相与气相的溶剂分子为了维持其分子密度的动态平衡状态，溶液中的溶剂分子必然不断地汽化逸向空间，以维持其一定的饱和蒸汽压力。根据此原理，蒸发浓缩装置常常按照加热、扩大液体表面积、低压等因素设计。

2. 蒸发浓缩的影响因素

（1）溶液的沸点升高：被蒸发的料液如含非挥发性溶质，在相同的压力下，溶液的沸点高于纯溶剂的沸点。因此，当加热蒸汽温度一定时，传热温度差小于蒸发溶剂时的温度差。溶液浓度越高，这种影响越大。因此，选择适宜的蒸发设备时需考虑溶液沸点上升的影响。

（2）溶液特性：不同的物料存在理化性质差异，在蒸发过程中，溶液的某些性质还可能随着溶液的浓缩而改变。例如，有些物料可能结垢、析出结晶或产生泡沫；有些生物活性物质是热敏性的，在高温下易变性或分解；有些成分随着浓度的增大，其腐蚀性或黏度也随之变大等。因此，在选择蒸发的方法和设备时，必须考虑物料本身的特性。

（3）能量利用与回收：蒸发浓缩通常利用蒸汽加热，而溶液蒸发汽化又产生大量的二次蒸汽，在工业生产中需要考虑如何充分利用二次蒸汽的潜热，节约能耗。

3. 蒸发浓缩的分类

蒸发过程按加热方式分为直接加热和间接加热两种；按操作压力分为常压蒸发、减压（真空）蒸发和加压蒸发；按操作方式分为间歇蒸发和连续蒸发；按蒸发器的级数分为单效蒸发和多效蒸发。

1）按操作压力分类

（1）常压蒸发：常压蒸发即在常压下加热使溶剂蒸发而浓缩的过程。这种方法操作简单，操作温度通常达到 60～80℃，仅适用于浓缩耐热物质及回收溶剂，对于热敏性物质不适用，对于黏度大易结晶析出的生化药物也不宜使用。

（2）减压蒸发：减压蒸发也称为真空蒸发，是在减压或真空条件下进行的蒸发过程。减压蒸发通常在常温或低温下进行。通过降低浓缩液液面的压力，从而使沸点降低，加快蒸发。此法适于浓缩受热易变性的物质，如抗生素溶液、果汁等的蒸发。为了保证产品质量，需要在减压的条件下进行，当盛浓缩液的容器与真空泵相连而减压时，溶液表面的蒸发速率将随真空度的增高而增大，从而达到加速液体蒸发的目的。

采用减压或真空蒸发的优点如下：①由于减压，沸点降低，加大了传热温度差，增加了蒸发器的传热推动力，使过程强化。②适用于热敏性溶液和不耐高温的溶液，即减少或防止热敏性物质的分解。例如，中草药的浸出液在常压下于 100℃时沸腾，当减压到 $8.0 \times 10^4 \sim 9.3 \times 10^4 \text{Pa}$ 时在 40～60℃沸腾，有利于防止有效成分分解。③可利用二次蒸汽作为加热热源。④蒸发器的热损失减少。

减压蒸发的缺点：①随着溶液的沸点降低使黏度增大，蒸发的传热系数减小；②减压蒸发时，形成真空需要额外增加设备和动力，增加了能量的消耗。

（3）加压蒸发：加压蒸发是在高于正常大气压条件下进行蒸发操作的方法。例如，使用蒸发器内的二次蒸汽用作下一个热处理过程中的加热蒸汽时，则必须通过增压设备使二次蒸汽的压力高于大气压力。加压蒸发设备一般是密闭系统，热能使用效率高，操作简单。

2）按蒸发器的级数分类　　根据二次蒸汽是否用作另一蒸发器的加热蒸汽，可将蒸发过程分为单效蒸发和多效蒸发（图 8-3）。若前一效的二次蒸汽直接冷凝而不再被利用，则称为单效蒸发。若将二次蒸汽引至下一蒸发器作为加热蒸汽，将多个蒸发器串联，使加热蒸汽多次利用的蒸发过程称为多效蒸发。

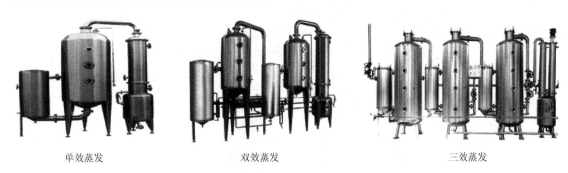

单效蒸发　　　　　　　双效蒸发　　　　　　　三效蒸发

图 8-3　单效蒸发和多效蒸发

3）按操作方式分类　　根据蒸发的过程操作方式，可将其分为间歇蒸发和连续蒸发。间歇蒸发分批进料或出料，在整个过程中，蒸发器内溶液的浓度和沸点随时间改变，故间歇蒸发为非稳态操作。通常间歇蒸发适合于小规模多品种生产的情况，而连续蒸发适合于大规模的生产过程。

4. 生物药物分离常用的蒸发浓缩设备

1）减压蒸发浓缩　　实验室常用的小型减压蒸发浓缩设备为真空旋转蒸发仪，如图 8-4 所示，由真空泵、蒸馏瓶、水浴锅、冷凝玻璃装置等部分组成，可用于连续减压浓缩热敏性物质。工业上所用的设备原理与实验室设备相同，区别是容量大、附属装置设备多，结构稍复杂，如图 8-5 所示。

减压浓缩就是在减压或真空条件下进行的蒸发过程，真空蒸发时冷凝器和蒸发器溶液侧的操作压强低于大气压，此时溶剂的沸点随之降低，真空度越高沸点越低。真空使蒸发器内溶液的沸点降低，当系统内温度高于溶液沸点时，溶液剧烈沸腾会出现暴沸冲料现象，此时可调节排气阀门，吸入部分空气，使蒸发器内真空度降低，溶液沸点升高，从而消除暴沸。

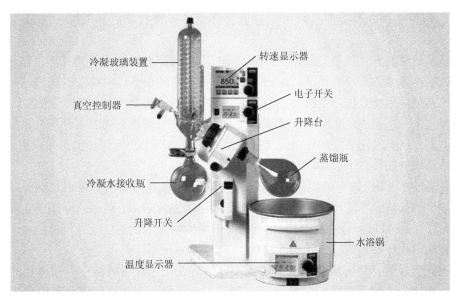

图 8-4　真空旋转蒸发仪

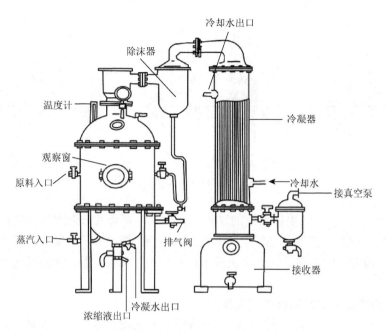

图 8-5　工业真空蒸发装置

2）薄膜蒸发浓缩　　薄膜蒸发浓缩即液体在蒸发器加热表面形成很薄的液层，快速受热升温、汽化，变成浓溶液。成膜的液体有很大的汽化面积，蒸发速度快，一般为几秒到几十秒，热传导快，均匀，可避免药物受热时间过长，保证产品质量。

直接用蒸汽加热的薄膜浓缩器液体温度可达 60～80℃，适用于一些耐热的酶和小分子生化药物的制备；对温度敏感及容易受薄膜切力影响活性的核酸大分子及其他大分子不宜使用；对某些黏度很大、容易结晶析出的生化药物也不宜使用。

（1）管式薄膜蒸发器：这类蒸发器内有许多根加热管，溶液分流进加热管，在管壁呈膜状流动，体积小、成膜面积大，可以克服循环型蒸发器的缺点，适用于热敏性物质的蒸发浓缩。

膜式蒸发器主要有三种类型：升膜式蒸发器、降膜式蒸发器和升降膜式蒸发器。升膜式蒸发器的加热室由许多垂直长管组成，如图 8-6 所示。料液经预热后由蒸发器底部注入，进入加热管内受热沸腾后迅速汽化。生成的蒸汽沿着加热管高速上升，溶液则被上升的蒸汽所带动，沿管壁呈膜状上升，并在此过程中继续快速蒸发，气液混合物在分离器内分离，完成液从分离器底部排出，二次蒸汽则从顶部导出。升膜式蒸发器不适用于较浓溶液的蒸发；它对黏度大、易结晶或易结块的物料也不适用。

降膜式蒸发器（图 8-7）的料液是从蒸发器的顶部加入的，分流到多根加热管，在重力作用下沿管壁呈薄膜状向下流，并在此过程中不断受热蒸发浓缩，浓缩后的液体在蒸发器底部收集。降膜式蒸发器可以蒸发浓度较高的溶液，对于黏度较大的物料也能适用，但由于液膜在管内分布不易均匀，传热系数较升膜式蒸发器小。

升降膜式蒸发器是将升膜式和降膜式蒸发器组装在一个设备外壳中，预热后的料液先经升膜式蒸发器上升，然后由降膜式蒸发器下降，在分离器中和二次蒸汽分离得到浓缩液。这种蒸发器多用于蒸发过程中溶液黏度变化很大、溶液中水分蒸发量不大和厂房高度有一定限制的场合。

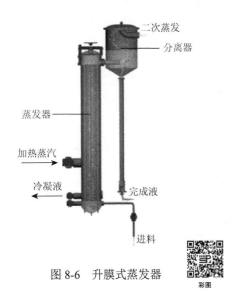

图 8-6　升膜式蒸发器

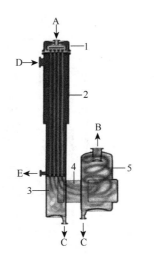

A. 产品；

B. 蒸汽；

C. 浓缩液；

D. 加热蒸汽；

E. 冷凝液；

1. 头部；

2. 管束；

3. 管束下部；

4. 混合通道；

5. 分离室

图 8-7　降膜式蒸发器

（2）刮板式薄膜蒸发器：刮板式薄膜蒸发器的结构如图 8-8 所示，内部装有可旋转的搅拌刮片，通过外部加热蒸汽夹套对内部进行热传导，料液由蒸发器上部的进料口沿切线方向进入蒸发器内，被刮片带动旋转，在加热管内壁上形成旋转下降的液膜，在此过程中溶剂被蒸发，浓缩液由底部流出，二次蒸汽上升至顶部经分离进入冷凝器。刮板式薄膜蒸发器适合于处理高黏度、易结晶或容易结垢的物料，但结构较复杂，制造安装要求高，动力消耗大，处理量较小。

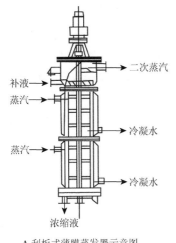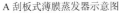

A 刮板式薄膜蒸发器示意图

B 刮板式薄膜蒸发器设备图

图 8-8　刮板式薄膜蒸发器

（3）离心式薄膜蒸发器：离心式薄膜蒸发器的结构如图 8-9 所示，它是一种安装有能旋转的空心碟片的蒸发器，料液经过滤器进入可维持一定液面的储槽，由螺杆泵将料液输送至蒸发器，由喷嘴将料液喷在离心盘背面，并在离心力的作用下使其形成薄膜。在离心转鼓的夹层内通入加热蒸汽。浓缩液在通过膨胀式冷却器时，冷却为成品由浓缩液泵排出。二次蒸汽经板式冷凝器冷凝，再经真空泵排出。

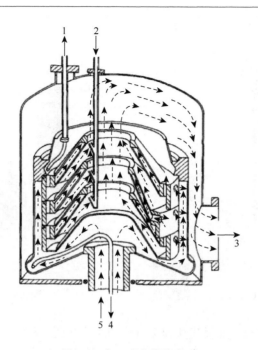

图 8-9　离心式薄膜蒸发器

1. 浓缩液吸管；2. 进料管；3. 二次蒸汽排出管；4. 排冷凝水管；5. 进蒸汽管

（二）冷冻浓缩

1. 基本原理

冷冻浓缩是近年来发展起来的应用广泛的一种浓缩方式。冷冻浓缩是在常压下将稀溶液中的水形成冰晶，当冰与水溶液之间的固-液相平衡后，将固、液分离，得到浓缩液。冷冻浓缩与常规的结晶操作有所不同。结晶操作的原理是当溶液中溶质浓度超过低共熔浓度时，过饱和溶液冷却的结果表现为溶质转化成固体析出。冷冻浓缩的原理是实现溶液中所含溶质浓度低于低共熔浓度，冷却后水分转化成冰晶析出，得到浓缩后溶质。冷冻浓缩的操作包括两个步骤，首先是部分水分从水溶液中结晶析出，然后是将冰晶与浓缩液加以分离。

2. 冷冻浓缩的特点

冷冻浓缩的优点：①适用于对热敏性物质的浓缩；②可避免某些有芳香气味的物质由加热所造成的挥发损失；③在低温下操作，气液界面小，微生物增殖、溶质的劣化可控制在极低的水平；④由冷冻浓缩引起的液态物质物理性状的改变与蒸发浓缩相似，但对色泽的影响小一些。

冷冻浓缩的缺点：①对溶液的浓度有要求，冰晶与浓缩液的分离技术要求高，溶液的黏度越大，分离越困难；②制成品相对浓度较低，微生物活性未能受到抑制，加工后仍需采用加热等后处理或需要冷冻贮藏；③晶液分离时，部分浓缩液（溶质）会因冰晶夹带而损失；④生产成本相对较高。

由于整个过程无高温加热，靠溶液到冰晶的相间传递，所以可以避免芳香物质被加热时所造成的挥发损失；对于蛋白质溶液的浓缩，使蛋白质不易变性失活；对于果汁浓缩，冷冻浓缩方法可以很好地保持果汁色泽、风味、香气和营养成分，提高产品质量，特别适用于浓缩热敏性液态食品、生物制药、要求保留天然色香味的高档饮品及中药汤剂等。从保证产品质量的角度来看，冷冻浓缩是生物制品浓缩的最佳方法，但是设备投资与日常操作费用高、操作复杂不易控制、对冰核生成及冰晶成长机制的研究不足、溶质损失严重等原因，使其工业化程度不高。

3. 冷冻浓缩设备

用于溶液冷冻浓缩的系统主要由结晶器和分离器两部分组成。结晶器产生冰晶，分离器分离冰晶和液体。操作时为了使形成的冰晶不混有溶质而造成过多的溶质损失，要尽量避免局部过冷，分离操作要很好地加以控制。下面简单介绍几种结晶器和分离器，在工业生产应用中，根据不同的物料性质及生产要求选择最适装置进行组合。

结晶设备常见的有管式、板式、搅拌夹套式、刮板式等热交换器，以及真空结晶器、内冷转鼓式结晶器、带式冷却结晶器等设备。例如，常见的旋转刮板式结晶器是一种内冷式结晶器，能产生可以泵送的悬浮液。冷却式连续结晶器是一种外冷式结晶器，结晶罐为密闭式，其上装有加料管。罐底为碟形，出口管供冰晶和浓缩液排出。

分离设备有压滤机、过滤式离心机、洗涤塔，以及由这些设备组成的分离装置等。通常采用的压榨机有水力活塞压榨机和螺旋压榨机。压榨机只适用于浓缩比接近于 1∶1 的情况。使用过滤式离心机，可以用洗涤水或将冰融化后洗涤冰饼，分离效果比压榨法好，但存在的缺点是另外使用的洗涤水将稀释浓缩液，挥发性芳香物质的损失较多。

工业上可采用洗涤塔进行分离，操作时完全密闭，分离比较完全，没有稀释现象，还可完全避免芳香物质的损失。洗涤塔分离是利用纯水溶解晶体间残留的浓液，操作上分为连续法或间歇法。间歇法只用于管内或板间生成的晶体进行原地洗涤。在连续式洗涤塔中，晶体相和液相作逆向移动，进行密切的接触。洗涤塔有几种型式，按推动力的不同，可分为浮床式、螺旋推送式和活塞推送式三种型式。

（三）渗透蒸发

渗透蒸发是一种新的膜分离技术，它的工艺简单、选择性高、省能量，而且设备价格低廉，以它独特的分离性能和节能性受到人们的重视。它特别适用于普通精馏方法不能分离的共沸物及沸点差很小的混合物的分离和精制，是十分有前途的分离液体有机混合物的方法。随着高分子膜材料及制膜技术的进步，这种分离技术会得到进一步的应用和提高，将成为 21 世纪分离过程中的一项重要技术。

1. 基本概念

渗透蒸发是通过渗透选择膜，在膜两侧组分的蒸汽分压差的作用下，使液体混合物部分蒸发，从而实现膜分离的一种方法。渗透蒸发技术由渗透和蒸发两个过程组成。渗透蒸发膜分离法是一种以选择性膜（非多孔膜或复合膜）相隔，膜的前侧通入原料混合液，经过选择性渗透，再以适宜蒸汽压将其汽化，然后在膜的后侧通过减压不断地把蒸汽抽出，经过冷凝捕集，从而达到分离目的的方法。其具体过程见图 8-10。

渗透蒸发的分离机制是：膜前侧的组分在膜表面溶解，进而向膜内扩散，再透过膜而蒸发，利用膜的选择透过性，可使含量少的溶质透过膜得以分离。渗透的推动力是物质在膜的前后侧所形成的浓度差。

2. 渗透蒸发膜及膜材料的选择

渗透蒸发膜是一种致密的无孔高分子薄膜。它们必须在溶液中有很好的机械强度及耐化学稳定性，同时还必须具有很高的选择性和透过性，以获得尽可能好的分离效果。

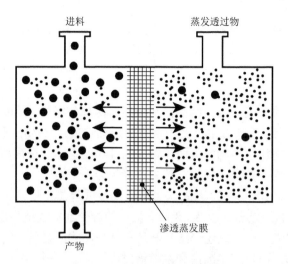

图 8-10　渗透蒸发过程示意图

1）渗透蒸发膜的分类　　渗透蒸发膜根据所分离物质的优先顺序可分为亲水膜（优先透水膜）和亲油膜（优先透过有机物膜）。亲水膜主要用于从有机溶剂中脱除水分，亲油膜则用于从水溶液中脱除有机物或有机混合物的分离。渗透蒸发膜的主要特性见表 8-1。

表 8-1　渗透蒸发膜的主要特性

膜种类	膜材料	常用的膜化学成分	用途	作用机制
亲水膜	亲水高聚物	聚乙烯醇 壳聚糖衍生物 聚丙烯酸 纤维素衍生物 高分子电解质	有机溶液的脱水	高聚物上存在大量极性基团如羟基、胺基及铵基阳离子等，使膜具有很强的吸附水和扩散水的能力
亲油膜	疏水高聚物	硅橡胶 改性硅胶 改性聚三甲基硅烷丙炔膜 聚烯烃 聚醚-酰胺	水的纯化 污染控制 有机物的回收	高聚物的膜中不存在有机亲水基，而含有一些疏水基如氟原子和硅原子等，从而使膜能够优先透过有机物

渗透蒸发膜根据其结构的不同可分为以下几类。

（1）对称均质无孔膜：该膜孔径在 1nm 以下，膜结构呈致密无孔状。成膜方法多采用自然蒸发凝胶法。此类膜的选择性好，耐压，但其结构致密，流动阻力大，通量往往偏小。

（2）非对称膜：此类膜由同种材料的厚度为 0.1～1μm 的活性膜及多孔支撑层构成。活性膜保证了分离效果，而支撑层的多孔性又降低了膜传质阻力，这类膜的生产技术目前已成熟。

（3）复合膜：由不同材料的活性膜与支撑层组成。支撑层即非对称膜。超薄活性层的形成方法主要有两种：第一种为用已合成的聚合物稀溶液作为超薄层，采用浸渍或喷涂的方法使膜液黏附于支撑层上，再经干燥或交联等形成复合膜；第二种为将单体直接放到多孔支撑层表面，直接聚合。活性膜与支撑层可分别制备，按要求改变和控制皮层厚度与致密性，使皮层和支撑体各自功能优化。例如，由交联的聚乙烯醇活性层、聚丙烯腈支撑层及聚酯增强材料所组成的复合膜就是这类结构的膜。

2）渗透蒸发膜材料的选择　　膜材料的选择是取得良好分离性能的关键。分离膜能否完成预期的分离目的，主要取决于膜对液体组分的相对渗透力。膜的选择性主要取决于被分离组分在膜中的溶解度。这就要求膜材料同被分离组分有相似的性质，两者的性质越接近，膜的选择性也越高。然而大量的实验表明，渗透蒸发膜的选择性同膜的渗透性的变化常常是相互矛盾的，选择性好的膜，其透过性都比较小，而透过性好的膜，其选择性却比较差，因此选择分离膜时，必须根据具体情况综合考虑。

　　致密膜的溶液透过性很差，因此用于渗透蒸发的分离膜都必须尽可能做得很薄，以提高单位膜面积的生产能力。真正有应用价值的渗透蒸发膜的厚度仅几微米。为了使超薄膜有足够的机械强度，它们必须用微孔膜支撑，制成具有多层结构的复合膜。

　　3）渗透蒸发的原理　　渗透蒸发的原理如图8-11所示，渗透蒸发所用的膜是一种致密、无孔的高分子膜。使用时膜的一侧同溶液相接触，另一侧用真空减压，或用干燥的惰性气体吹扫。分离膜具有很高的选择性，能让其中的杂质组分优先透过，源源不断地在减压下从混合物中脱除，从而使混合物得以分离。

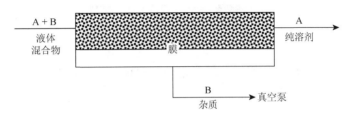

图 8-11　渗透蒸发原理图

　　渗透蒸发膜的分离过程是一个溶解—扩散—脱附的过程。溶解过程发生在液体介质和分离膜的界面。当溶液同膜接触时，溶液各组分在分离膜中因溶解度不同，相对比例会发生改变。通常我们选用的膜对混合物中含量较少的组分有较好的溶解性。因此，该组分在膜中的相对含量会大大高于它在溶液中的浓度，使该组分在膜中得到富集。大量的实验证明，混合物中两组分在膜中的溶解度差别越大，膜的选择性就越高，分离效果就越好。在扩散过程中，溶解在膜中的组分在蒸汽压的推动下，从膜的一侧迁移到另一侧。由于液体组分在膜中的扩散速率同它们在膜中的溶解度有关，溶解度大的组分往往有较大的扩散速率，因此该组分被进一步富集，分离系数进一步提高。最后，到达膜的真空侧的液体组分在减压下全部汽化，并从体系中脱除。只要真空室的压强低于液体组分的饱和蒸汽压，脱附过程对膜的影响不大。从上面介绍中不难发现，渗透蒸发的分离机制与蒸馏完全不同。因此，对于那些形成共沸的液体混合物，只要它们在膜中的溶解度不同，都能采用渗透蒸发技术进行分离。

　　4）渗透蒸发设备　　渗透池是渗透蒸发的关键设备。由于渗透蒸发必须在较好的真空度下进行操作，因此渗透池密封的好坏是渗透蒸发分离器能否正常工作的关键。目前国内一些研究往往就是在渗透池的密封问题上受挫。除了渗透池的密封外，渗透池的设计必须有尽可能大的面积体积比，以提高渗透池的效率。目前已在工业中应用的渗透池主要有板框式和卷筒式两种。

　　（1）板框式渗透池：板框式渗透池是由不锈钢板框和网板组装而成的。板框是由三层不锈钢薄板焊接在一起的，以便在平板间形成供液体流动的流道。这样的设计可以获得最大的面积体积比。分离膜安装在板框上，背面用网板隔开。板框式渗透池的结构见图8-12。每个渗透池单元由 8～10 组板框组成。通常，小型渗透池的有效面积为 $1m^2$，大型的为 $10m^2$。渗透池用法兰固定后安装在真空室中。操作时，溶液经板框注入溶液腔同分离膜接触，渗透液经网板进入真空室脱除。

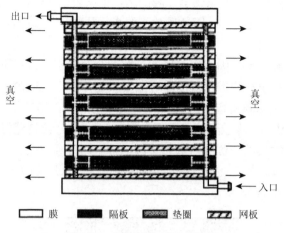

图 8-12 板框式渗透池的结构

板框式渗透池的体积较大，不锈钢用量也多，故设备的投资费用较高。但因其制备和安装比较简单、可靠，故目前绝大多数渗透蒸发器，特别是大型的有机溶剂脱水装置都采用这种结构。

（2）卷筒式渗透池：卷筒式渗透池是将平板膜和隔离层一起卷制而成的，其结构如图 8-13所示，层间用胶黏剂密封。卷筒式渗透池的体积小，钢材用量少，因此制造费用较低。但组装和密封的难度很高，因为很难找到一种在高温下于有机溶剂中性质稳定的胶黏剂，因此至今只在小型的设备中得到应用。由于这种结构的投资费用较低，如能解决密封难题，将会是今后发展的方向。

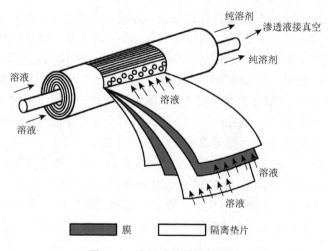

图 8-13 卷筒式渗透池的结构

5）渗透蒸发操作条件的选择　　温度和压力的改变对渗透蒸发的分离效果影响很大。渗透蒸发的推动力是溶剂在膜两侧的蒸汽压差。研究表明，在膜的溶液侧加压对渗透蒸发的分离效果影响不大。当温度确定后,膜的分离系数和渗透液通量主要取决于整个系统真空度的变化。通常要求系统的真空度不小于500Pa;否则,不仅膜的选择性会变差,通量也会大大下降。当真空度低于某一数值时,膜的分离效果会完全丧失殆尽。

提高温度能明显地提高溶剂分子在聚合物膜中的溶解度及它们在膜中的扩散速率,渗透液通量随之增加。因此,提高温度能大大提高单位膜面积的生产能力。温度对选择性的影响不是很大,因此除非被处理的溶液或分离膜在高温下会遭到破坏,否则渗透蒸发过程在较高的温度下进行总是比较有利。由于渗透蒸发有一个相变过程,渗透液汽化的过程会消耗较多的热量,使渗透池的温度下降,影响分离效率。为此工业上需要采取一些措施,如加大溶液的流速,或把渗透池做成几级串联,在级与级之间增加一个中间加热器,使溶液的温度重新升到所要求的温度。图8-14是常用的渗透蒸发实验装置。

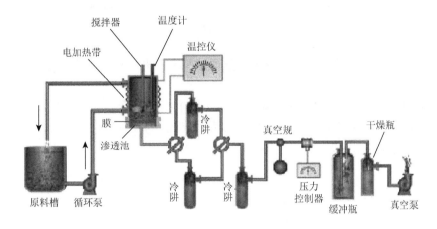

图8-14　常用的渗透蒸发实验装置

6)渗透蒸发的特点　渗透蒸发与传统的蒸发相比,主要有如下特点:①选择性好,适合于分离近沸点的混合物,尤其适合于恒沸物的分离,对回收量少的溶剂是一种很有效的方法;②在操作过程中,进料侧不需加压,不会导致膜的压密,透过率不会随时间的延长而减小;③渗透蒸发技术操作简单,易于掌握。

渗透蒸发技术也有它的局限性,主要体现在:①能耗较高,因为渗透蒸发过程中有相变的发生;②渗透通量小,一般在2000g/(m²·h)左右。

7)渗透蒸发的应用　渗透蒸发在化学工业、生物化学工程和其他领域都有较为广泛的应用。目前,其应用已从实验研究发展到了工业化的应用,主要体现在4个方面。

(1)有机溶剂脱水制成无水试剂:如醇、酮、醚、酸、酯、胺等渗透蒸发适用于处理能同水形成共沸物,或水含量极微,或很难用蒸馏方法脱水的有机溶剂。这些溶剂包括醇类(如乙醇、异丙醇、丁醇等)、酮类(如丙酮、甲乙酮等)、酸类(如乙酸等)、酯类(如乙酸乙酯和乙酸丁酯等)、胺类(如吡啶等)及其他非腐蚀性溶剂(如四氢呋喃、乙腈、丙烯腈、二氧六环等)。但是以聚乙烯为主体的分离膜不能用于非质子溶剂(如二甲基甲酰胺、二甲基亚砜等)及醛类(如甲醛、乙醛等)的脱水,因为这些试剂会破坏聚乙烯醇活性层。渗透蒸发有多种用途,但迄今为止,真正在工业上广泛应用的领域是有机溶剂的脱水。例如,乙醇的脱水,具体工艺见图8-15。

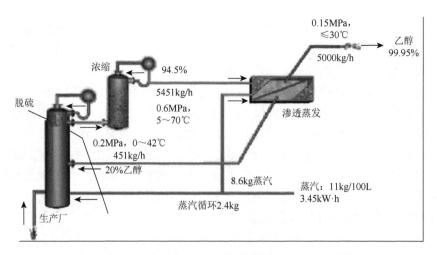

图 8-15　乙醇渗透蒸发

上述的乙醇渗透蒸发工艺，把蒸馏法和渗透蒸发结合起来，从而使进口的 10%的乙醇-水混合物经处理后浓缩到 99.95%。

（2）从溶液或污水中除去有机物：例如，从啤酒中脱去乙醇，如图 8-16 所示，最终可使乙醇浓度下降至 0.7%，最低可达 0.1%。与常规蒸发相比，利用渗透蒸发从水中去除有机物，可以起到回收溶剂、减少污染、浓缩有机物等作用。

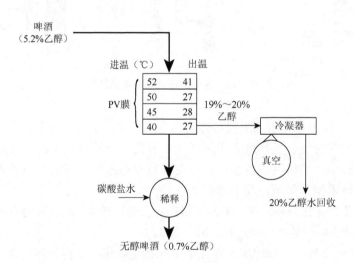

图 8-16　用渗透蒸发从啤酒中脱乙醇

（3）有机溶剂的分离：从水溶液中提取有机溶剂是化学工业和食品工业中经常遇到的课题。例如，用粮食发酵制备乙醇的过程中，当发酵液中乙醇的含量高于 7%时，酵母的作用会受到抑制。必须及时地将乙醇从发酵液中除去，以提高酵母的效率。低度酒的制备同样也需要从酒中脱除部分乙醇。此外，从果汁中提取天然香精、从污水中回收酚或含氯有机化合物都属于这一应用领域。有机溶剂的分离需要采用亲油膜。在国外已经商品化的亲油膜是以硅橡胶为主要成分的分离膜。改良的硅橡胶是通过向膜内填充全硅型分子筛制成的。但是，同亲水膜相比，亲油膜的选择性一般都比较差，因此脱油的效率较低。

（4）蒸汽渗透：当料液是某一混合蒸汽，进行渗透蒸发即蒸汽渗透。此方法中处理的对象是气相料液，从而避免了液相渗透蒸发中必须加入能量及由此产生的设备增加现象，以及省去热交换器设计和多级设备的连接与输送泵系统。

渗透蒸发法膜分离显示了特殊的分离性能，是高度分离技术之一，也是一种节能技术，因此应用范围应是比较广的。它的关键在于开发分离材料渗透蒸发膜及相应的分离工艺，今后随着分离技术的开发和提高，它将在化工分离及生物分离上取得有效成果。

（四）其他浓缩方法

1. 吸收浓缩

吸收浓缩是通过吸收剂直接吸收除去溶液中溶剂分子使溶质浓缩的方法。吸收剂与溶液不起化学反应，对生化药物不起吸附作用，容易与溶液分开。吸收剂除去溶剂后能重复使用。使用凝胶时，先选择凝胶粒度，使其大小恰好能让溶剂及低分子物质渗入凝胶内，而生化药物的分子完全排除于凝胶之外。具体操作：将洗净和干燥的凝胶直接投入待浓缩的稀溶液中，凝胶的亲水性强，在水中溶胀时，溶剂及小分子被吸收到凝胶内，大的生化药物的分子留在剩余的溶液中。离心或过滤除去凝胶颗粒，即得到浓缩的生化药物溶液。凝胶溶胀时吸收水分及小分子物质，可同时起到浓缩和分离纯化两种作用。吸收浓缩对生化药物的结构和生物活性都没有影响，是生物化学和分子生物学日益广泛使用的浓缩和分离方法之一。

最常用的吸收剂有聚乙二醇、聚乙烯吡咯烷酮、蔗糖、凝胶等。使用聚乙二醇等吸收剂时，先将含生化药物的溶液装入半透膜的袋里，扎紧袋口，外加聚乙二醇覆盖，袋内溶剂渗出即被聚乙二醇迅速吸去，聚乙二醇被溶剂饱和后，可更换新的，直到浓缩至所需的浓度为止。例如，利用透析袋浓缩蛋白质溶液是应用最广的一种方法。将要浓缩的蛋白质溶液放入透析袋（无透析袋可用玻璃纸代替），结扎，把高分子（分子量 6000～12 000）聚合物如聚乙二醇（炭蜡）、聚乙烯吡咯、烷酮等或蔗糖撒在透析袋外即可。也可将吸水剂配成 30%～40%浓度的溶液，将装有蛋白质溶液的透析袋放入即可。吸水剂用过后，可放入温箱中烘干或自然干燥后，仍可再用。

此外，利用浓缩胶浓缩也是一种常用的浓缩方法。浓缩胶是一种高分子网状结构的有机聚合物，具有很强的吸水性能。每克干胶可吸水 120～150mL，它能吸收低分子量的物质，如水、葡萄糖、蔗糖、无机盐等，适宜浓缩分子量 10 000 以上的生物大分子物质。浓缩后，蛋白质的回收率可达 80%～90%。浓缩胶应用方便，直接加入被浓缩的溶液中即可。必须注意，浓缩溶液的 pH 应大于被浓缩物质的等电点；否则，在浓缩胶表面产生阳离子交换，会影响浓缩物质的回收率。

2. 吹干浓缩

将蛋白质溶液装入透析袋内，放在电风扇下吹。此法简单，但速度慢。另外，温度不能过高，最好不要超过 15℃。

3. 超滤膜浓缩

超滤膜浓缩是利用微孔纤维素膜通过高压将水分滤出，而蛋白质存留于膜上达到浓缩目的。有两种方法进行浓缩：一种是用醋酸纤维素膜装入高压过滤器内，在不断搅拌的条件下过滤；另一种是将蛋白质溶液装入透析袋内置于真空干燥器的通风口上，负压抽气，从而使袋内液体渗出。

二、干燥技术

（一）干燥的基本原理

干燥的基本原理是利用热能除去目标产物浓缩悬浮液或结晶（沉淀）产品中湿分（水分或有机溶剂），得到含水量达标准的产品。其通常是生物药物制备的最后环节。浓缩可以作为结晶或干燥的前处理，减少产品体积和质量及后续工作量，但不可能得到固态的最终产品。因此，干燥是制取以固体形式存在、含水量在5%～12%的生物制品的主要工业方法，将产物如抗生素、酶制剂、氨基酸、蛋白质和其他生物活性物质转化为商品。干燥的质量直接影响产品的质量和价值，干燥方法的选择对于保证产品的质量至关重要，生物工业中常用的干燥方法有对流干燥（气流干燥、喷雾干燥和流化床干燥）、冷冻干燥、真空干燥、微波干燥、红外干燥等。

（二）干燥的工艺过程

1. 干燥过程分析

固体物料的干燥包括两个基本过程，首先是使物料加热以使湿分汽化的传热过程，然后是汽化后的湿分空气由于其蒸汽分压较大而扩散进入气相的传质过程，而湿分从固体物料内部借助扩散等的作用而源源被输送到固体表面，则是一个物料的内部传质过程。因此，干燥的特点是传热和传质同时并存，两者相互影响又相互制约，有时加热可加速传质过程的进行，有时加热却减缓传质过程的进行。在生产操作、设备选型和干燥过程的解析过程中，都应该注意这一点。

物料的干燥可分为恒速干燥和降速干燥两个阶段，其基本过程如下。

（1）恒速干燥阶段：在恒速干燥阶段，湿物料表面全部被非结合水润湿。由于非结合水与物料的结合能力小，故物料表面水分汽化的速率与纯水汽化的速率一致。这样，湿物料表面的温度必为该空气状况下的湿球温度，同时由于干燥实验是在恒定的条件下进行的，空气的湿含量、流速均不变，这样，空气与物料间的传热湿差应为一个固定值，空气与物料间的传热速率也恒定。但由于所传递的热量全部用来汽化水分，故水分的汽化速率不会改变，从而维持了物料恒速干燥的特征。若从质量传递的基本原理来看，由于非结合水的蒸汽压与同温度下的纯水一致，在恒定干燥条件下，此蒸汽压与空气中的水蒸气分压之差，即传质推动力不变，故湿物料能以恒定的速率向空气中汽化水分。在上述条件下，在物料表面水分汽化的过程中，如果湿物料内部水分向表面扩散速率等于或大于水分的表面汽化速率，则物料表面将为湿润状态，物料的干燥速率也将停留在恒速干燥阶段。

（2）降速干燥阶段：当湿物料中的非结合水分被干燥除去以后，如果干燥过程继续进行，则物料中的结合水分将被除去。由于结合水分所产生的蒸汽压低于同湿度下水分的饱和蒸汽压，因此水蒸气自物料表面扩散至干燥介质主流中的传质推动力将变小，这样水蒸气的传质速率必将降低，干燥速率也必将随之下降。在恒速干燥时，干燥介质传给物料的热量全部用于汽化水分，而在降速干燥阶段，这部分热量除供给剩余的汽化水分所需外，还将用于加热湿物料，故湿物料的温度将不再维持湿球温度而是不断上升。干燥速率的下降和物料温度的上升是物料进入降速干燥阶段的标志。

一个完整的干燥工艺过程由加热系统、原料供给系统、干燥系统、除尘系统、气流输送系统和控制系统组成。其具体操作流程见图8-17。

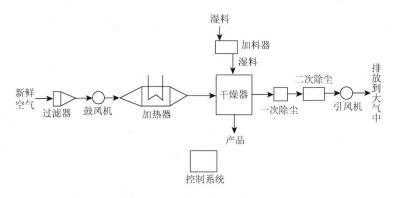

图8-17　干燥工艺操作流程图

2. 干燥的影响因素

要详细了解干燥的基本过程，需要确定物料的干燥速率。物料的干燥速率是指干燥时单位干燥面积在单位时间内汽化的水量，其影响因素如下。

（1）物料的性质、结构和形状：物料的性质和结构不同，物料与水分的结合方式及结合水与非结合水的界线不同，干燥速率也不同。物料的形状、大小及堆积方式不仅影响干燥面积，也影响干燥速率。

（2）干燥介质的温度和湿度：干燥介质的温度越高，湿度越低，干燥速率越大。但干燥介质的温度过高，最初干燥速率过快不仅会损坏物料，还会造成临界含水量的增加，反而会使后期的干燥速率降低。

（3）干燥的操作条件：干燥的操作条件主要是干燥介质与物料的接触方式，以及干燥介质与物料的相对运动方向和流动状况。

（4）干燥器的结构形式：干燥器的结构形式不同，也会影响干燥速率。

大部分的生物制品以干的形式出厂时，还含有5%～12%的水分。在干燥生物原料的过程中，水分的去除和热的作用会引起极重要的变化，影响成品的质量。例如，对热不稳定的物质如活的微生物或活性蛋白，在干燥的过程中，随着水分的脱除，物料的结构受到破坏，电解质和有毒物的浓度会增加，使蛋白质变性和酶钝化。因此，生物制品干燥过程中采取保护措施是十分必要的。对于热稳定性不同的生物制品，加热时间的长短和强度也各不相同。

3. 生物产品常用的干燥方法

根据干燥原理的不同，干燥方法有对流干燥、冷冻干燥、红外干燥、微波干燥等，其干燥设备主要有厢式干燥器、冷冻干燥器、管式气流干燥器、沸腾干燥器、喷雾干燥器等。下面简单介绍生物产品常用的干燥方法。

1）气流干燥

（1）气流干燥的操作原理：气流干燥器是连续的常压干燥器的一种。这种干燥器将细粉或颗粒状的湿物料用空气、烟道气或惰性气体将其分散于悬浮气流中，并和热气流作并流流动。干燥器可以在正压或负压下工作，取决于风机在系统中的位置。如果物料为高温的膏糊状物料，可以在干燥器底部串联一粉碎机，使物料边干燥边粉碎，而后再进入气流干燥器中进行干燥，从而解决了膏糊状物料难以连续操作的难题。

气流干燥主要适用于颗粒状物料。在气流干燥时，为了蒸发水分和除去水蒸气，使用空气、烟道气、惰性气体作为气体干燥介质并借助于干燥介质实现脱水要求。这是一种古老的传统方法，常与通风、加热结合起来。该法的成本较低、干燥量大，但时间稍长，容易污染。阿司匹林、四环素、扑热息痛、胃酶、胃黏膜素等常用气流干燥的方法进行干燥。

（2）气流干燥的工艺过程：在生物制品发展的初期，盘架式干燥器、转筒式干燥器和带式干燥器被广泛使用。随着技术的发展，这些传统的干燥器几乎全部被较现代化的干燥器取代。例如，在抗生素生产过程中使用图 8-18 所示的气流干燥器，效果很好。其基本流程如下：物料通过给料器送入干燥器，干燥在竖管中进行，干燥物料和干燥介质（空气）以速度 10～15m/s 并流移动，空气在加热器中预热，干物料从旋风分离器中被分离出来，空气则在过滤器中最后净化，用风机排放到外面。当不要求除去结构水分时，气流干燥可被应用在由单一粒度组成的细分散物料的干燥中。

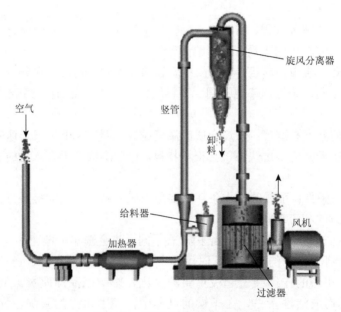

图 8-18　气流干燥器操作流程图

2）喷雾干燥

（1）喷雾干燥的原理和特点：喷雾干燥是采用雾化器将料液分散成雾滴，并用热干燥介质（通常为热空气）干燥雾滴而获得产品的一种干燥技术（见动画 8-1）。料液可以是溶液、乳浊液和悬浮液，也可以是熔融液和膏糊液。干燥产品根据生产需要制成粉体、颗粒、空心球或团粒。其传热表面积大，干燥时间短，适用于热敏性物质的干燥；生产过程简单，操作控制方便，可将蒸发、结晶、过滤、粉碎等过程集成于一次完成，容易实现自动化；产品具有良好的分散性、流动性和溶解性等。但存在热效低、能耗大、设备体积过大等缺点。该设备适用于干燥抗生素、酵母粉、酶制剂等热敏性物料及生物制品和药物制品，基本上接近真空下干燥的标准。图 8-19 是一个典型的喷雾干燥器操作流程图。

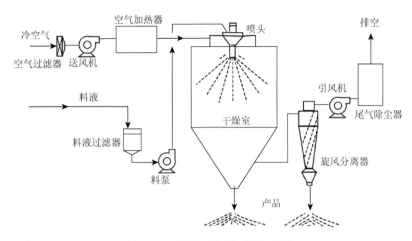

图 8-19 喷雾干燥器操作流程图

喷雾干燥时，料液在有热空气流过的干燥室中受到专门装置（转盘、喷嘴）的作用，形成有较大表面积的分散微粒，与干燥介质（热空气）发生强烈的热交换和质交换，迅速排除本身带有的水分。干燥成品以粉末状态落于干燥室底部。采用机械刮粉器或气流输送等方法从干燥室中不断卸出，被气流带走的微粉在后面的回收装置（袋滤器、旋风分离器等）中分离，废气则排至大气中。

（2）喷雾干燥的工艺过程：喷雾干燥过程可分为 4 个阶段：料液雾化；雾滴与空气接触；雾滴干燥；干燥产品与空气分离。从这 4 个阶段，可以了解喷雾干燥的某些特性。喷雾干燥机的操作过程见视频 8-1。

视频 8-1

A. 料液雾化：料液雾化的目的在于将料液分散为微细的雾滴，雾滴的平均直径为 20～60μm，因此具有很大的表面积。当其与热空气接触时，雾滴就迅速汽化而干燥为粉末或颗粒产品。雾滴的大小和均匀度对产品质量和技术经济指标的影响很大，特别是对热敏性物料的干燥尤其重要。如果喷出的雾滴大小不均匀，就会出现大颗粒还未达到干燥要求，小颗粒却已干燥过度而变质的现象。因此，雾化器是喷雾干燥的关键部件。目前常用的雾化器有气流式喷嘴、压力式喷嘴和离心式喷嘴。

B. 雾滴与空气接触：在干燥室内，雾滴与空气的接触有并流式、逆流式和混流式三种。雾滴和空气接触方式的不同，对干燥室内的温度分布、液滴和颗粒的运动轨迹、物料在干燥室中的停留时间及产品的质量都有较大的影响。在并流系统中，最热的干燥空气与水分最大的雾滴接触，因而水分迅速蒸发，雾滴表面的温度接近于空气的湿球温度，同时空气温度也显著降低，因此从雾滴到干燥成品的整个历程中，物料温度不高，这对热敏性物料的干燥是十分有利的。这时，由于迅速蒸发，液滴膨胀甚至胀裂，因此并流操作时所获得的产品常为非球形的多孔颗粒。

对于逆流系统，在塔顶喷出的雾滴与塔底上来的较湿空气接触，因此干燥推动力较小，水分蒸发速度比并流式慢。在塔底，最热的干燥空气与最干的物料接触。因此，此方法适合于能耐受高温、含水量低、较高松密度的非热敏性物料的处理。

在混流式系统中，干燥室底的喷雾嘴向上喷雾，热空气从室顶进入，于是雾滴先向上行，然后随空气向下流动，因此混流系统实际上是并流与逆流的混合，其性能也介于二者之间。

C. 雾滴干燥：雾滴干燥包括恒速干燥和降速干燥两个阶段。雾滴与干燥空气接触时，热量即由空气经过雾滴表面的饱和蒸汽膜传递给雾滴，于是雾滴中的水分蒸发。只要雾滴内部的水分扩散到雾滴表面的量足以补充表面的水分损失，蒸发就以恒速进行，这时雾滴表面温度相当于热空气的湿球温度，这就是恒速干燥阶段。当雾滴内部水分向表面扩散的量不足以保持表面的润湿状态时，雾滴表面逐渐形成干壳，干壳随时间增厚，水分从液滴内部通过干壳向外扩散的速率也会随之降低，这一阶段就是降速干燥阶段。由此可见，干燥过程是传热和传质同时进行的过程。

D. 干燥产品与空气分离：干燥的粉末或颗粒落到干燥室的锥体四壁并滑落到锥底，通过星形阀之类的排灰阀排出，少量的细粉则随空气进入旋风分离器进一步分离。然后将这两处成品输送到另一处混合后储入成品库或直接包装。

（3）喷雾干燥的应用：对于干燥生物制品来说，喷雾干燥的主要优点不仅可以保证"温和"的干燥条件，而且使干燥过程在无菌条件下进行，得到的产品不容易被外来微生物污染。人们主要在生产各种抗生素、维生素、酶、无菌人血清、糊精、肝精及其他医用制剂时使用喷雾干燥。

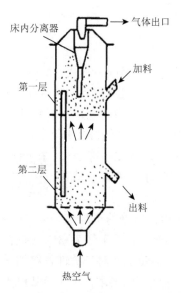

图 8-20　多层圆筒沸腾床干燥器

3）流化床干燥　流化床干燥技术是近年来发展起来的一种新型干燥技术。其工艺过程是将散状物料置于两层孔板上，由底部通入热空气，空气带动物料颗粒在孔板上运动，在气流中呈悬浮状态，产生物料颗粒与气体的混合底层，犹如液体沸腾一样，又称沸腾床，见图 8-20。物料颗粒在混合底层中与热空气充分接触，进行物料与气体之间的热传递和水分蒸发。

流化床干燥具有传热和传质速率较高、干燥速率高、热传导效率高、结构简单紧凑、基本投资和维修费用低、便于操作等优点，目前已被广泛用于化工、食品、陶瓷、药物、聚合物等行业的干燥工艺中。但由于物料在干燥器中停留时间过长，不适宜干燥一些热敏性物质，可用于葡萄糖、味精、柠檬酸等稳定物料的干燥。

4）冷冻干燥

（1）冷冻干燥的基本原理：当压强降为 613.3Pa 时，不管温度如何变化，只有固态和气态。如果压力和温度低于三相点时，可由固相不经过液相，直接变为气相，该过程称为升华。所以，升高温度或降低压强，都可打破两相平衡，使整个系统朝着冰转变为水蒸气的方向进行。冷冻干燥就是根据这个原理，使冰不断生成水蒸气，再将水蒸气抽走，获得干燥制品。将含有大量水分的物质，预先降温冻结成固体，然后在真空条件下使蒸汽直接从固体中升华出来，而物质本身则保留在冻结时由冰固定位置的骨架里，形成块状干燥制品。

（2）冷冻干燥的工艺过程如下。

A. 预冻结：冷冻干燥工艺过程的第一步为预冻结，即将待处理样品完全冻结。在这个过程中，样品成为冰晶和分散的溶质。为了提高干燥效率，应尽可能提高制品升华的表面积，以加快冻干的速度。制品冻结速度的快慢，是影响制品质量的重要因素。一般情况下，溶液速冻时（每分钟降温 10～50℃），形成在显微镜下可见的晶粒；慢冻时（每分钟降温 1℃），形成肉眼可见的晶粒。在此过程中，冰的晶体逐步长大，溶质逐渐结晶析出。同一体积的待处理液体，快速冷冻形成更多微小的冰晶体，其冻干升华的表面积较大，可加快制品升华干燥的过程。溶液慢冻时由于冻结体内冰晶体大，溶质晶核与冰之间的间隙较大，利于深层冻结体升华水分的排出，也可缩短干燥时间。速冻生成细晶升华后留下的间隙较小，使下层升华受阻。速冻成的成品粒子细腻、外观均匀、比表面积大、多孔结构好、溶解速度快，成品的引湿相对强于慢冻

图中标注：床内分离器、气体出口、加料、第一层、第二层、出料、热空气

成品。慢冻形成的粗晶在升华时留下较大的空隙，可提高冻干效率，适用于抗生素等制品的生产。溶液冷冻所形成的冰晶形态、大小、分布情况等直接影响成品的活性、构成、色泽及溶解性能等。到底采用何种冻结方式进行冷冻干燥，需要根据制品的特点来决定。冷冻干燥法的目的就在于保持生物药品原有性质的长期稳定状态。

原料液冷冻干燥时，需装入适当的容器才能预冻结成一定的形状进行冷冻干燥。为了保证冻结干燥后的制品具有一定的形状，原料液溶质浓度应该为 4%～25%，以 10%～15%最佳。生物制品尤其是药品在容器中成形，一般制品分装厚度不宜超过 15mm，并应有恰当的表面积和厚度之比，表面积要大且厚度应小。

冻结温度应控制恰当。首先要保证样品冻结结实，但冻结温度过低不仅会造成能源的浪费，有时还会引起过冷现象，即制品温度虽已达到溶液的共晶点，但溶质仍不结晶。为了避免过冷现象的发生，制品冻结的温度应低于共熔点以下的一个范围，并保持一定的时间，使其完全冻结。需冻干的产品，一般先配制成水溶液或悬浊液，其冰点低于溶剂的冰点，应在预冻之前确定制品的共熔点温度。

一般情况下，在预冻之前，应选择以下三个工艺参数：①预冻的速率。快速冷冻，会形成小冰晶，晶格之间的空隙也小，在升华时水蒸气就不容易排除，也就不利于升华；反之，慢冻形成的冰晶大，晶格的间隙比较大，这样就有利于水蒸气的排除，也有利于升华速率的提高，但冻干后样品的复原性较差，溶解速度也较慢。②预冻的最低温度。最低温度应适当低于制品的共熔点 10～15℃即可（一般生物制品的预冻温度控制在−35～−30℃即可）。③预冻时间。通常情况下 2～3h 就可以完成预冻过程。如果冻干设备的性能较差，应该待制品温度达到设定温度要求后适当延长 1～2h，使箱内所有制品都均匀达到所需温度，冷冻结实后再抽真空进入干燥程序。

B. 升华干燥：升华干燥又称一级干燥或一次干燥。制品的冻结温度通常为−50～−25℃。冰在该温度下的饱和蒸汽压分别为 63.3Pa 和 1.1Pa，真空升华面和冷凝面之间便产生了相当大的压差，如忽略系统内的不凝气体分压，该压差将使升华的水蒸气以一定的流速定向地抵达凝结器表面结成冰霜。在升华干燥阶段必须时刻为制品提供恰当的热量。如果升华过程中不供给热量，制品便降低内能来补偿升华热，直至其温度与冻结器温度平衡，升华停止。为了保持升华表面与冷凝器的温差，冻干过程中必须对制品提供足够的热量。但要注意为制品提供热量有一定的限度，不能使制品的温度超过制品自身的共熔点温度；否则，会出现制品熔化、干燥后制品体积缩小、颜色加深、溶解困难等问题。如果为制品提供的热量太少，则升华的速率很慢，会延长升华干燥的时间。对于生物制品来说，理想的升华干燥压强应控制在 20～40Pa，温度应控制在低于共晶点的范围。在大量升华阶段，随着制品的不断干燥，制品的温度也有小幅上升，直至肉眼已见不到冰晶的存在。此时，90%以上的水分已被除去。

C. 解吸附干燥：解吸附干燥又称二级干燥或二次干燥。制品在一级升华干燥过程中虽已去除了绝大部分水分，但如果将制品置于室温下，残留的水分（吸附水）足以使制品分解。因此，有必要继续进行真空干燥，即二次干燥，以去除制品中以吸附方式存在的残留水分。制品中剩余的残留水分的理化性质与常态水不同。残留水分包括化学结合水与物理结合水，如化合物的结晶水、蛋白质通过氢键结合的水，以及固体表面或毛细管中的吸附水等。由于残留水分受到溶质分子多种作用力的束缚，其饱和的蒸汽压力被不同程度地降低，使其干燥速率明显下降。

对于生物制品，如生物药品，其水分含量低于或接近 2%较好，原则上不超过 3%。二级干燥所需的温度和时间由制品中水分的残留量来决定。一级干燥以后，样品的温度已达到 0℃以上，90%左右的水分已被除去。此时，可直接加大供热量，将温度升高至制品的最高可耐温度，以加快干燥速度。迅速提高制品温度，有利于降低制品中残余水分含量和缩短解吸干燥时间。制品的最高许可温度视制品的品种而定，一般为 20～45℃。例如，病毒性制品的最高许可温度为 25℃；细菌性制品的最高许可温度为 30℃左右；血清、抗生素等的最高许可温度提高到 40℃以上甚至更高。实验表明，此阶段干燥箱内的压强在 10～30Pa 比较合适。

5）红外干燥

（1）红外干燥的原理：红外干燥是由固体中的分子振动、晶格振动或固体中束缚电子的迁移而产生的，它们的传播过程称为热辐射。远红外线的发射频率和被干燥物料中分子运动的固有频率（也即红外线或远红外线的发射波长和被干燥物料的吸收波长）相匹配时，引起物料中的分子强烈振动，在物料的内部发生激烈摩擦产生热而达到干燥的目的。

红外线指波长为 0.7～1000μm 的电磁波，0.7～3μm 为近红外线，3～5.6μm 为中红外线，5.6～1000μm 为远红外线。由于辐射线穿透物体的深度（透热深度）约等于波长，而远红外线比近红外线的波长长，因此远红外干燥比近红外干燥的效果好。远红外线的发射频率与塑料、高分子、水等物质的分子固有频率相匹配，引起这些物质的分子激烈共振，能有效穿透到这些被加热干燥的物体内部，干燥效果更好。

（2）红外干燥的特点如下。

A. 干燥速度快、生产效率高，特别适用于表面积大的物料加热干燥。

B. 设备体积小，结构简单，建设费用低，易于推广，可连续操作。特别是远红外线，烘道可缩短为原来的一半以上。与微波干燥、高频干燥等相比，远红外加热干燥装置更简单、便宜。

C. 干燥产品的质量好。由于涂层表面和内部的物质分子同时吸收远红外辐射，因此加热均匀，产品外观、机械性能等均有提高。

6）微波干燥

（1）微波干燥的基本原理：微波干燥是一种由内到外加热的方法。微波干燥器发出振荡周期极短的微波产生高频电场，湿物料内部的水分子会发生极化并沿着微波电场的方向整齐排列，而后迅速随高频交变电场方向的交互变化而转动，并产生剧烈的碰撞和摩擦（每秒钟可达上亿次），使一部分微波能转化为分子运动能，最后以热能的形式表现出来，使水的温度升高而蒸发，从而使物料得到干燥。微波干燥是利用电磁波作为加热源、以被干燥物料本身为发热体的一种干燥方式。微波干燥设备的核心是微波发生器，目前微波干燥的频率主要为 2450MHz。

（2）微波干燥的特点：传统的干燥工艺中，不论是对流干燥还是红外干燥，热都是从外传导入内，为提高干燥速度，需升高外部温度，加大温差梯度，容易产生物料外焦内生的现象。微波的穿透力强，直接通过微波电场将能量传导入物料内部，不论物料形状如何，热量都能均匀渗透，并可产生膨化效果，利于粉碎。

在微波作用下，物料的干燥速率趋于一致，加热均匀，干燥速度快，有效成分不易被分解、破坏。微波的穿透力强，无需将物料预处理成细小颗粒，可大幅降低干燥温度。微波的热量直接产生于湿物料内部，热损失少，热效率高，因此微波干燥工艺的能源利用率较高，与传统加热干燥相比较能耗通常降低 50%以上。无环境和噪声污染，安全洁净状态下的生产使工作环境大大改善。

4. 干燥方法的选择依据

干燥的方法与相应设备结构的选择取决于所处理原料的性质。物料的含水量、热稳定性、干灵敏性、组织结构和热物理性质及化学组成都是选择干燥方法的重要依据。

1）干燥器的选择　　由于被干燥物料的种类繁多，要求各异，因此要根据具体情况选用最佳的干燥器类型。

干燥按照水分的原始状态分为从液态的干燥和从固态的直接蒸发（即升华）两种方式；按照供能特征即按照供热的方式可分为接触式、对流式和辐射式干燥。在接触干燥时，热通过加热的导热性传给需要干燥的物料，水分被蒸发转移到物料周围的空气中。例如，厢式干燥器就是一种适合干燥微生物合成产品的干燥器。此外，气流干燥器、喷雾干燥器和沸腾床干燥器也是被广泛应用于干燥微生物合成产品的干燥器。

　　干燥设备的选择是非常困难而复杂的问题，这是因为被干燥物料的特性、供热的方式和物料-干燥介质系统的流体动力学等必须全部考虑。选择干燥器类型时首先考虑被干燥物料的性质，如湿物料的物理特性，干物料的物理性质、腐蚀性、毒性等；其次考虑物料的干燥特性，如湿物料中水分的性质，初始和最终的湿含量，允许的最高干燥温度，产品的颜色、光泽和气味等；再次要考虑粉尘和溶剂的回收；最后要考虑用户干燥器安装地点的可行性。

　　2）干燥工艺的选择　　到底采用什么样的干燥工艺，需要考虑被干燥物料的性质。对于活的菌体、酶和其他热敏性的生物制品，可使用冷冻干燥技术。

　　对于热敏性生物物质的干燥，目前已开发的干燥操作单元有：①瞬时快速干燥——接触时间短，气流温度高，而物料的温度可能不高；②喷雾干燥——接触时间短，热效率低，造粒和干燥同时进行；③气流干燥——接触时间长；④低温干燥——非常黏稠的物料，不能进行喷雾干燥，如某些动物组织等。某些酶制剂对温度特别敏感，只能进行低温箱式干燥或真空冷冻干燥。对于生物黏稠物质的干燥，通常还需要造粒与切丝等辅助手段。

　　总之，在决定干燥设备和干燥工艺时，在充分了解被干燥物料性质的基础上，还应结合所选干燥器的类型，进一步了解在干燥过程中物料及干燥介质的变化情况。应充分注意干燥条件对物料品质和收率的影响，同时干燥过程的热利用率和经济效益也是必须考虑的因素之一。

　　综上所述，蒸发和干燥是生物分离的重要单元操作，大多数干燥设备的设计在很大程度上依赖于实验室和操作经验。随着生物技术的进一步发展及新的生物产品的出现，传统的蒸发和干燥设备已不能满足技术发展的需要，这就要求将已有的干燥装置进行改造，使其具有更新性能，或研制出新型的干燥器，以满足生产的需要，进一步推动生物分离与纯化技术的发展。

实践活动

任务 1　大豆蛋白真空减压浓缩

实训背景

　　蛋白质是自然界中最重要的组成物质，是构成有机生物的基本元素。人体的新陈代谢、抗病免疫、体液平衡、遗传信息传递等无不与蛋白质密切相关。同时，蛋白质是人体所需的第一营养素，占人体干物质总量的45%，占肌肉总量的70%。蛋白质又被称为人类的"第一营养素"或"生命素"。蛋白质的缺乏会直接导致生长发育迟缓、免疫力低下、皮肤松弛和提前衰老。

　　大豆是中国主要的农作物之一，具有很高的营养价值，大豆所含的蛋白质中人体必需氨基酸含量充足、组分齐全，属于优质蛋白质。必需氨基酸组成较适合人体需要，对于两岁以上的人，大豆蛋白的生理效价为100。大豆中富含蛋白质，其蛋白质含量几乎是肉、蛋、鱼的2倍。1999年，美国食品药品监督管理局（FDA）发表声明：每天摄入25g大豆蛋白，能减少患心脑血管疾病的风险。大豆在世界范围内产量丰富，来源充足，富含优质蛋白质，因此成为分离提取蛋白质的主要原料。

大豆分离蛋白是经过一系列加工步骤从大豆中提取得到的近乎纯化的蛋白质。产品规格：蛋白质≥55%，水分≤7%，脂肪≤1%，灰分≤4%，纤维总量≤4%。大豆蛋白是一种植物性蛋白质，为自然界中含量最丰富的蛋白质，除甲硫氨酸略低外，其余必需氨基酸含量均较丰富，是植物性的完全蛋白质。在营养价值上，可与动物蛋白等同，在基因结构上也是最接近人体的氨基酸，所以是最具营养的植物蛋白。大豆蛋白有着动物蛋白不可比拟的优点，大豆蛋白虽然甲硫氨酸极少，不过不含胆固醇，它特有的生理活性物质——异黄酮具有降胆固醇的作用。同时其还含有丰富的钙、磷、铁、低聚糖及各种维生素，被誉为"生长着的黄金"。

大豆分离蛋白的提取方法有碱溶酸沉法、膜分离法、吸附法和醇溶法等，提取后通常要对蛋白质溶液进行浓缩保存，便于后续的保存、干燥加工，减少了工作量和能耗。

实训目的

1. 理解蒸发浓缩及真空减压浓缩的基本原理和特点。
2. 掌握旋转蒸发仪的工作原理、使用操作步骤及注意事项。
3. 学会在生产和实验中应用减压浓缩方法实现生物药物的浓缩。

实训原理

蒸发是生产中使用最广泛的浓缩方法，采用浓缩设备把物料加热，使物料的易挥发部分水分在其沸点时不断地由液态变为气态，并将汽化时所产生的二次蒸汽不断排除，从而使制品的浓度不断提高，直至达到浓度要求。

减压浓缩就是在减压或真空条件下进行的蒸发过程，真空蒸发时冷凝器和蒸发器溶液侧的操作压强低于大气压，此时溶剂的沸点随之降低，只需较低的温度即可实现蒸发浓缩，真空度越高沸点越低。降压蒸馏是分离与提纯高沸点和性质不稳定的液体及一些低熔点固体有机物的常用方法。应用这一方法可将沸点高的物质及在普通蒸馏时还没达到沸点温度就已分解、氧化或聚合的物质纯化。

一般在 8～18kPa 低压状态下，以蒸汽间接加热的方式，对料液加热，使其在低温下沸腾蒸发。这样物料温度低，且加热所用蒸汽与沸腾料液的温度差增大，在相同的传热条件下，比常压蒸发时的蒸发速率高，可减少料液营养的损失，并可利用低压蒸汽作蒸发热源。一般热敏性高的物质，都采用此方法来进行浓缩。

为了能更好地保存大豆蛋白的性状和固有成分不被高温破坏，真空减压浓缩是浓缩蛋白质的一种较好的办法，它既使蛋白质不易变性，又能实现快速浓缩。真空减压浓缩是药物制备过程中，特别是针对热敏性生物活性成分的提取分离、产品制备时常用的浓缩方法，其被广泛应用于药品、食品、生物制品的工业生产中。

实训器材

1. 实训材料：大豆蛋白粉（如实验条件允许，可提前制备大豆蛋白提取液）。
2. 实训设备：旋转蒸发仪、水循环式真空泵、量筒、玻璃棒等。

▌ 实训步骤 ▐

蒸馏瓶是一个带有标准磨口接口的梨形或圆底烧瓶，通过一高度回流蛇形冷凝管与降压泵相连，回流蛇形冷凝管另一开口与带有磨口的接收烧瓶相连，用于接收被蒸发的溶剂。在冷凝管与降压泵之间有一个三通活塞，当体系与大气相通时，可以将蒸馏瓶、接液烧瓶取下，转移溶剂，当体系与降压泵相通时，则体系应处于降压状态。作为蒸馏的热源，常配有相应的恒温水槽。

使用时，应先减压，再开动电动机转动蒸馏瓶，通过电子控制，使烧瓶在最合适的速度下，恒速旋转以增大蒸发面积。通过真空泵使蒸发烧瓶处于负压状态。蒸发烧瓶在旋转的同时置于水浴锅中恒温加热，瓶内溶液在负压下于旋转烧瓶内进行加热扩散蒸发，沸点较低的溶质或溶剂以气态形式挥发，遇冷凝器冷凝后，以冷凝水的形式回落到收集瓶中，溶液得以浓缩。结束时，应先停机，再通大气，以防蒸馏瓶在转动中脱落。减压操作过程见视频 8-2。

视频 8-2

1. 仪器安装

（1）固定冷凝管，并接好冷凝水的进出口胶管。

（2）安装收集瓶（玻璃磨口均匀涂抹少量 4 号真空油脂——凡士林），并用夹子固定。

（3）于 500mL 蒸发瓶中加入待浓缩样品——30%大豆蛋白溶液 150mL，并安装蒸发瓶（玻璃磨口均匀涂抹少量 4 号真空油脂——凡士林），用夹子固定。

（4）往水浴锅中注水（不超过 4/5），并用升降操纵杆调节蒸发瓶浸入水浴锅的位置，使其恰好没过样品液面。

（5）按要求接好水循环式真空泵进、出水管，并注水。

（6）连接真空泵与旋转蒸发仪，并检查系统是否达到要求（是否漏气）。

2. 减压蒸馏

（1）打开水浴锅加热器，设定温度为 60℃（水在不同真空度下的沸点见表 8-2）。

（2）打开冷凝水循环开关，冷凝水流速适中。

（3）打开真空泵，确认排空进料阀门处于排空状态时，即与大气相通，真空泵压力表指示真空度为零时，打开真空泵，并开始加热。

（4）关闭压力控制阀（排空进料阀），待真空压力表压力数值逐渐上升，轻轻旋转改变压力控制阀开启角度，控制真空表真空度数值在 0.08～0.09MPa 内。

（5）左旋旋转蒸发仪转速旋钮，使之在较低状态时打开旋转器开关，依据需要慢慢右旋加快，调节至合适的旋转速度（一般大蒸发瓶用中、低转速，黏度大的溶液用较低转速）。

（6）随时注意蒸发瓶中样品的浓缩及鼓泡情况，防止暴沸冲料，若出现该情况，需及时降低真空度。

（7）待浓缩至所需浓度时，关闭电机、电热开关。

（8）切记一定要缓慢打开加料阀，使真空度慢慢下降为零，瓶内压力和外界气压相同。

（9）关闭真空泵、冷凝水循环开关，回收试剂和样品，同时拔掉电源。

（10）实验完毕后，将所有物品清洗或擦拭干净并归回原处备用。

表 8-2　不同压强下水的沸点对照表

气压压强/kPa	温度/℃	气压压强/kPa	温度/℃	气压压强/kPa	温度/℃	标准大气压/atm[①]	气压压强/kPa	温度/℃
0.0128	−40	1.0732	8	10.6125	47		60.1151	86
0.0161	−38	1.1479	9	11.1604	48		62.4882	87
0.0201	−36	1.2279	10	11.7350	49		64.9413	88
0.0249	−34	1.3119	11	12.3337	50		67.4745	89
0.0309	−32	1.4026	12	12.9589	51		70.1109	90
0.0384	−30	1.4972	13	13.6122	52		72.8074	91
0.0471	−28	1.5985	14	14.2922	53		75.5938	92
0.0572	−26	1.7052	15	14.9988	54		78.4735	93
0.0701	−24	1.8172	16	15.7320	55		81.4467	94
0.0858	−22	1.9372	17	16.5053	56		84.5131	95
0.0944	−21	2.0638	18	17.3052	57		87.6728	96
0.1029	−20	2.1972	19	18.1452	58		90.9392	97
0.1133	−19	2.3285	20	19.0118	59		94.2989	98
0.1246	−18	2.4865	21	19.9184	60		97.7520	99
0.1369	−17	2.6438	22	20.8516	61	1	101.3250	100
0.1504	−16	2.8091	23	21.8382	62	2	202.6500	119.6
0.1650	−15	2.9838	24	22.8515	63	3	303.9750	132.9
0.1809	−14	3.1677	25	23.9047	64	4	405.3000	142.9
0.1981	−13	3.3610	26	24.9980	65	5	506.6250	151.1
0.2169	−12	3.5650	27	26.1445	66	6	607.9500	158.1
0.2373	−11	3.7797	28	27.3311	67	7	709.2750	164.2
0.2594	−10	4.0050	29	28.5577	68	8	810.6000	169.6
0.2833	−9	4.2423	30	29.8242	69	9	911.9250	174.5
0.3094	−8	4.4929	31	31.1574	70	10	1013.2500	179.0
0.3776	−7	4.7543	32	32.5173	71	11	1114.5750	183.2
0.3681	−6	5.0303	33	36.9439	72	12	1215.9000	187.1
0.4010	−5	5.3196	34	35.4238	73	13	1317.2250	190.7
0.4368	−4	5.6235	35	36.9570	74	14	1418.5500	194.1
0.4754	−3	5.9408	36	38.5435	75	15	1519.8750	197.4
0.5172	−2	5.2755	37	40.1834	76	16	1621.1000	200.4
0.5621	−1	6.6195	38	41.8766	77	17	1722.5250	203.4
0.6100	0	6.9914	39	43.6364	78	18	1823.8500	206.1
0.6573	1	7.3754	40	45.4629	79	19	1925.1750	208.8
0.7053	2	7.7780	41	47.3428	80	20	2026.5000	211.4
0.7586	3	8.1993	42	49.2893	81	21	2127.8250	213.9
0.8133	4	8.6393	43	51.3158	82	22	2229.1500	216.2
0.8719	5	9.1006	44	53.4089	83	23	2330.4750	218.5
0.9346	6	9.5832	45	55.5688	84	24	2431.8000	220.8
1.0013	7	10.0858	46	57.8086	85	25	2533.1250	222.9

① 1atm = 1.013 25×10⁵Pa

安全操作注意事项：

开机前先将调速旋钮左旋到最小，按下电源开关指示灯亮，然后慢慢往右旋至所需要的转速，一般大蒸发瓶用中、低速，黏度大的溶液用较低转速。烧瓶的溶液量一般以不超过50%为宜。

当体系与减压泵相通时，则体系应处于减压状态。使用时，应先减压，再开动电动机转动蒸馏瓶，结束时，应先停机，再通大气，以防蒸馏瓶在转动中脱落。

即先冷凝→关活塞先抽气→调节活塞导入适量空气→旋转并加热蒸馏。

蒸馏完毕：先停转，去热源→放气（不能太快）→关水泵。

其他注意事项：

1. 玻璃零件接装应轻拿轻放，装前应洗干净，擦干或烘干。

2. 各磨口、密封面、密封圈及接头安装前都需要涂一层真空脂。

3. 加热槽通电前必须加水，不允许无水干烧。

4. 玻璃容器只能用洗涤剂清洗，不能用去污粉和洗衣粉清洗，以防划伤瓶壁。

5. 升温速度一定要慢，特别是浓缩易挥发物料时。

6. 如真空抽不上来，需检查：

（1）各接头、接口是否密封。

（2）密封圈、密封面是否有效。

（3）主轴与密封圈之间的真空脂是否涂好。

（4）真空泵及其皮管是否漏气。

（5）玻璃件是否有裂缝、碎裂、损坏的现象。

填写表8-3和表8-4，并计算浓缩率。

$$系统压力 = 760-真空度（mmHg）（表压）$$
$$= 0.101325-真空度（MPa）$$

表8-3　真空减压浓缩参数记录单

真空泵压力	蒸馏系统压力	蒸馏温度

表8-4　真空浓缩产品性状

	体积	色泽	气味	状态
浓缩前				
浓缩后				

1. 减压浓缩过程中出现"暴沸"现象，是什么原因引起的？要如何处理防止暴沸？

2. 旋转蒸发结束后，是先停止加热旋转，还是先关真空泵？为什么？

3. 挥发性物质能否用减压浓缩？

任务 2　冷冻干燥制备银耳多糖

实训背景

银耳是真菌植物门的真菌银耳菌的子实体，又被称作白木耳、雪耳、银耳子等，有"菌中之冠"的美称。银耳一般呈菊花状或鸡冠状，直径 5～10cm，柔软洁白，半透明，富有弹性。银耳不仅是餐桌上的珍品，还是医药宝库中的名药，优质的被称为雪耳。银耳富含胶体、多种维生素、17 种氨基酸和糖原。银耳含有一种重要的有机磷，具有消除肌肉疲劳的作用，不仅是名贵的营养滋补品，也是扶正强身的滋补品。

银耳作为我国传统的食用菌，历来都是深受广大人民所喜爱的食物。现代医学证明，银耳主要的药理有效成分是多糖。银耳多糖是银耳最重要的组成成分，占其干重的 60%～70%，同时银耳多糖还是一种重要的生物活性物质，能够增强人体免疫功能，起到扶正固本作用。

银耳多糖（tremellam）是一种酸性杂多糖，水解后其组成中有木糖、甘露糖、岩藻糖、葡萄糖和葡糖醛酸等，含糖量在 75%以上，银耳多糖的免疫功能主要集中在两个方面：一是针对非免疫系统，促进胃肠中有益微生物生长，调节肠道理想微生物菌群的形成，增强动物对外源性病原菌的抵抗能力。二是针对免疫防御系统，提高体液免疫能力，增强吞噬细胞的吞噬能力；提高淋巴细胞活性和功能，促进细胞因子生长，保护红细胞膜不易受到氧化损伤。

实验研究表明，银耳多糖能显著提高小鼠网状内皮细胞的吞噬功能，对环磷酰胺所致的大鼠白细胞减少有预防和治疗作用。临床用于肿瘤化疗或放疗所致的白细胞减少症和其他原因所致的白细胞减少症，有显著效果。此外，还可用于治疗慢性支气管炎，有效率达 80%以上。因此，提取银耳多糖，用冷冻干燥的方式可以更好地保存银耳多糖，更好地保持其形状及色、香、味和营养成分，实现产品的高值化。

实训目的

1. 理解生物药物的基本性质特点和冷冻干燥法的基本原理。
2. 理解并掌握真空冷冻干燥机的工作原理及操作步骤。
3. 学会在生产和实验中应用冷冻干燥法干燥保存生物药物。

实训原理

冷冻干燥是将含水物质预先冻结，并在冻结状态下将物质中的水分从固态升华成气态，以除去水分的干燥方法。冷冻干燥原理的基础是水相平衡关系，水有三种相态，即固态、液态和气态。三种相态之间达到平衡时要有一定的条件，称为相平衡关系。水分子之间的相互位置随温度、压力的改变而改变，由量变到质变，产生相态的转变。真空冷冻干燥的基本原理是在低温、低压下使食品中的水分升华而脱水，即含水物质的冷冻干燥在水的三相点以下进行。由于脱水时的温度较低，在脱水过程中不改变食品本身的物理结构，其化学结构的变化也很小，故能最大限度地保持食品的形状及色、香、味和营养成分。

冷冻干燥的基本工艺过程如下。

1. 预冻结

预冻结是指干燥前须将物料在低温下冻结，使物料固定，为升华干燥做准备。预冻结就是将溶液中的自由水固化，赋予干后产品与干燥前有相同的形态，防止抽空干燥时起泡、浓缩、收缩和溶质移动等不可逆变化的产生，减少由温度下降引起的物质可溶性降低和生命特性的变化。

2. 升华干燥

升华干燥也称第一阶段干燥。将冻结后的产品置于密闭的真空容器中加热，其冰晶就会升华成水蒸气逸出而使产品脱水干燥，干燥是从外表面开始逐步向内推移的，冰晶升华后残留下的空隙变成之后升华水蒸气的逸出通道。在生物制品干燥中，升华界面约以 1mm/h 的速度向下推进。当全部冰晶除去时，第一阶段干燥就完成了，此时除去全部水分的 90% 左右。

3. 解吸附干燥

解吸附干燥也称第二阶段干燥。在第一阶段干燥结束后，在干燥物质的毛细血管壁和极性基团上还吸附有一部分水分，这些水分是未被冻结的，不利于生物产品的保存。为了使干燥产品的含水量达到标准，还需对物料进一步干燥（降至 0.5%～3% 或以下），除去此部分水。解吸附干燥一般是通过升高干燥操作温度、提高真空度来实现的。

据研究，比较热风干燥、真空冷冻干燥、抽真空干燥等不同干燥方式对银耳多糖理化特性和还原力的影响，冷冻干燥获得的银耳多糖品质和活性最高。通过本实训一起来完成银耳多糖的提取和冷冻干燥。

┃ 实训器材 ┃

1. 实训材料：干银耳、果胶酶。
2. 实训设备：冷冻干燥机、磨粉机、水浴锅、电子天平、离心机、烧杯、玻璃棒、离心管等。

┃ 实训步骤 ┃

（1）将一定量的干银耳用磨粉机磨成细粉，称取 2.0g 于烧杯中，加 100mL 蒸馏水。

（2）往烧杯中加 1g 果胶酶，迅速置于 45℃ 水浴锅中恒温酶解 45min。

（3）迅速将烧杯置于 98℃ 水浴中灭酶的活性，保持 98℃ 恒温加热 60min。

（4）浸提完成后将烧杯置于冷水中冷却至室温。

（5）将烧杯中溶液全部倒入离心管，于 4500r/min 离心 10min，移取上清液到干净培养皿中。

（6）冻结：将培养皿放入冷冻干燥机搁板上，关闭机门后启动冷凝器至 -40℃ 进行预冻结，降温时间为 130min。

（7）抽真空：开真空泵抽真空，真空度为 100Pa，保持 2.5h。

（8）升华供热：真空度为 100～250Pa，升华时间为 17h，升华温度为 -20～-15℃，产品温度为 50～60℃，供热达到的温度一般为 30～60℃。

（9）出粉包装：关闭冻干机，检视干粉应呈疏松多孔状态，立即用真空包装机将干粉定量装入铝箔袋，防止受潮和微生物污染，包装后可在室温下储藏。

注意事项

1. 整个冷冻过程要保持洁净，以免微生物污染。

2. 预冻控制：必须将制品预冻结到-40℃以下，否则直接抽真空会出现沸腾现象而影响冻干效果。

3. 降温速度要慢，以使其冻干效果更好。

结果讨论

1. 检查冻干银耳多糖的复水性，讨论影响冻干成品质量的因素。

2. 举例说明冷冻干燥与喷雾干燥的适用性。

● 课后思考 ●

一、名词解释

蒸发　浓缩　薄膜浓缩　冷冻干燥

二、填空题

1. 喷雾干燥的过程可分为三个基本阶段，即_____、_____和_____。

2. 冷冻干燥操作过程包括_____、_____和_____。

三、选择题

1. 恒速干燥阶段与降速干燥阶段，哪一阶段先发生？（　　　）

　　A. 恒速干燥阶段　　　　　　　　　B. 降速干燥阶段

　　C. 同时发生　　　　　　　　　　　D. 只有一种会发生

2. 真空冷冻干燥的特点包括（　　　）。

　　A. 设备投资费用低廉，动力消耗小

　　B. 干燥过程是在低温、低压条件下进行的

　　C. 干燥时间快

　　D. 适用于热敏性物质的干燥处理

3. 实验室常用的浓缩设备旋转蒸发仪，其工作原理是（　　　）。

　　A. 减压蒸馏　　　　　　　　　　　B. 超滤浓缩

　　C. 增加汽化表面积　　　　　　　　D. 吸收浓缩

4. 下列干燥方法中属于对流干燥的是（　　　）。

　　A. 冷冻干燥　　　　　　　　　　　B. 真空干燥

　　C. 微波干燥　　　　　　　　　　　D. 喷雾干燥

5. 下列属于管式薄膜蒸发器的是（　　　）。

　　A. 刮板式薄膜蒸发器　　　　　　　B. 升降膜式蒸发器

　　C. 离心式薄膜蒸发器　　　　　　　D. 循环式蒸发器

四、开放性思考题

1. 简述物料中的水分类型。

2. 简述冷冻干燥的基本操作步骤。

3. 简述喷雾干燥的优点。

4. 简述真空干燥的主要优缺点。

5. 生物分离时常用的浓缩方法有哪些？各有何特点？

参考文献

陈芬，胡莉娟. 2017. 生物分离与纯化技术. 武汉：华中科技大学出版社

陈冉静. 2015. 银耳功能性食品生产工艺及生物活性研究. 成都：西华大学硕士学位论文

牛红军，陈梁军. 2019. 生化分离技术. 北京：中国轻工业出版社

王海峰，张俊霞. 2021. 生物分离与纯化技术. 北京：中国轻工业出版社

辛秀兰. 2008. 生物分离与纯化技术. 北京：科学出版社

衷平海，张国文. 2007. 生物化学品生产技术. 南昌：江西科学技术出版社